TURING

图灵教育

站在巨人的肩上
Standing on the Shoulders of Giants

TURING

图灵教育

站在巨人的肩上

Standing on the Shoulders of Giants

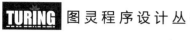
图灵程序设计丛书

你真的会写代码吗

Seriously Good Software

Code that Works, Survives, and Wins

[意] 马尔科·法埃拉　著
（Marco Faella）

雷威　李强　译

人民邮电出版社

北　京

图书在版编目（CIP）数据

你真的会写代码吗 ／（意）马尔科·法埃拉
(Marco Faella) 著；雷威，李强译. -- 北京：人民邮
电出版社，2021.7
（图灵程序设计丛书）
ISBN 978-7-115-56634-8

Ⅰ．①你… Ⅱ．①马… ②雷… ③李… Ⅲ．①JAVA语
言－程序设计 Ⅳ．①TP312.8

中国版本图书馆CIP数据核字(2021)第111533号

内 容 提 要

本书的核心思想是通过对各方面的代码质量进行比较，使读者了解经验丰富的开发者拥有的思维模式。为了展示软件开发最佳实践，作者对一个水容器示例进行多次重构，讨论了 18 种实现，分别从 7 个方面改进代码质量：时间效率、空间效率、监控与可靠性、测试与可靠性、可读性、线程安全、可复用性。在此过程中，作者还探讨了与计算机科学、Java 编程以及软件工程相关的专业话题，这些知识都有助于读者写出更好的代码。

本书面向初级和中级 Java 程序员，其他面向对象编程人员也能从中受益。

◆ 著 [意] 马尔科·法埃拉（Marco Faella）
　 译 雷 威 李 强
　 责任编辑 杨 琳
　 责任印制 周昇亮
◆ 人民邮电出版社出版发行 北京市丰台区成寿寺路11号
　 邮编 100164 电子邮件 315@ptpress.com.cn
　 网址 https://www.ptpress.com.cn
　 北京鑫正大印刷有限公司印刷
◆ 开本：800×1000 1/16
　 印张：16.75
　 字数：396千字 2021年7月第 1 版
　 印数：1 - 3 000册 2021年7月北京第 1 次印刷
　 著作权合同登记号 图字：01-2020-4805号

定价：89.80元
读者服务热线：(010)84084456 印装质量热线：(010)81055316
反盗版热线：(010)81055315
广告经营许可证：京东市监广登字 20170147 号

版 权 声 明

程序员之旅

本书旨在成为该旅程中间部分的指南。

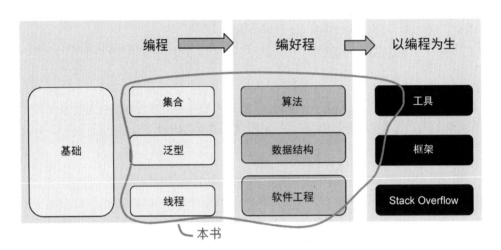

序

在过去 30 年里，我写了不少编程书，所以习惯了时不时有人联系我寻求写书的建议。我总是要求他们提供一篇样章。在大多数情况下，他们就再没有下文了，我也并不觉得遗憾。很显然，如果一个人连样章也写不出，写一本书更是空谈，也就没有什么好讨论的了。

2018 年 1 月，我收到了一封来自意大利那不勒斯大学的马尔科·法埃拉教授的电子邮件，他之前在美国加州大学圣克鲁兹分校工作时和我见过面。他向我咨询了关于写书的建议，而且已经写完好几章了！我看了之后很喜欢，就回复了一些鼓励和建议。但是最终还是没有下文了。我并没有感到惊讶。我的一个编辑曾经告诉我，在他认识的人中，开始写书的人很多……但写完一本书的人很少。

2019 年 4 月，我又收到了马尔科的一封电子邮件，得知这本书即将由 Manning 出版社出版。它看起来真的很不错。8 月，马尔科请我为它作序，我欣然同意了。

在写关于编程语言的书（比如经典的《Java 核心技术》）时，我会把重点放在该语言特有的结构和 API 上，假设读者已经很好地掌握了数据结构、算法和软件工程原理（如测试、重构和设计模式等）。当然，当过教授的我也知道，大学课程并不总是能用一种实用且易于吸收的方式来很好地教授这些主题。

这本书恰恰满足了这一需求。作为读者，你应该熟悉 Java 编程的基础知识，而马尔科将告诉你如何编写更高质量的程序。你可能已经在算法设计、API 设计、测试和并发等方面有了一定的经验，但马尔科对这些经典的主题做了新的诠释。他通过不同的方式反复实现同一个示例，从而得出了很多惊人的见解。通常，我不喜欢"演进示例"的方法，因为它迫使我按顺序阅读一本书。由于需要知道该示例的演进状态，因此就不能直接跳到最感兴趣的部分了。但马尔科给出的例子（其本质我不想在此透露）设计得非常巧妙。当你第一次看到它的时候，需要掌握几个出人意料、有趣的核心概念。之后，每一章都让此代码在不同的方向上演进。这真是一部杰作。

在主要的几章中，你会找到标题为"来点儿新鲜的"的小节。在此，你能将在该章所学的技巧应用到不同的场景中。我建议你完成这些挑战，还有小测验和章末的练习。

构建高质量的软件向来不是简单的事情，重新审视好的设计原则和技巧总是没错的。在这本书中，你会发现一个全新的视角。希望你能像我一样喜欢这本书。

凯·霍斯特曼

著有《Java 核心技术》《写给大忙人看的 Java 核心技术》

《快学 Scala》和其他许多面向初级和专业程序员的书

前　言

　　我本人起的书名是《Java：风格练习》。不过在 Manning 出版社的智者们教导我如何吸引读者之后，这个书名和它的文学范儿就仅存于此前言中了。的确，在经典的现代文学著作《风格练习》中，法国作家 Raymond Queneau 用 99 种方式写出了同一个故事。那本书的重点不在于故事本身（刻意弱化了故事），而在于异想天开地探索自然语言几乎无穷无尽的表达能力。

　　编程当然不是文学，尽管像高德纳这样的名人曾努力拉近两者的距离。如果初学编程的人认为每个编程任务都有最优解，就像简单的数学问题有单一解一样，还是可以理解的。实际上，现代编程更像文学，而不是更像数学。程序设计语言在发展过程中包含了越来越多的抽象结构，使得实现某一目标的方法成倍增加。一门语言即使在出现之后，也会不断演进，这往往是通过不断引入新的问题解决方法来达成的。如 Java 之类的流行语言一直在加速发展，以跟上试图取代其位置的新一代语言。

　　本书尝试介绍在执行任何编程任务中都应考虑或至少要意识到的各种问题和解决方案。我提出的任务相当普通：用一个类表示水容器，你可以用管道与之连接并注入水；而客户端不断地与容器交互，随时都可以加水、放水或放置新的管道。针对此任务，我提出并讨论了 18 种实现。每一种实现都力求最大限度地实现不同的目标，无论是性能、代码清晰度，还是其他软件质量。本书并不是一串串干巴巴的代码片段。每当上下文需要的时候，我都会借机讨论一些与计算机科学（各种数据结构、复杂度理论和摊销复杂度）、Java 编程（线程同步和 Java 内存模型）以及软件工程（契约式设计方法论和测试技术）相关的专业话题。我的目的是告诉你：无论案例多简单，只要进行深入分析，就会串起一个庞大的知识网络，而所有这些知识都有助于写出更好的代码。

扩展阅读

　　本书的目的之一是激发你对软件开发的各个相关学科的好奇心。这就是为什么每一章的结尾都有"扩展阅读"一节，我在其中简要介绍了我能找到的关于该章主题的最佳资源。我想，前言应该也不例外。

　　❏ Raymond Queneau 的《风格练习》
　　　　最原始的"风格练习"书。（原著是用法语在 1947 年写成的。）

- Cristina Videira Lopes 的《编程风格：好代码的逻辑》[①]

  作者使用 Python 语言，用 33 种不同的风格解决了一个简单的编程任务。每种风格不是为了优化各种代码质量，而是为了遵守特定的约束。此外，它还讲到了许多编程语言的历史。

- Matt Madden 的 *99 Ways to Tell a Story: Exercises in Style*

  当你写代码累了想休息的时候，可以看看这本漫画书，里面有一个用 99 种不同的风格绘制的简单故事。

---

① 该书已由人民邮电出版社出版，详见 *ituring.cn/book/1724*。——编者注

致 谢

我知道自己会在本书上下功夫，但是没有想到还有这么多人同样为本书付出了努力。我说的是 Manning 出版社各个岗位上的人，他们将本书的质量提升到了我能达到的极限。一些外部审稿人花了很长时间写了详细的报告，帮助我完善了内容。我希望他们对结果感到满意。

我是从凯·霍斯特曼的书中学习 Java 的。多年来，我也一直在向学生推荐这些书。他能同意为本书作序，我感到很荣幸。

致所有审稿人：Aditya Kaushik、Alexandros Koufoudakis、Bonnie Bailey、Elio Salvatore、Flavio Diez、Foster Haines、Gregory Reshetniak、Hessam Shafiei Moqaddam、Irfan Ullah、Jacob Romero、John Guthrie、Juan J. Durillo、Kimberly Winston-Jackson、Michał Ambroziewicz、Serge Simon、Steven Parr、Thorsten Weber 和 Travis Nelso，你们的建议使本书变得更好。

我对编程的热情可以追溯到父亲教我（一个好奇的八岁孩子）用 for 循环与分别叫作 cos 和 sin 的两个魔法画出一个圆。谢谢！

关于本书

本书的核心思想是通过对不同方面的代码质量（又称非功能需求）进行比较，使你了解经验丰富的开发者的思维模式。

序之前的图展示了本书内容与专业开发人员所需的广泛知识之间的关系。首先，你要从学习一门编程语言的基础知识开始。在 Java 中，你需要了解类、方法、字段，等等。然而，本书并不会教你这些基础知识。你最好按照以下三个路径来学习。

- 编程语言的学习路径：学习语言的更多高级特性，如泛型和多线程等。
- 算法的学习路径：学习扎实的理论原则、标准算法和数据结构，以及衡量其性能的方法。
- 软件工程的学习路径：学习设计原则、方法论和有助于管理复杂性的最佳实践，尤其是在大型项目中。

本书用一条主线串联起了所有这些内容。我并没有把这些不同的方面分开讲授，而是根据每一章的需要进行混搭。

每一章都集中关注一个特定方面的软件质量，比如时间效率或可读性。我之所以选择这些方面，不仅是因为它们的重要性和普遍性，还因为它们可以被有意义地应用到一个小的代码单元（一个类）上。此外，我尽量把重点放在通用的原则和编码技术上，而不是具体的工具上。在适当的时候，我会指出可以帮助你评估和优化特定软件质量的工具和库。

目标读者

对于接受过较少正规训练的初级开发人员来说，本书是一个理想的起点，可以拓宽其软件开发的视野。具体来说，本书的目标读者有两种。

- 对于几乎没有接受过正规训练或者非计算机科学/计算机工程专业的开发者来说，本书提供了对计算机科学和工程技术的概览，阐述了所有重要编程任务都会涉及的权衡之术。
- 对于计算机科学或计算机工程专业的学生来说，本书为各种传统教学课程中的知识点做了一些补充，提供了一些实战案例。因此，它可以作为编程和软件工程课程的补充材料。

要在这两种情况下最大限度地利用本书，你应该熟悉以下内容。

- 基本的编程概念，如迭代和递归等。
- 面向对象编程的基本概念，如封装和继承等。
- 中级 Java 语言技能，包括泛型、标准集合和基本的多线程（线程创建和 synchronized 关键字）。

内容结构

下面是各章的简介和对应的代码质量。请不要忽略章末的所有实操练习。它们附带了详细的解决方案，并通过在不同的上下文中应用所学技巧来完善各章的核心内容。

- ❑ **第 1 章**首先介绍要解决的编程任务（一个水容器类），接下来给出一个朴素的实现，展示了缺乏经验的程序员的常见误区。
- ❑ **第 2 章**详细介绍一个参考实现（随后称之为 Reference 版本），它是在不同方面的质量之间进行平衡后的结果。
- ❑ **第 3 章**聚焦在时间效率上，你会将 Reference 版本的运行时间缩短两个数量级（缩短到原来的约 1/500），并发现不同的用例需要不同的性能权衡。
- ❑ **第 4 章**对空间（内存）效率进行实验。与 Reference 版本相比，你将使用对象把容器的内存占用量缩小 50% 以上，然后放弃对每个水容器使用对象，从而将其内存占用缩小 90%。
- ❑ **第 5 章**通过监控来实现可靠性，介绍**契约式设计**的方法论，并展示如何基于方法契约和类不变式、通过运行时检查和断言来强化 Reference 版本中的类。
- ❑ **第 6 章**通过单元测试来实现可靠性，介绍如何为类设计和执行测试套件，以及测量代码覆盖率的方法和工具。
- ❑ **第 7 章**关注可读性，你将遵循最佳实践来重构 Reference 版本，编写出整洁且自描述的代码。
- ❑ **第 8 章**研究并发和线程安全，你会重温线程同步的基本概念，并发现演进示例需要一些重要的技术来避免死锁和竞争条件。
- ❑ **第 9 章**重点关注可复用性，你将使用泛型对 Reference 版本的类进行泛化，以兼容其他具有类似通用结构的应用。
- ❑ **附录 A** 在讨论简洁性的同时，提出一个使用了递归的紧凑实现，其源代码的长度只有 Reference 版本的 15%。不出所料，结果是无法阅读、难以让人满意的混乱代码，会让你立即被赶出任何代码审查会议。
- ❑ **附录 B** 把最重要的几方面软件质量放在一起，给你一个终极的水容器类。

在线代码库

本书中的所有代码是按章组织的，都可以在一个公共的在线 Git 代码库中找到（在 Bitbucket 网站中搜索 mfaella/exercisesinstyle）。大部分代码是同一个 `Container` 类的不同实现版本。每个版本都有一个名字，对应于它的包名。例如，1.8 节中出现的第一个版本名为 Novice。在代码库中，它对应的类是 `eis.chapter1.novice.Container`。本书最后的表列出了主要的类及其描述。

本书的示例代码也可从图灵社区本书主页（ituring.cn/book/2811）下载。

为什么选择 Java，哪个版本的 Java

众所周知，Java 的发展速度越来越快，每隔半年就会有一个新版本发布。截至本书写作时，最新的版本是 Java 12。

不过本书关注的重点并不是 Java 编程本身，而是如何培养一种评估和平衡各种软件质量的习惯，无论你使用哪种语言都用得上。本书的例子之所以用 Java 来写，只是因为我自己对 Java 比较熟悉，也因为它是最常用的语言之一。

本书讲授的原则在其他语言中也同样适用。使用的语言与 Java 越接近，你就越能不加修改地复用本书中的内容。例如，C#与 Java 非常接近，书中也确实有一些关于C#的备注，突出了相关内容在 C#中的区别。

至于书中展示的、存储在在线仓库中的 Java 代码，99%是用 Java 8 写的。在一些地方，我使用了 Java 9 的少数工具，比如用静态方法 `List.of` 创建列表。

线上论坛

购买本书之后，你就可以免费进入 Manning 出版社的私有论坛。在这里，你可以对本书发表评论，提出技术问题，并得到作者和其他用户的帮助。此论坛的链接是 https://livebook.manning.com/#!/book/seriously-good-software/discussion。你还可以在 https://livebook.manning.com/#!/discussion 上了解更多关于 Manning 论坛的信息和规则。

Manning 出版社向读者承诺提供一个读者之间以及读者与作者之间进行有效对话的场所，但是并不保证作者的具体参与量，作者对论坛的贡献是自愿且无偿的。我们建议你尝试向作者提出一些具有挑战性的问题，从而保持作者对此论坛的兴趣。只要本书还在售，此论坛以及过往的讨论就都是可以访问的。

电子书

扫描如下二维码，即可购买本书中文版电子版。

关于封面

　　本书封面上的画作名为《Tscheremiss 部落的人》(*Homme Tscheremiss*)，该部落的生活区域位于如今俄罗斯联邦的马里埃尔共和国。这幅插图选自 Jacques Grasset de Saint-Sauveur（1757—1810）于 1797 年在法国出版的 *Costumes de Différents Pays*。该书收集了来自各国的服饰，每幅插图都是精心绘制并手工上色的。Grasset de Saint-Sauveur 的作品集丰富多样，生动地向我们展示了 200 年前世界上的城镇和地区在文化上的差异。人们彼此隔绝，说着不同的方言和语言。无论是在街道上还是在乡间，很容易就能凭衣着辨别他们家住哪里，以及他们的职业或身份。

　　从那时起，我们的穿衣方式就发生了变化，当时如此丰富的地区多样性逐渐消失。现在，我们已经很难区分不同大陆的居民，更不用说不同的城镇、地区或国家了。也许，我们牺牲文化多样性换来的是更多样的个人生活，当然还有更多样、更快节奏的科技生活。

　　在难以从书海中区分计算机图书的当下，Manning 出版社将 Jacques Grasset de Saint-Sauveur 的图片作为图书封面，还原出两个世纪前各个地区生活的丰富多样性，以此赞扬了计算机事业的创造性和主动性。

目　　录

Part 1

准备工作

　　本书的思想是，在一个演进示例的指导下，分别对不同方面的软件质量进行优化。第一部分大体介绍软件质量，以及你会在整本书中反复解决的一个简单的编程任务。

　　接下来给出两个初步的实现：一个是缺乏经验的程序员可能编写的朴素版本，另一个是在不同质量标准之间做出合理妥协的参考版本。

第1章

软件质量和待解决问题

本章内容
- 从不同的视角和不同的目标来评估软件
- 区分内部软件质量和外部软件质量
- 区分功能性软件质量和非功能性软件质量
- 评估不同方面的软件质量间的关系和取舍

本书的核心思想是通过对不同方面的代码质量（又称非功能需求）进行比较，使你了解经验丰富的开发者的思维模式。这些质量大多数（例如性能或可读性）是通用的，适用于任何软件。为了强调这一事实，每一章都会重复使用相同的示例：一个用来表示水容器系统的简单的类。

本章将介绍本书涉及的软件质量以及水容器示例的规范，然后进行初步的代码实现。

1.1　软件质量

在本书中，你应该将"质量"一词理解为软件或有或无的特征，而不是其整体价值。这就是为什么我会谈论多个方面的质量。不过并非所有特征都称得上是质量。例如，编写软件所使用的开发语言无疑是该软件的特征，但不是质量。质量是可以按某种尺度进行分级的特征，至少在原则上如此。

和所有产品一样，人们最感兴趣的软件质量是能衡量系统对自身需求的满足程度的那些。不幸的是，仅仅描述（更不用说完全满足）软件的需求也并非易事。事实上，整个需求分析领域都致力于此。为什么呢？难道系统可靠、稳定地提供用户所需的服务还不够吗？

首先，用户往往不知道自己需要什么服务，他们需要时间和帮助才能明白。其次，系统要做的根本不只是满足这些需求。它们提供的服务有快有慢；有的准确、有的不准确；有的需要用户经过长时间的训练，也有的让用户一看就懂（良好设计的 UI）；等等。另外，随着时间的推移，你需要修改、修复或改进系统，这带来了更多质量上的变数：了解系统的内部工作原理有多容易？修改和扩展它而不破坏其他部分有多容易？这样的例子不胜枚举。

要在这众多标准中找到一些规律，专家们建议根据两类特征进行组织：内部的与外部的，功能性的与非功能性的。

1.1.1 内部质量与外部质量

最终用户在与系统交互时可以感知到外部质量，但内部质量只能通过查看源代码来评估。不过两者之间并不是泾渭分明，最终用户也可以间接感知到一些内部质量。反之亦然，所有的外部质量从根本上来说都依赖于源代码。

软件质量标准

标准化机构 ISO 和 IEC 已在 1991 年的 9126 标准中定义了软件质量，该标准在 2011 年被 25010 标准代替。

例如，可维护性（修改、修复或扩展软件的难易程度）是内部质量，但是如果一个缺陷被发现后，程序员需要花费很长时间才能修复，则最终用户就会感知到它。相反，对错误输入的稳健性通常被认为是外部质量，但是当软件（也许是一个类库）没有直接暴露给最终用户，而是仅仅与系统的其他模块交互时，这种稳健性就会成为内部质量。

1.1.2 功能性质量与非功能性质量

第二个分类方式是根据软件能做什么（功能性质量）和软件做得如何（非功能性质量）来分类（见图 1-1）。"内部–外部"二分法也适用于这种分类方式：如果软件执行了某些操作，那么其影响（无论以何种方式）对最终用户是否可见？因此，所有功能性质量都是外部的。另外，非功能性质量可以是内部的，也可以是外部的，这取决于它们是与代码本身更相关，还是与外在表现更相关。接下来的几节会包含这两种类型的示例。同时请看图 1-2，它将本章介绍的所有方面的质量都放在了一个二维象限中。横轴表示内部和外部的区别，纵轴表示功能性和非功能性的区别。

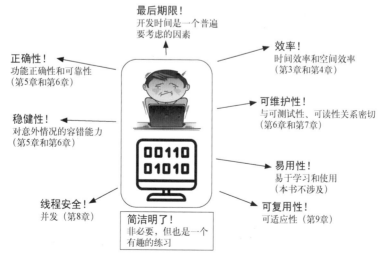

图 1-1 功能性需求和非功能性需求从不同方面影响软件的侧重点，你需要进行取舍

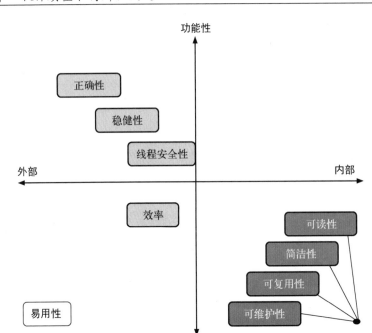

图 1-2　将软件质量按照两个二分法进行分类：内部与外部（横轴），功能性与非功能性（纵轴）。书中特别强调的质量在图中用粗边框来表示

下一节会介绍最终用户可以直接评估的主要软件质量。

1.2　主要的外部软件质量

软件的外部质量属于程序的可观察行为，因此自然成了软件开发过程中的核心关注点。除了将这些质量归于软件的属性之外，我还将结合一个普通的老式烤面包机来讨论这些质量，试图以最通用和直观的方式来描述它们。接下来的几节介绍了一些最重要的软件外部质量。

1.2.1　正确性

遵守既定的目标，亦称需求或规格。

对于烤面包机来说，正确性意味着它必须可以烘烤切片面包，直到面包变得金黄、酥脆为止。对于软件来说，正确性意味着它必须提供向客户承诺的功能。这就是功能性质量的定义。

正确性没有秘诀，但是大家首先会采用各种最佳实践和软件开发流程，来提高编写正确软件的可能性，以及事后发现缺陷的可能性。本书将聚焦每个开发者在工作中都可以采用的小技巧，与其公司采用的具体开发流程无关。

首先，如果开发人员对目标需求的理解不清楚，那么就不可能有正确性。第 5 章探讨了一个有效的方法：以**契约**的方式来思考需求，并采取保障措施来执行这些契约。缺陷是不可避免的，捕获它们的主要方法是模拟软件交互，即测试。第 6 章讨论了设计测试用例和评估其有效性的系统性方法。最后，采用代码可读性的最佳实践对正确性也是有益的，可以帮助代码作者及其同事在测试暴露错误之前和之后发现问题，从而提高正确性。第 7 章会介绍一些最佳实践。

1.2.2 稳健性

对错误的输入或无效（无法预料）的外部条件（例如某些资源的缺失）的容错能力。

正确性和稳健性有时被一起称为**可靠性**。稳健的烤面包机不会因为将百吉饼、叉子放进去，或什么都不放而着火。它也会具有防止过热等保护措施。[①]

稳健的软件会做很多事情，比如检查输入是否有效。如果输入无效，那么它将发出错误信号并做出响应。如果错误是致命的，那么稳健的程序会在中断前尽可能多地挽救用户数据或已执行完的计算。第 5 章将通过加强方法契约和类不变式的严格规范和运行时监控来提高稳健性。

1.2.3 易用性

对学习如何使用软件并达到其目的所需的工作量的衡量标准；使用的方便程度。

现代的弹出式烤面包机非常易于使用，不需要用推杆将面包推入并开始烘烤，也不需要用旋钮调节烘烤量。软件的易用性和它的用户界面（UI）设计息息相关，并通过人机交互和用户体验（UX）设计等学科来解决。本书不会谈及易用性，因为本书关注的是不直接暴露给最终用户的软件系统。

1.2.4 效率

适当的资源消耗。

烤面包机的效率指的是它完成烤面包任务需要花费多长时间和电力。对软件而言，时间和空间（内存）是所有程序都需要消耗的两个资源。第 3 章和第 4 章分别讨论了时间效率和空间效率。许多程序还需要网络带宽、数据库连接和众多其他资源。不同的资源间通常需要进行权衡取舍。功率更强的烤面包机可能更快，但需要消耗更多（峰值）电力。类似地，一些程序可能更快，但需要消耗更多内存（稍后会详述）。

尽管我将效率列为外部质量，但其真正的本质还是模棱两可的。例如，最终用户能明显觉察到执行速度，尤其是在执行速度较慢的情况下。但是，其他资源的消耗，比如网络带宽，对用户并不可见，只能通过专用工具或分析源代码来评估。这也是我将效率放在图 1-2 中稍微靠中间位置的原因。

大多数情况下，效率属于非功能性质量，因为用户通常不关心服务的响应时间是 1 ms 还是 2 ms，也不关心网络传输流量是 1 KB 还是 2 KB。但在下面两种场景中，它会成为功能性质量。

---

① 烤面包机的稳健性可不是开玩笑的。据估计，全世界每年约有 700 人死于与烤面包机相关的安全事故。

❑ **在性能敏感的应用中**：在这种情况下，保证性能是需求规范的一部分。设想一个与物理传感器和执行器进行交互的嵌入式设备，其软件的响应时间必须遵守严格的超时时间。否则，轻则导致功能的不一致，重则在工业、医疗或汽车应用中威胁生命安全。

❑ **当效率差到影响正常操作时**：即使对于面向消费者的、没有那么关键的程序，用户对响应延迟和内存占用的容忍度也是有限的。如果超过了这个限度，效率不足就会上升为一个功能性缺陷。

1.3   主要的内部软件质量

查看程序的源代码比运行它能更好地评估其内部质量。接下来的几节介绍了一些最重要的内部质量。

1.3.1   可读性

对其他开发者来说清晰易懂。

谈论烤面包机的可读性似乎有些奇怪，不过要意识到，对于所有的内部质量，我们讨论的其实都是结构和设计。事实上，软件质量的相关国际标准将这个特征称为**可分析性**。所以，可读性良好的烤面包机在被打开检查时，是很容易分析的：它有清晰的内部布局，加热原件和电子设备进行了很好的分离，电源电路和定时器很易于识别，等等。

可读性良好的程序很容易被其他程序员理解，或者其作者过了一段时间再回头看时还能理解。可读性是极其重要的，而且其价值经常被低估。第 7 章将介绍这个主题。

1.3.2   可复用性

复用代码来解决类似问题的难易程度，以及所需的改动量，又称为适应性。

如果制造烤面包机的公司能够将其设计和零件用于制造其他电器，那么你可以认为这款烤面包机是可复用的。例如，它的电源线很可能是标准的，因此可以和类似的小型电器兼容；也许它的定时器可以被用在微波炉中；等等。

在历史上，代码复用是面向对象（object-oriented，OO）编程范式的一大亮点。经验证明，使用大量可复用的软件组件来构建复杂系统的愿景被夸大了。相反，现代编程趋势更喜欢专为可复用性而设计的库和框架。在这些库和框架之上，是一层不那么薄的、不考虑可复用性的应用相关代码。第 9 章会介绍可复用性。

1.3.3   可测试性

为程序编写测试的能力，以及编写测试是否容易。它能够触发所有相关的程序行为，并观察其结果。

在讨论烤面包机的可测试性之前，让我们尝试弄清楚对烤面包机的测试大概是什么样子

1

的。①一个合理的测试程序会将温度计插入插槽,并开始烘烤。你可以通过观察经过一段时间后温度是否十分接近预设值来判断成功与否。可测试的烤面包机使此过程易于重复执行和自动执行,尽可能不需要人工干预。例如,通过按下按钮启动的烤面包机比需要拉动操纵杆的烤面包机更容易测试,因为对于机器来说,按下按钮比拉动操纵杆要更容易。

可测试的代码提供一个 API,允许调用者验证所有期望的行为。例如,与有返回值的方法相比,`void` 方法(又称为过程)的可测试性更低。第 6 章会介绍测试技术和可测试性。

1.3.4 可维护性

易于发现和修复 bug,以及改进软件。

可维护的烤面包机易于拆卸和维修。它的原理图可以轻易获得,并且组件是可以更换的。类似地,可维护的软件是可读且模块化的,不同模块具有明确定义的职责,并以明确定义的方式进行交互。第 6 章和第 7 章讨论的可测试性和可读性是保证可维护性的主要因素。

FURPS 模型

具有浓厚技术传统的大公司为它们的软件开发过程制定了自己的质量模型。例如,惠普公司开发了著名的 FURPS 模型,将软件特征分成了五类:功能性(functionality)、易用性(usability)、可靠性(reliability)、性能(performance)和可支持性(supportability)。

1.4 软件质量之间的关系

某些方面的软件质量代表了截然不同的目标,而另一些则相辅相成。结果就是对所有工程专业而言都不陌生的取舍行为。数学家给这类问题起了个名字:**多准则优化**(multi-criteria optimization),即针对多个相互竞争的质量标准找到最佳解决方案。与抽象的数学问题不同,软件质量可能无法量化(试想一下可读性)。幸运的是,你并不需要找到真正的最佳解决方案,只需一个足以满足目标的解决方案即可。

表 1-1 总结了本书所考量的四种质量之间的关系。时间效率和空间效率都可能会妨碍可读性,追求最佳的性能会牺牲抽象能力并需要编写较底层的代码。在 Java 中,这可能意味着需要使用基本类型而不是对象,使用普通数组而不是集合(collection),或者在极端情况下使用较底层的语言(例如 C)编写对性能要求苛刻的部分并使用 Java 本地接口(Java Native Interface)将它们与主程序相连接。

---

① 根据一些报道,"如何测试烤面包机"是软件工程的工作面试中反复出现的问题。

表 1-1 代码质量之间的典型关系："↓"代表"不利于","–"代表"无影响"。本表受到《代码大全》中图 20-1 的启发（见 1.10 节）

可读性				
稳健性	–			
空间效率	↓	–		
时间效率	↓	↓	↓	
	可读性	稳健性	空间效率	时间效率

追求尽可能少地使用内存也会导致使用基本类型以及一些难以理解的代码，比如通过使用单个值表示不同事物来节省空间。（你将在 4.4 节中看到一个例子。）这些技术都会牺牲可读性，从而牺牲可维护性。相反，可读性高的代码会使用更多的临时变量和支持方法，从而避免了为提高性能而编写底层代码。

时间效率和空间效率也相互冲突。例如，提高性能的常用策略是将一些额外的信息存储在内存中，而不是每次需要时都对其进行计算。一个典型的例子是单向链表和双向链表之间的区别。即使原则上可以通过遍历整个链表来计算每个节点的"上一个节点"，但是存储和维护双向链接可以让删除任意节点保持常数时间复杂度。4.4 节中的例子就是以增加运行时间来换取更高的空间效率。

要追求稳健性最大化，就需要添加代码来检查异常情况并以适当的方式进行处理。这种检查会产生性能开销，不过通常非常有限。空间效率则不会受到任何影响。同样，原则上，追求稳健性也不应该降低可读性。

软件指标

软件质量与软件指标（metrics）息息相关，后者是软件的可量化属性。学术界已经提出了数百种指标度量标准，其中最常见的两个是代码行数（LOC）和圈复杂度（对嵌套和分支总量的度量）。这些指标提供了评估和监控项目的客观方法，旨在支持与项目开发相关的决策。例如，圈复杂度高的方法可能需要更多的测试工作。

现代的 IDE 可以原生地或通过插件自动计算常见的软件指标。这些指标的相对优势、它们与本章所述软件质量的关系，以及它们的有效用法是软件工程中争议很大的话题。第 6 章会用到代码覆盖率指标。

有一股力量与这些软件质量都无法共存，那就是开发时间。业务原因推动人们快速地编写软件，但最大限度地提高软件质量则需要花费大量的精力和时间。即使管理层很能理解"精心设计的软件能给未来带来收益"，评估究竟需要多少时间才能获得高质量的结果也依然很棘手。各种各样的开发流程为该问题提出了许多解决方案，其中一些主张使用上面提到的软件指标。

本书不涉及软件开发过程的辩论（有时称其为"战争"更合适），而是专注于那些对"有固定 API 的单个类"组成的小型软件单元仍然有意义的软件质量，包括时间效率和空间效率，以及可靠性、可读性和通用性。本书不会涉及易用性或安全性等其他方面的软件质量。

1.5 特殊的质量

除了前面各节描述的质量属性外，我们还将探讨类的两个属性：线程安全和简洁性。

1.5.1 线程安全

类在多线程环境中正常工作的能力。

线程安全并不是通常意义上的软件质量，因为它仅适用于多线程程序这个特定的上下文。尽管如此，这样的上下文已经变得无处不在，而且线程同步问题非常棘手，以至于了解基本的并发原语是任何程序员都应该掌握的一项宝贵的技能。

线程安全很容易被归类为内部质量，但这是一个错误。确实，用户并不知道程序是顺序执行的还是多线程的。在多线程编程领域，线程安全是正确性的基本前提，所以它显然是个质量因素。顺便说一句，线程安全问题在表象上的随机性以及不易重现性，往往会导致一些极难发现的错误。这就是图 1-2 将线程安全与正确性和稳健性放在同一区域中的原因。第 8 章致力于确保线程安全，同时避免常见的并发陷阱。

1.5.2 简洁性

为给定任务编写尽可能短的程序。

通常意义上来说，简洁性根本不是代码质量。相反，它容易导致糟糕、晦涩的代码。附录 A 中有一个趣味练习，它挑战了语言的极限，也挑战了你的 Java（或你选择的任何编程语言）知识。

尽管如此，你仍然可以找到以简洁为目标的实用场景。手机和信用卡中的智能卡等低端嵌入式系统可能由于配备的内存太少，以至于程序不仅必须在运行时占用很少的内存，而且在持久化的存储器中存储时只能占用很小的空间。确实，如今大多数智能卡只有 4 KB 的 RAM 和 512 KB 的持久化存储空间。在这种情况下，控制字节码指令的数量就成为一个重要问题，而减少源代码可以缓解这个问题。

1.6 演进示例：水容器系统

本节描述你将在本书其余部分中反复解决的编程问题，每次都针对不同的软件质量目标。你将先学习所需的 API，然后了解一个简单的用例和初步实现。

假设你需要为一个新的社交网络实现核心基础框架。人们可以注册，当然也可以彼此联系。连接是对称的，也就是说，如果我与你建立了连接，那么你将自动与我建立连接，就像 Facebook 那样。并且，该网络的一项特殊功能是用户可以向所有与其连接（不论直接或间接）的用户发送消息。本书将介绍此场景的基本功能，并将其置于更简单的背景中，在这里我们不必关心消息的内容或人员的属性。

你在这里要处理的不是人员，而是一组水容器。假定它们完全相同，并且容量是无限的。在任何时间，一个容器可容纳一定量的水，任何两个容器都可以通过管道永久连接。你可以将水倒入容器，或从容器中取水（代替发送消息）。无论何时连接两个或多个容器，它们都将成为连通容器。一旦连通，它们会将其中的水均分。

1.6.1　API

本节描述水容器所需的 API。至少需要构建一个 Container 类，并为其赋予一个不带任何参数的公有构造函数。该构造函数创建一个空容器。这个类还拥有以下三个方法。

❑ public double getAmount()：返回此容器中的当前水量。

❑ public void connectTo(Container other)：将此容器永久连接到另一个容器（other）。

❑ public void addWater(double amount)：将一定量的水（amount）倒入此容器中。此方法在所有直接或间接连接到该容器的容器间自动均分其中的水。

你也可以在使用此方法时传入负数，从该容器中取出水。在这种情况下，一组相连的容器应有足够的水以满足要求（你不希望在容器中留存的水量变为负数）。

接下来几章中介绍的大部分实现完全符合这个 API，除了几个明确标明的例外情况。在这些例外情况中，我调整了 API 来帮助优化某个特定方面的软件质量。

两个容器之间的连接是对称的：水可以来回流动。一组通过对称链接来连接的容器形成了计算机科学中所谓的**无向图**。请参考下面的资料以了解有关无向图的基本概念。

无向图

在计算机科学中，由成对连接的项组成的网络称为**图**（如图 1-3 所示）。图中的项也称为**节点**，其连接称为**边**。如果连接是对称的，则该图称为**无向图**，因为连接没有特定的方向。直接或间接连接的一组节点称为**连通分量**（connected component）。在本书中，最大的连通分量简称为**组**。

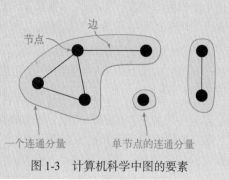

图 1-3　计算机科学中图的要素

要在水容器方案中实现恰当的 addWater 方法，需要知道已连通的分量，因为必须在所有已连接的容器之间平均分配（或移除）水。实际上，该场景背后的主要算法问题是在创建节点（new Container）和插入边（connectTo 方法）时维护连通分量的信息，这是图的动态连通性问题。

此类问题是许多涉及网络的应用程序的核心：在社交网络中，连通分量代表一组因有朋友关系而联系在一起的人；在图像处理中，相同颜色像素的相连（在相邻的意义上）区域有助于识别场景中的对象；在计算机网络中，发现和维护连通分量是路由的一个基本步骤。第 9 章将探讨此类问题的一个具体应用。

1.6.2　用例

本节介绍一个简单的用例，它体现了上一节描述的 API。你将创建四个容器，向其中两个容器中加一些水，然后逐步将它们连接起来，直到它们形成一个组（见图 1-4）。在这个初步的例子中，会先放入水，然后再将容器连接起来。一般来说，可以自由交错地执行这两个操作。而且，可以在任何时候创建新的容器。

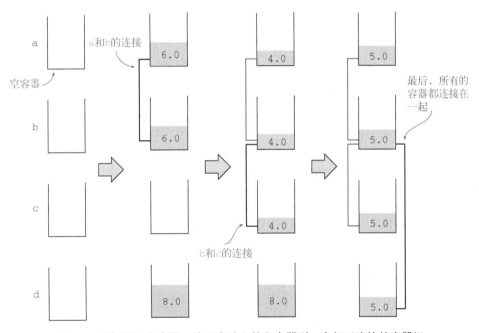

图 1-4　用例的四个步骤：从四个独立的空容器到一个相互连接的容器组

我将用例（在线代码库中的 `UseCase` 类）分为四部分，这样就可以很容易地在其他章节中参考具体的点，并研究不同的实现如何满足相同的需求。这四个步骤如图 1-4 所示。在第一部分中，只需创建四个容器，如下面的代码片段所示。最初，它们是空的、孤立的（没有连接）。

```
Container a = new Container();
Container b = new Container();
Container c = new Container();
Container d = new Container();
```

接下来，向第一个和最后一个容器中加入水，并将前两个容器用管道连接起来。最后，把每个容器中的水量打印到屏幕上，来检查是否一切都是按需求规范进行的。

```
a.addWater(12);
d.addWater(8);
a.connectTo(b);
System.out.println(a.getAmount()+" "+b.getAmount()+" "+
                    c.getAmount()+" "+d.getAmount());
```

在上面代码片段的结尾，容器 a 和容器 b 是连在一起的，所以它们共享你放进 a 的水，而容器 c 和容器 d 是隔离的。下面是 println 的期望输出。

```
6.0 6.0 0.0 8.0
```

让我们继续，将 c 连接到 b，检查添加一个新的连接是否会自动将水在所有连接的容器中重新分配。

```
b.connectTo(c);
System.out.println(a.getAmount()+" "+b.getAmount()+" "+
                    c.getAmount()+" "+d.getAmount());
```

这时，c 与 b 相连，并间接地与 a 相连。此时 a、b 和 c 都是相互连通的容器，所有容器中的水的总量在它们之间平均分配。容器 d 不受影响，导致了如下输出。

```
4.0 4.0 4.0 8.0
```

要特别注意用例中的当前点，因为在接下来的章节中，我们将用它作为一个标准的场景来展示不同的实现如何在内存中表示相同的情况。

最后，将 d 连接到 b，使所有的容器形成一个连接组。

```
b.connectTo(d);
System.out.println(a.getAmount()+" "+b.getAmount()+" "+
                    c.getAmount()+" "+d.getAmount());
```

因此，在最后的输出中，所有容器的水量是相等的。

```
5.0 5.0 5.0 5.0
```

1.7   数据的模型和表示

现在已经明确知道了水容器类的需求，可以开始设计一个实际的实现了。需求规范中已经定义了公有 API，所以下一步就是确定每个 Container 对象需要哪些字段，可能还有类本身（又名静态字段）需要的字段。后面章节中的例子表明，根据所追求的质量目标，可以选择大量不同的字段，数量之多令人惊讶。本节将介绍一些通用的观察结果，无论具体的质量目标是什么，这些观察结果都是适用的。

首先，对象必须包含足够的信息，以提供需求规范所要求的服务。一旦满足了这个基本要求，就还有两类决定要做。

(1) 是否要存储任何**额外**的信息，即使不是严格意义上的必要信息？

(2) 如何对所有要存储的信息进行**编码**？哪些数据类型或结构是最合适的？又由哪个（些）对象来负责？

关于问题(1)，想存储一些不必要的信息可能出于两个原因。首先是为了提高性能。在这种情况下，也可以从其他字段中计算这些信息，但更希望这些信息是已准备好的，因为计算信息比维护它更昂贵。想想看，一个链表会把它的长度存储在一个字段中，即使这个信息可以通过遍历链表并计算节点的数量来即时计算。其次，有时会存储额外的信息，为将来的扩展留下余地。1.7.2 节中有一个这样的例子。

一旦确定了要存储什么信息，就该通过给类和对象指定适当的字段类型来回答问题(2)了。即使是在像水容器这样相对简单的场景中，这一步可能也并非小事。正如整本书试图证明的那样，可能存在着几种相互竞争的解决方案，这些解决方案在不同的上下文中，以及考虑不同的质量目标时都是有效的。

在我们的场景中，一个容器当前状态信息的描述由两个方面组成：容器中的水量，以及它和其他容器的连接。接下来的两节将分别讨论这两个方面。

1.7.1　存储水量

首先，getAmount 方法存在的前提是需要容器"知道"它们中的水量。我所说的"知道"，并不是说一定要将这些信息储存在容器中。现在谈这个还为时过早。我的意思是容器应该有某种方式来计算并返回这个值。此外，API 规定了水量必须用 double（双精度）来表示。一个很自然的实现是在每个容器中真正包含一个 double 类型的水量字段。仔细观察一下就会发现，一组相连容器的每一个容器中的水量是一样的。因此，最好将这些容器中的水量只存储一次，可以存储在一个独立的表示一组容器的对象中。这样一来，当调用 addWater 时，只需要更新一个对象就可以了，即使当前容器与许多其他容器相连。

最后，除了使用一个独立的对象，还可以将容器组的水量存储在其中一个特殊的容器（作为其容器组的代表）中。总结一下，目前为止至少有三种可行的方法。

(1) 每个容器都持有一个最新的"水量"字段。

(2) 一个独立的"容器组"对象持有这个"水量"字段。

(3) 每个组中只有一个容器（代表）持有最新的"水量"值，该值适用于该组中的所有容器。

在下面的章节中，不同的实现将分别使用这三种方式（以及一些额外的方式），我们将详细讨论每种方式的优劣。

1.7.2　存储连接

向容器中加水时，水必须被平均分配到所有与该容器（直接或间接）相连的容器中。因此，每个容器必须能够识别所有与它相连的容器。一个重要的决定是如何区分直接连接和间接连接。a 和 b 之间的直接连接只能通过调用 a.connectTo(b) 或 b.connectTo(a) 来建立，而间接连接则是直接连接的结果[①]。

1. 选择要存储的信息

我们的需求规范要求的操作没有区分直接连接和间接连接，所以可以只存储更通用的：间接连接。但是，假设在未来的某个时候，希望添加一个 `disconnectFrom` 的操作，其意图是撤销之前的 `connectTo` 操作。如果没有把直接连接和间接连接加以区分，就不可能正确实现 `disconnectFrom` 方法。

事实上，考虑一下图 1-5 所示的两种情况，直接连接用容器间的连线来表示。如果只在内存中存储间接连接，那么这两种情况是无法区分的：在这两种情况下，所有的容器都是相互连接的。因此，在这两种情况下，如果执行一系列顺序相同的操作，那么它们必然会有同样的反应。此外，考虑一下如果客户端执行以下操作，则会发生什么情况。

```
a.disconnectFrom(b);
a.addWater(1);
```

如果在第一种情况下（见图 1-5 左图）执行这两行代码，三个容器仍然是相连的，所以增加的水量必然会被平均分配给所有的容器。相反，在第二种情况下（见图 1-5 右图），断开 a 与 b 的连接，会使容器 a 被隔离，所以增加的水必然只会加到 a 中。由此可见，只存储间接连接并不能兼容未来的 `disconnectFrom` 操作。

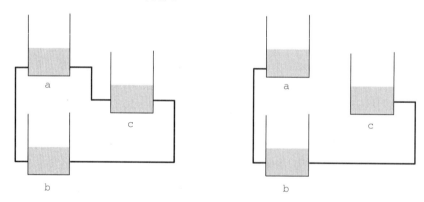

图 1-5   两种"三个容器"的场景。容器间的连线表示直接连接

总结一下，如果认为未来可能会增加 `disconnectFrom` 的操作，那么可能就需要将直接连接与间接连接明确地分开存储。但是，如果不知道关于该软件未来演进方向的具体信息，就应该警惕这种诱惑。众所周知，程序员容易过度泛化，他们往往更多的是权衡假设性的利益，而不是随之而来的某些代价。考虑到一个新功能的成本并不仅限于开发的时间，因为每个不必要的类成员都需要像其他必要的类成员一样进行测试、编写文档和维护。

另外，对于可能想增加的额外信息的数量则没有限制。如果以后想删除所有超过一小时的连

[①] 在数学术语中，间接连接对应于直接连接的**传递闭包**。

接怎么办？应该存储每个连接的建立时间！如果想知道有多少个线程创建了连接，该怎么办？应该存储所有曾经创建过连接的线程的 set[①]，等等。在下面的章节中，我一般会坚持只存储目前需要的信息[②]，有几个明确标注的例外。

2. 选择表达方式

最后，假设只满足于存储间接连接，下一步就是为它们挑选一个实际的表示方式。在这一点上，初步有两个选择：一是**显式**使用一个新的类（比如叫 `Pipe`），来表示两个容器之间的连接；二是直接在容器对象内部存储相应的信息（**隐式表示**）。

第一种选择更符合正统的 OO 设计。在现实世界中，容器是由管道连接起来的，而管道是真实的物体，与容器有明显的区别。因此，按理说，它们应该分开建模。不过，本章的规范中并没有提到任何 `Pipe` 对象，所以它们可以仍旧隐藏在容器中，不被客户端所感知。此外，更重要的是，这些管道对象包含很少的行为。每个管道对象将持有两个相连容器的引用，没有其他属性和重要的方法。

在权衡了这些原因后，似乎引入这个额外的类的好处并不大，所以还不如选择实用的、隐式的方案，完全避免引入这个额外的类。容器无须使用专门的"管道"对象就可以访问它们的同伴。但是，到底要如何组织相连容器的引用呢？语言内核及其 API 提供了多种解决方案：普通数组、列表、set。这里就不分析了，因为其中很多都会在下面的章节（尤其是第 4 章和第 5 章）针对不同的代码质量进行优化时自然而然地出现。

1.8　你好，容器（Novice）

从本节开始，我们将考虑一个 `Container` 的实现，这个实现可以由一个接触过 C 语言等结构化语言后刚刚接触 Java 的、没什么编程经验的程序员来编写。这个类是整本书中你会遇到的众多版本中的第一个。我给每个版本起了一个名字，以帮助浏览和比较它们。这个版本的名字是 Novice，它在代码库中的全称是 `eis.chapter1.novice.Container`。

1.8.1　字段和构造函数

即使是经验丰富的专业人士，在某个时刻也曾是初学者，在新语言的语法中摸爬滚打，对隐藏在角落里的众多 API 并不了解。起初，可以选择数组这种数据结构，但解决语法错误的要求太高，以至于不能考虑什么编码风格的问题。经过一番试错后，初学编程的人拼凑出了一个类，可以编译通过，而且似乎还能满足需求。也许开始时候的代码有点儿像代码清单 1-1 所示的那样。

---

① 为了与 collection（本书中译为"集合"）区分，set 不做翻译。特殊名词中的 set 除外，如整数集（set of integers）和多重集（multi-set）。——编者注
② 极限编程运动已为此原则取了一个"你不需要它"（You aren't gonna need it，YAGNI）的口号。

代码清单 1-1　Novice：字段和构造函数

```
public class Container {

    Container[] g;          ❶ 一组相连的容器
    int n;                  ❷ 容器组的实际大小
    double x;               ❸ 该容器中的水量

    public Container() {
        g = new Container[1000];    ❹ 注意：这是一个魔法数
        g[0] = this;                ❺ 将该容器放入容器组中
        n = 1;
        x = 0;
    }
```

这几行代码包含大量的轻微和不太轻微的缺陷。让我们把重点放在那些容易修复的表面缺陷上，因为其他的缺陷在随后章的版本中会逐渐浮现出来。

这三个实例字段的用途如下。

❑ g 是一个数组，用于保存连接到这个容器的所有容器，包括当前容器（在构造函数中可以看出）。

❑ n 为 g 中的容器数量。

❑ x 是该容器中的水量。

唯一明显让这段代码显得业余的地方是选择的变量名：非常短，而且完全没有表达出应有的信息。即使一个专家被犯罪分子要挟用 60 s 的时间"黑"进一个超级安全的水容器系统，他也不会给一个组起名为 g 的。玩笑归玩笑，有意义的命名是代码可读性的首要原则，第 7 章会讨论可读性。

然后就是可见性问题。字段应该是私有的（private），而不是默认的（default）。回想一下，默认可见性比私有性更开放；它允许同一包中的其他类访问。信息隐藏（又名封装）是一个基本的 OO 原则，它使类可以不用关心其他类的内部实现，并通过一个定义良好的公有接口（一种分离关注点的形式）与它们交互。这进而使得类可以修改其内部实现，而不影响已有的客户端。

关注点分离的原则也为本书提供了基础。以下各章介绍的许多实现都符合同样的公有 API，因此，客户端原则上可以互换使用各个版本的实现。使用这种方法，API 的每一个实现细节对外部都是不可见的，这要归功于可见性标识符。从更深的层面来看，单独优化不同方面的软件质量本身就是一种极端的关注点分离。它过于极端了，事实上只是一种说教的工具，而不应该是在实践中追求的方法。

继续往下看，如代码清单 1-1 中的第六行代码所示，数组的大小由一个所谓的**魔法数**（magic number）定义，即一个没有被赋予任何名称的常数。最佳实践要求你把所有的常量分配给某个 final 变量，一来变量的名字可以表示这个常量的含义，二来把这个常量的赋值集中在单个点上，如果多次使用这个常量，那么这一点特别有用。

这里选择使用普通数组并不是很合适，因为它对连接的容器的最大数量有一个预先确定的边界：如果边界太小，那么程序必然会失败；太大的边界又会浪费空间。此外，使用数组迫使我们不得不手动跟踪组中实际的容器数量（此处为字段 n）。在 Java API 中还有更好的选择，将在第 2 章中讨论。尽管如此，普通数组也将在第 5 章中派上用场，那里的主要目标是节省空间。

1.8.2 getAmount 和 addWater 方法

接下来看看前两个方法的源代码，如代码清单 1-2 所示。

代码清单 1-2 Novice：getAmount 和 addWater 方法

```java
public double getAmount() { return x; }

public void addWater(double x){
    double y = x / n;
    for (int i=0; i<n; i++)
        g[i].x = g[i].x + y;
}
```

getAmount 只是一个简单的 getter，addWater 则显示了变量 x 和 y 的常见命名问题，而 i 作为数组索引的传统名称是可以接受的。如果代码清单的最后一行使用+=运算符，就不会重复 g[i].x 两次，也就不必来回查看，以确保语句实际上是在递增同一个变量。

注意，addWater 方法没有检查它的参数是否为负值。在这种情况下，表示并没有考虑容器组是否有足够的水量。像这样的稳健性问题，将在第 6 章中专门讨论。

1.8.3 connectTo 方法

最后，我们的新手程序员实现了 connectTo 方法，它的任务是用一个新的连接合并两组容器。在这个操作之后，两组中的所有容器都会持有相同的水量，因为它们都成了连通器。首先，该方法将计算出两组中的总水量和两组中容器的总数。合并之后，每个容器的水量，就是简单地用前者除以后者。

还需要更新两个组中所有容器的数组。一种朴素的方法是将第二组中的所有容器附加到属于第一组的所有数组，反之亦然。代码清单 1-3 就是这样做的，使用了两个嵌套循环。最后，该方法更新了所有受影响的容器的大小字段 n 和水量字段 x。

代码清单 1-3 Novice：connectTo 方法

```java
public void connectTo(Container c) {
    double z = (x*n + c.x*c.n) / (n + c.n);     ❶ 合并后，每个容器的水量

    for (int i=0; i<n; i++)                      ❷ 遍历第一组中的每个容器
        for (int j=0; j<c.n; j++) {              ❸ 遍历第二组中的每个容器
            g[i].g[n+j] = c.g[j];                ❹ 将 c.g[j] 添加到 g[i] 组中
            c.g[j].g[c.n+i] = g[i];              ❺ 将 g[i] 添加到 c.g[j] 组中
        }

    n += c.n;
```

```
for (int i=0; i<n; i++) {    ❻ 更新大小和水量
    g[i].n = n;
    g[i].x = z;
}
}
```

如你所见，connectTo 方法是命名问题最严重的地方。所有这些单字母的名字很难让人理解。为了进行明显的比较，你可能会想先跳过，去看一下第 7 章中的可读性优化的版本。

如果用增强型 for 循环（C#中的 foreach 语句）替换掉三个 for 循环，可读性也会有所改善，但基于固定大小数组的表示方式使其有点儿麻烦。确实如此，想象一下，用下面的语句替换代码清单 1-3 中的最后一个循环。

```
for (Container c: g){
    c.n = n;
    c.x = z;
}
```

这个新的循环当然可读性更强，但是一旦 c 变量超出了实际存储容器引用的数组单元格（cell）[①]，就会出现 NullPointerException。补救方法很简单，只要检测到一个 null 引用，就立即退出循环。

```
for (Container c: g){
    if (c==null) break;
    c.n = n;
    c.x = z;
}
```

尽管完全不可读，但代码清单 1-3 中的 connectTo 方法在逻辑上是正确的，只是有一些限制。事实上，思考一下 this 和 c 在方法调用之前就已经相连的情况。更具体地说，假设下面的用例，涉及两个全新的容器。

```
a.connectTo(b);
a.connectTo(b);
```

你能看出会发生什么吗？方法能容忍调用者的这种轻微失误吗？请在继续阅读之前仔细思考一下。我会等着你。

答案是，连接两个已经连接的容器会破坏它们的状态。容器 a 的容器组数组中最后会有两个指向自己的引用和两个指向 b 的引用，并且大小字段 n 是 4 而不是 2。类似的事情也会发生在 b 上。更糟糕的是，即使 this（当前容器）和 c 只是间接连接，也会出现这种缺陷，这不能被认为是调用者的使用不当。我说的情况如下所示（再强调一次，a、b 和 c 是三个全新的容器）。

```
a.connectTo(b);
b.connectTo(c);
c.connectTo(a);
```

---

① 本书中数组的 cell 统一翻译为"单元格"，从而在某些上下文中和"元素"（element）等进行区分。——译者注

在最后一行代码之前，容器 a 和 c 已经连接起来了，尽管是间接的（见图 1-5 右图）。最后一行代码增加了它们之间的直接连接，根据需求规范，这是有效的。这导致了图 1-5 左图所示的情况。但是代码清单 1-3 中的 connectTo 方法却给所有容器组数组添加了所有三个容器的第二个副本，同时错误地将所有组的大小设置为 6 而不是 3。

此实现的另一个明显缺陷是，如果合并后的组中包含超过 1000 个成员（那个魔法数），则代码清单 1-3 这两行的其中之一：

```
g[i].g[n+j] = c.g[j];
c.g[j].g[c.n+i] = g[i];
```

会抛出一个 ArrayIndexOutOfBoundsException 异常，并导致程序崩溃。

下一章将介绍一个参考的实现，它解决了这里指出的大部分表面问题，同时在不同方面的代码质量之间取得了平衡。

1.9　小结

- 可以将软件质量分为内部软件质量和外部软件质量，也可以分为功能性软件质量和非功能性软件质量。
- 有些方面的软件质量是相互对立的，有些则是相辅相成的。
- 本书以一个水容器系统作为统一的示例来探讨软件质量。

1.10　扩展阅读

本书试图将各种不同的主题浓缩进二三百页里，而这些主题很少被放在一起来讲解。因此，每个主题只能浅尝辄止。这就是为什么每一章的结尾都会提供一个简短的资源列表，你可以参考本节的内容，以了解更多关于本章内容的信息。

- Steve McConnell 的《代码大全》
  一本关于编码风格和优秀软件方方面面的宝贵图书，也讨论了各种代码质量及其关系。
- Diomidis Spinellis 的《代码质量》
  它会带你体验一次质量属性的旅程。与我们在本书中看到的不一样，它有一个几乎相反的指导原则：没有使用单个演进示例，而是使用了取自各种流行开源项目的大量代码片段。
- Stephen H. Kan 的《软件质量工程的度量与模型》
  Kan 提供了一个系统、深入的软件指标的处理方法，包括使用统计学上的合理方法来评估，并利用它们来监控和管理软件开发流程。
- Christopher W. H. Davis 的《敏捷度量实战：如何度量并改进团队绩效》
  该书第 8 章讨论了软件质量和可以使用的评估指标。

第 2 章

Reference 的实现 2

本章内容
- 使用标准集合
- 创建图表来阐明一个软件设计方案
- 用大 O 符号表示性能
- 估算一个类占用的内存大小

在本章中，你将看到 Container 类的一个版本，它在不同方面的质量之间取得了很好的平衡，如清晰度、效率和内存使用等。

回想一下，1.7 节中的假设是：存储和维护容器间的一组间接连接就足够了。在实际编码中，可以通过给每个容器添加一个名为 group（组）的引用来做到这一点。它指向一个集合，其中存储了直接或间接连接到该容器的其他容器。在熟悉了 Java 集合框架（JCF）之后（参见下面的 "Java 集合框架"），让我们在其中寻找一个最合适表达这些组的类。

Java 集合框架

大多数标准集合是在 Java 1.2 中引入的，并在 1.5 版本（后来改名为 Java 5）中进行了大量重新设计，以利用新引入的泛型。由此产生的 API 被称为 JCF，是 Java 生态系统皇冠上的明珠之一。它包括大约 25 个类和接口，提供了常见的数据结构，如链表、哈希表和平衡树，以及并发编程的功能。

在选择合适的类型来表示一个集合时，应该考虑两个问题：一是集合是否会包含重复的元素；二是是否需要对元素进行排序。在我们的例子中，这两个问题的答案是 "不会"。换句话说，容器组是数学意义上的 set，对应于 JCF 中的 Set 接口，如图 2-1 所示。

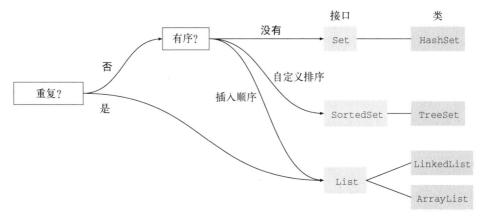

图 2-1 为一个集合选择合适的 Java 接口和类

接下来，需要选择 `Set` 接口的一个具体实现，也就是实现了此接口的类。没有理由不选最常见也通常是最高效的 `HashSet`。

小测验 1：你会选择哪个集合接口和类来表示手机通讯录？

C#中的集合

C#的集合层次结构与 Java 的有些不同，但最终实例化的具体类是非常相似的。例如，表 2-1 展示了图 2-1 中每一个类在 C#中最接近的对应类。

表 2-1

Java	C#
HashSet	HashSet
TreeSet	SortedSet
ArrayList	List
LinkedList	LinkedList

2.1 代码（Reference）

让我们来设计 `Container` 类的一个参考版本，首先从字段和构造函数开始，我们称此版本为 **Reference**。根据前面关于集合的讨论，给每个新的容器添加一个由 `HashSet` 表示的 `group`（组）字段，其中一开始只包含该容器本身。

遵循**面向接口编程**的最佳实践，应该将此 `group` 字段声明为 `Set` 类型，然后将其实例化为一个具体的 `HashSet` 实例。这是为了在类的其他部分中隐藏具体类型。这种方法的一个好处是，如果以后改变主意，把具体类型从 `HashSet` 替换为 `Set` 的其他实现，那么相关的代码就可以保持不变，因为它只引用了接口。

面向接口编程

这是一个通用的思想，指的是在设计时重点关注 API，而不是具体的实现。它类似于第 5 章讨论的"契约式设计"方法论。用能达到目的最通用的接口类型来声明一个字段，就是这个原则的一个小的应用场景。

此外，每个容器都知道自己的水量，由一个 double 值来表示，它隐式地被初始化为 0。最后应该会得到类似于代码清单 2-1 中的代码。

代码清单 2-1　Reference：字段和构造函数

```
import java.util.*;        ❶ 接下来的代码清单将省略 import 语句

/* 一个水容器   ❷ 应该用 Javadoc 注释代替这种随意的注释（见第 7 章）
 *
 * 作者：马尔科·法埃拉
 */
public class Container {

    private Set<Container> group;    ❸ 连接到此容器的其他容器
    private double amount;           ❹ 此容器的水量

    /* 创建一个空容器 */                  ❺ 也应该用 Javadoc 注释
    public Container() {
        group = new HashSet<Container>();
        group.add(this);             ❻ 容器组以此容器开始
    }
```

首先，与 Novice 版本相比，这个版本使用了恰当的封装和命名：字段是私有的，并且有合理的描述性命名。然后，我故意用一种比较稚嫩的方式对代码进行了注释，以对比这种风格和第 7 章（重点关注可读性问题）中讨论的更具原则性的方法。

在介绍各种方法之前，首先介绍几个图形工具，有助于直观地比较接下来的各章将介绍的不同版本的容器类。

2.1.1　内存布局图

对于每一个使用不同字段来表示其数据的 Container 版本，我都会展示一张**内存布局图**，这是一个抽象的图解，表示了一组容器的集合是如何在内存中实现的。这样做的目的是为了帮助建立一个内存布局的可视化心智模型，并且便于比较不同的版本。为此，我将始终描绘相同的场景，即在第 1 章中描述的标准用例中前三步执行完的样子。回想一下，前三步中创建了四个容器（a 到 d），并执行了以下几行代码。

```
a.addWater(12);
d.addWater(8);
a.connectTo(b);
b.connectTo(c);
```

此时，四个容器中的三个被连接成一组，第四个则是孤立的，如图 2-2 所示。内存布局图是一个用来说明对象在内存中如何布局的简化模型，类似于 UML **对象图**（随后将解释）。两者都表示了一组对象的静态快照，包括其字段的值及它们之间的关系。在本书中，我更喜欢使用我自己风格的对象图，因为它更直观，而且可以根据每一节的特点来进行调整。图 2-3 展示了 Reference 版本的内存布局，它是 UseCase 执行了前三步之后的结果。如你所见，我省略了很多底层细节，比如每个字段的类型和长度（字节数）。另外，我完全隐藏了 HashSet 的内部组成，因为现在想让你把注意力集中在哪个对象包含哪部分信息，以及哪个对象指向其他哪个对象上。我们将在 2.2.1 节中回到 HashSet 的内存布局。

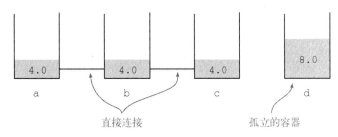

图 2-2　执行 UseCase 的前三步之后的情况。已经将容器 a 到 c 连接在一起，并将水倒入 a 和 d 中

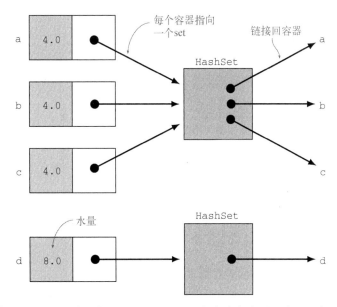

图 2-3　执行 UseCase 前三步之后的 Reference 版本内存布局。为了避免混乱，我把 HashSet 中指向容器的引用绘制为该容器的名称

当然，你在工作中更可能遇到的是标准的 UML 图，所以这里简单介绍一下两种常见的 UML 图。

1. UML 类图

类图是对一组类的静态属性的描述，特别是关于它们之间的相互关系，如继承或包含关系。刚才提到的对象图与类图密切相关，只是它们描绘的是这些类的单个实例。

例如，Reference 版本的类图可能看起来像图 2-4。Container 这个框不言自明，它列出了字段和方法，其可见性用加号（公有）或减号（私有）表示。HashSet 框中没有指定任何字段或方法，这对于这样的类图来说是完全没有问题的。它们可以是抽象的，也可以是详细的。

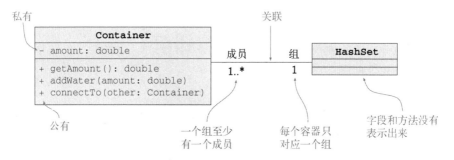

图 2-4　Reference 的 UML 类图（详细版）

两个框之间的线叫作关联（association），代表两个类之间的关系。在这条线的两端，可以描述每个类在关联中的角色（这里是"成员"和"组"），以及所谓的关联的基数（cardinality）。基数指定了该类的每个实例关联多少个另一个类的实例。在本例中，每个容器属于一个组，而每个组包括一个或多个成员，在 UML 中用"1..*"表示。

虽然在形式上是正确的，但图 2-4 中的类图对大多数情况来说过于详细。UML 图是用来描述系统的模型，而不是系统本身的。如果图过于详细，那还不如用实际的源代码来代替它。因此，通常不会明确提及如 HashSet 这样的标准集合。相反，它们只是被理解为类之间关联的一种可能的实现。

在这种情况下，可以用一个更抽象的关联来代替 HashSet，将 Container 类与它自己链接起来。这样一来，无须描述实现，而是在传达一个概念，那就是每个容器都可以连接到零个、一个或多个其他容器。图 2-5 用图形表示了这一点。

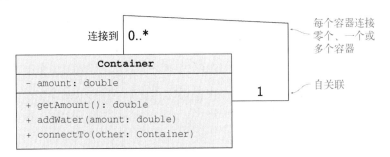

图 2-5　Reference 版本的 UML 类图（抽象版）

小测验 2：*用一个类图来表示 Java 类和方法的主要属性，以及它们之间的相互关系。*

2. UML 对象图

UML 对象图看起来和类图非常相似。通过在对象（即类的实例）名及其类型下面加下划线，可以区分对象和类。例如，图 2-6 展示的是执行了 UseCase 前三步之后 Reference 版本的对象图。此图与图 2-5 中的抽象类图一致，其中 HashSet 没有显式建模，而是隐含在容器之间的关联中。

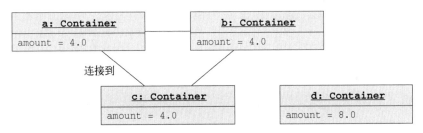

图 2-6　Reference 版本的 UML 对象图（抽象版）

在第 3 章中，你将了解另外一种类型的 UML 图：时序图，它用于将一组对象之间的动态交互可视化。

2.1.2　方法

getAmount 方法是一个普通的 getter，没什么好说的（见代码清单 2-2）。

代码清单 2-2　Reference：getAmount 方法

```
public double getAmount() { return amount; }
```

接下来，可以开发 connectTo 方法（见代码清单 2-3）[1]。可以观察到连接两个容器的本质是将它们的 group（组）相合并。因此，该方法首先计算出两个 group 中的总水量，以及合并后每个容器中的水量。然后，修改当前容器的组来合并第二个组，并且将第二个组中的所有容器

---

[1] 在这里和下面的章节中，我在代码的格式上做了一些修改，比如把循环和循环体放在同一行。这样做是为了缩短代码清单的长度，使其可以展示在单页中。

分配到这个新的、更大的组中。最后，用预先计算好的新水量更新每个容器的水量。

如同之前一样，代码清单 2-3 中的大量注释是为了提高可读性。现代趋势是将其拆分为具有适当描述性名字的小方法。第 7 章会深入讨论这个问题。

代码清单 2-3　Reference：`connectTo` 方法

```java
public void connectTo(Container other) {

    // 如果它们已经相连接，则不做任何事情
    if (group==other.group) return;

    int size1 = group.size(),             ❶ 计算每个容器中的新水量
        size2 = other.group.size();
    double tot1 = amount * size1,
           tot2 = other.amount * size2,
           newAmount = (tot1 + tot2) / (size1 + size2);

    // 合并两个组
    group.addAll(other.group);
    // 更新相连容器的组                      ❷ 你可以将此类注释替换为恰当命名的支持方法
    for (Container c: other.group) { c.group = group; }
    // 更新所有新相连容器中的水量
    for (Container c: group) { c.amount = newAmount; }
}
```

`addWater` 方法只是将等量的水分配给组中的每个容器（见代码清单 2-4）。

代码清单 2-4　Reference：`addWater` 方法

```java
public void addWater(double amount) {
    double amountPerContainer = amount / group.size();
    for (Container c: group) c.amount += amountPerContainer;
}
```

和 Novice 版本中一样，这个方法也可以接收负值参数，用以表示去除一定量的水，但它并不会检查容器中是否有足够的水量。因此，它有可能会把一个或多个容器的水量减成负数。（第 5 章讨论了类似的稳健性问题。）在接下来的两节中，我们将分析本节中介绍的代码的内存和时间消耗，以便稍后比较它与其他版本的性能。

2.2　内存需求

尽管基本类型有固定的大小，但估算 Java 对象的内存大小并非易事。以下三个因素使得对象的准确大小取决于架构，甚至取决于 JDK 厂商。

❑ 引用的大小

❑ 对象头

❑ 内存填充（padding）

这些因素如何影响对象大小取决于你用来运行程序的具体 JVM 版本。回想一下，Java 框架

基于两个官方规范：一个是 Java 语言，另一个是虚拟机（VM）。不同的厂商可以自由地实现自己的编译器或虚拟机。事实上，在写这几行字的时候，Wikipedia 上列出了 18 个正在活跃开发中的 JVM。在下面的虚拟机相关参数中，我将使用 Oracle 的标准 JVM（称为 HotSpot）。

让我们分别来详细思考一下这三个内存因素。首先，引用的大小不是由语言决定的。它在 32 位硬件上是 32 位，而在现代 64 位处理器上可以是 32 位或 64 位，因为有一种叫作压缩 OOP（compressed ordinary object pointer，压缩普通对象指针）的技术。压缩 OOP 允许程序将引用存储为 32 位值，即使硬件支持 64 位地址也是如此，其代价是只能寻址总可用堆空间中的 32 GB。在下面的内存占用估算中，假设引用大小固定为 32 位。

压缩 OOP

压缩 OOP 的工作原理是在每个 32 位地址的末尾隐式地加上三个零，因此存储地址（例如 0x1）将被解释为机器地址 0x1000。这样一来，机器地址有效地跨越了 35 位，程序最多可以访问 32 GB 的内存。JVM 还必须采取措施，将所有变量与 8 字节的边界对齐，因为程序只能引用 8 的倍数地址。

总结一下，这种技术为每个引用节省了空间，但增加了内存对齐填充的空间，并且在将存储地址映射到机器地址时，会产生时间开销（快速左移操作）。压缩 OOP 是默认开启的，但如果告诉 VM 打算使用超过 32 GB 的内存（使用命令行参数 -Xms 和 -Xmx），压缩 OOP 就会被自动禁用。

其次，所有对象的内存布局都是从包含 JVM 需要的一些标准信息的头开始的。因此，即使是一个没有字段的对象（又称无状态对象）也会占用一些内存。对象头的详细组成超出了本书的范围[①]，它主要为 Java 语言的三个特性服务：反射、多线程和垃圾回收。

(1) 反射要求对象知道它们的类型。因此，每个对象必须存储一个引用指向它的类，或者一个数字标识符，用于引用已加载类列表中的一个。这个机制允许 instanceof 运算符检查对象的动态类型，并允许 Object 类的 getClass 方法返回对象的（动态）类的引用。

一个类似的问题是，数组也需要存储其单元格的类型，因为每一次写入数组的操作都会在运行时进行类型检查（如果不正确，就会引发 Array StoreException）。但是，这些信息并不会增加单个数组的开销，因为它是类型信息的一部分，可以在所有相同类型的数组中共享。例如，所有的字符串数组都指向同一个 Class 对象，代表"字符串数组"类型。

(2) 多线程支持为每个对象分配一个 monitor（监视器，可通过 synchronized 关键字访问）。因此，对象头中必须包含对监视器对象的引用。现代虚拟机只在多个线程实际竞争独占访问该对象时，才会按需创建这样的监视器。

(3) 垃圾回收需要在每个对象上存储一些信息，比如**引用计数**（reference count）等。事实上，

[①] 如果你对细节感到好奇，可以浏览 HotSpot 的源代码，目前可以在 OpenJDK 网站上找到。对象头的内容则可以在文件 src/share/share/vm/oops/markOop.hpp 中找到。

现代垃圾回收算法会根据对象自创建以来存活的时间，将对象分配到不同的代（generation）中。在这种情况下，头信息中也要包含一个 age 字段。

在本书中，假设每个对象的固定开销是 12 字节，这是现代 64 位 JVM 的典型开销。除了这个标准的对象头，数组还需要存储其长度，导致总开销为 16 字节（也就是说，即使空数组也需要 16 字节）。

最后，硬件架构要求或更喜欢数据被对齐到一定的边界。也就是说，如果内存访问地址是 2 的倍数（通常是 4 或 8），就会更高效。这种情况导致编译器和虚拟机采用了**填充**的方法：用空字节来填充对象的内存布局，使每个字段都被恰当地对齐，并且整个对象正好是整数倍的字（word）大小。为了简单起见，我们将在本书中忽略这种与体系结构相关的填充问题。

C#对象大小
C#中的情况和这里描述的 Java 中的情况很类似，造成内存开销的原因也完全一样，32 位架构的对象头内存开销是 12 字节，64 位架构的是 16 字节。

Reference 的内存需求

现在把注意力转移到 Reference 版本的实际内存占用问题上。首先，每个 Container 对象需要占用以下几类空间。

- 12 字节，用于额外开销。
- 8 字节，用于 amount 字段（double 类型）。
- 4 字节，用于 set 的引用，再加上该 set 本身的大小。

要估算一个 HashSet 占用的内存大小，需要探究一下它的实现。通常情况下，HashSet 使用一个链表（称为**桶**）的数组来实现，再加上一些额外的统计字段。理想情况下，每个元素都会进入一个不同的桶，而且桶的数量和元素的数量恰好一样多。这里不深入细节[1]，在这种理想的情况下，一个"裸骨"（barebone）的 HashSet 大约需要 52 字节。set 中的每个元素需要有一个链表的引用，以及一个单元素的链表：约再增加 32 字节。我使用"裸骨"这个词而不是空（empty），因为一个 HashSet 的初始容量并不是零（在当前的 OpenJDK 中是 16 个桶），这个初始的空间使得插入第一个元素会更简单、更有序。图 2-7 详细地展示了这些所涉及的对象的内部结构，并对内存需求进行了细分。

[1] HashSet 的实际实现要通过 HashMap，使分析复杂化。

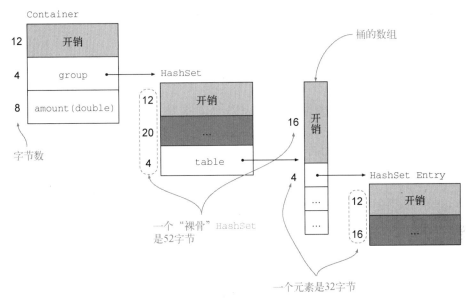

图 2-7 Reference 版本中的容器内存占用详情。对 HashSet 的估算值采取了一个完美
尺寸的表来放置桶，以及一个完美的散列函数，使得每个桶中正好有一个元素

测量对象大小

JDK 包含一个名为 JOL（Java Object Layout）的工具，可以检查给定类的内部内存布局，
包括对象头。

小测验 3：`android.graphics.Rect` 类包含四个 `int` 类型的 `public` 字段。一个
`Rect` 对象需要多少字节？

为了得到实际的数字，便于与其他实现进行比较，我将估算两个假设场景下的内存占用情况：
首先是 1000 个独立的容器；然后是 1000 个容器以 10 个容器为一组，共 100 组。在这两种情况下，
Reference 实现的表现如表 2-2 所示。这些数是好还是坏？对于单个的容器来说，100 字节是否太多？

表 2-2 两种常规场景下 Reference 的内存需求

场　景	大小（计算）	大小（字节数）
1000 个独立	1000 × （12 + 8 + 4 + 52 + 32）	108 000
10 个一组，共 100 组	1000 × （12 + 8 + 4）+ 100 × （52 + 10 × 32）	61 200

我们还能做得更好吗？就目前来看，这些数字很难判断。接下来的两章会开发出一些其他的
实现，然后就可以比较它们的内存占用情况，用可靠的论证来回答前面的问题了。（提示：第 4
章介绍了最紧凑的版本，这两种场景都只需要 4 KB，但它不符合既定的 API。）

2.3 时间复杂度

当测量一个程序的内存占用量时,可以用字节作为标准的基本单位。如果忽略上一节中讨论的底层细节,那么根据经验,一个特定的 Java 程序在所有计算机上运行时,占用的内存量是一样的。

测量时间则更复杂一些。同样的程序在不同的计算机上会有截然不同的表现。与其测量实际运行时间,不如计算程序执行的基本步数。简单来说,可以把任何需要一定时间的操作定义为基本步骤。例如,可以把任何算术或比较操作都视为一个基本步骤[①]。

另一个问题是,当给定不同的输入时,同一个函数可以执行不同数量的基本步骤。例如,思考代码清单 2-3 中的 connectTo 方法。它需要两个容器作为输入。

❑ 它唯一的**显式**输入是 Container 类型的参数 other。

❑ 作为一个实例方法,this 也是它的一个**隐式**参数,所以当前容器也是一个有效的输入。

该方法包含两个 for 循环,其长度(即迭代次数)取决于要合并的两个容器组的大小,这取决于输入参数。

在这种情况下,可以用一个或多个数值参数来总结出输入中影响算法运行时间的因素。通常情况下,总结就是以某种方式测量输入的大小。如果连对于相同大小的输入,算法的基本步数也是不同的,那么我们只考虑最坏的情况,即在给定大小的任何输入上执行的最大步数。

回到 connectTo 方法,首先可以考虑两个参数:size1 和 size2,即要合并的两组容器的大小。使用这两个参数,可以对 connectTo 方法进行分析,如代码清单 2-5 所示。

代码清单 2-5 Reference:connectTo 方法(去除了注释)

```
public void connectTo(Container other) {

    if (group==other.group) return;          ❶ 1 步

    int size1 = group.size(),
        size2 = other.group.size();                    ❷ 5 步
    double tot1 = amount * size1,
           tot2 = other.amount * size2,
           newAmount = (tot1 + tot2) / (size1 + size2);

    group.addAll(other.group);                ❸ size2 步
    for (Container c: other.group) { c.group = group; }    ❹ size2 步
    for (Container c: group) { c.amount = newAmount; }    ❺ size1 + size2 步
}
```

我把所有不涉及循环的东西(特别是独立于参数 size1 和 size2)都算作一个步骤,因为它的运行时间根本上是恒定的。我在给 group.addAll 这一行打上“size2 步”的标签时,也把很多细节都忽略了。简而言之,这个估计值是一个预期步数,它假设 hashCode 方法将对象均匀地分布在计算机可表示的所有整数集上。

[①] 基本步骤的正式定义必须基于一个正式的计算模型,比如图灵机。于是,可以将基本步骤定义为:需要一定图灵机步骤的操作。

注意：如果想更深入地了解哈希表及其性能，可以参考一本数据结构的书，比如2.7节提到的那本。

根据这个推理，connectTo 方法执行的基本步数是：

$$6 + 2 \times size2 + (size1 + size2) = 6 + size1 + 3 \times size2 \qquad (*)$$

然而，应该认识到，这个表达式中的数字 6 是有些随意的。如果算的是汇编代码行数而不是 Java 代码行数，这里就可能是 6000 步而不是 6 步；如果算的是图灵机的步数，则可能是 600 万步。出于同样的原因，size2 前面的乘数 3 也是很随意的。换句话说，常量 3 和 6 取决于选择的基本步数的粒度。

一个更有趣的步数计算方法可以优雅地避开粒度问题，那就是只关注参数大小增长时，步数随之增长的速度。这就是所谓的**增长级**（order of growth），它是复杂度理论（计算机科学的一个分支）的一个基本原则。增长级消除了为基本步数建立具体粒度的负担，从而提供了更抽象但更容易相互比较的性能估计方法。同时，增长级保留了函数的**渐近性**（asymptotic），即在参数值较大的情况下的趋势。

在实践中，表示增长级的最常用方法是所谓的大 O 表示法。例如，基本步数表达式（$*$）中的乘法在大 O 表示法中则变成了 $O(size1+size2)$，有效地隐藏了加法和乘法中的随意常数。这样一来，它突出了步数与 size1 和 size2 成线性关系的事实。更准确地说，大 O 符号为函数的增长建立了一个上界。因此，$O(size1+size2)$ 断言，运行时间与 size1 和 size2 的关系最多只是成线性增长。

connectTo 方法很简单，对相同的 size1 和 size2，总是执行相同的步数。其他的算法则不一定这么有规则，因为它们的性能取决于输入的某些特征（size 参数并没有表达出来）。例如，在一个无序数组中搜索一个特定的值，可能会立即找到该值（常数时间），也可能需要扫描整个数组，然后才发现该值实际上并不存在（线性时间）。在这种情况下，复杂性分析建议考虑需要最多步骤才能完成的输入，也就是最坏情况。这就是为什么算法的标准性能估算被称为最坏情况下的渐近复杂度。总结一下，在一个无序数组中搜索的（最坏情况下的渐近）复杂度是 $O(n)$。表 2-3 列出了一些常见的大 O 边界，包括它们的名称，以及其在数组算法中的例子。对于在数组上运行的算法，参数 n 指的是数组的大小。

表 2-3　用大 O 符号表示的常用复杂度边界

符　　号	名　　称	示　　例
$O(1)$	常数时间	检查数组中的第一个元素是否为零
$O(\log n)$[①]	对数时间	二分法搜索：在有序数组中查找特定值的一种聪明的方法
$O(n)$	线性时间	在无序数组中查找最大值
$O(n \log n)$	拟线性时间	使用归并排序法对一个数组进行排序
$O(n^2)$	二次方时间	使用冒泡排序法对一个数组进行排序

---

① 从研究算法的角度来说，log 的底数并不重要。因此，这里不标注底数。——编者注

小测验 4：给定一个无序的整形数组，检查该数组是否为一个回文数组的复杂度是多少？

在进一步深入研究渐近表示法之前，让我们通过将两个 size 参数转换为单个参数来进一步简化对 connectTo 方法的分析。如果把 n 当作曾经创建过的容器总数，那么 size1+size2 最多等于 n（根据定义，不同的组是不相交的）。因为 O(size1+size2)是函数的上界，所以 O(n)也是（它比前面的上界还大）。换句话说，一个 connectTo 操作所需的时间最多随着容器的总数线性增长。这似乎是个很残酷的逼近值，事实也确实如此。毕竟，size1 和 size2 可能比 n 小得多。尽管粗糙，但这样的上界足以精确地区分出后面各章介绍的各种实现的效率。

大 O 表示法的正式定义

当有人说某个函数 f 的算法复杂度是 $O(f(n))$时，他们的意思是，$f(n)$是算法对大小为 n 的任何输入执行的基本步数的上界。如果我们定义了如何用单个参数 n 来衡量输入的大小，那么这就是有道理的。

更正式地讲，你可以将大 O 表示法应用于任何函数 $f(n)$，它表示算法在大小为 n 的输入上运行时所需的步数。考虑一种算法，令 $g(n)$是该算法在大小为 n 的输入上执行的实际"步数"（怎么定义都行）的实际数量。然后，该算法具有时间复杂度 $O(f(n))$意味着存在两个数 m 和 c，使得对于所有 $n \geqslant m$ 的情况，都有：

$$g(n) \leqslant c \cdot f(n)$$

换句话说，对于足够大的输入，实际步数最多等于函数 f 的值的常数倍。

复杂度理论还包括其他几种表示法，分别表示下限、同时表示上下限等。

Reference 的时间复杂度

现在你可以精确地说明 Reference 版本中所有方法的时间复杂度了。getAmount 方法是一个简单的 getter，它的时间复杂度是一个常数。connectTo 和 addWater 方法需要遍历容器组中的所有容器。因为一个组可以大到包括所有容器，所以在最坏的情况下，它们的复杂度与容器的总数 n 呈线性关系。表 2-4 总结了这些观察结果。在第 3 章中，你将学习如何改进这些时间复杂度。

表 2-4   Reference 的时间复杂度，n 代表容器总数

方　　法	时间复杂度
getAmount	$O(1)$
connectTo	$O(n)$
addWater	$O(n)$

2.4   学以致用

在本节以及后续各章的类似小节中，我们会将该章中介绍的概念应用于不同的上下文。由于全书的思想是基于用同一个例子来串联各种主题，阅读和练习这些应用就显得尤为重要。基于这

个原因，我把它们设计为练习题。自然，你应该尝试着自己去解决它们。如果你没有时间或不愿练习，那么至少要读一读这些习题和它们的解决方法。相信你会发现，这些解决方法都做了精心阐释，有时还能对相关章的核心内容提供有益的见解。此外，贯穿各章的几道练习题会引导你对JDK 和其他库中的各种类进行深入探究。

练习 1

(1) 以下方法的复杂度是什么？

```
public static int[][] identityMatrix(int n) {
    int[][] result = new int[n][n];
    for (int i=0; i<n; i++) {
        for (int j=0; j<n; j++) {
            if (i==j) {
                result[i][j] = 1;
            }
        }
    }
    return result;
}
```

(2) 能否在不改变其输出的情况下提高其效率？

(3) 如果想出了一个更高效的版本，其复杂度是否更低？

练习 2

java.util.LinkedList<T>类实现了一个类型为 T 的对象引用的双向链表。查看一下它的源代码[1]，估算一下有 n 个元素的 LinkedList 的字节数（不包括 n 个对象占用的空间）。

练习 3（小项目）

实现 User 类，在社交网络中代表一个人，具有以下功能。

❑ 每个用户都有一个名字。提供一个接收这个名字的 public 构造函数。

❑ 用户可以使用下面的方法相互结交。

```
public void befriend(User other)
```

友谊是对称的：a.befriend(b)等同于 b.befriend(a)。

❑ 客户端可以通过以下两个方法检查两个用户是直接好友还是间接好友（朋友的朋友）。

```
public boolean isDirectFriendOf(User other)
public boolean isIndirectFriendOf(User other)
```

2.5 小结

❑ 可以使用静态图和动态图，如 UML 对象图和时序图等，将软件的结构和行为可视化。

---

[1] 源代码可在图灵社区本书主页（ituring.cn/book/2811）下载。——编者注

❑ 一个空的 Java 对象因为有对象头，所以需要 12 字节的内存。
❑ 渐近复杂度以一种与硬件无关的方式来衡量时间效率。
❑ 大 O 表示法是表达时间复杂度渐近上界最常用的方法。

2.6   小测验答案和练习答案

小测验 1

假设一个联系人包括一个名字和一个电话号码。通常是按照名字的字母顺序访问联系人列表。这是基于对象内容的自定义顺序，所以，尽管名字叫"列表"，但联系人列表最好用 SortedSet 来表示，它的标准实现是 TreeSet 类。

在真正的手机中，联系人是一个更复杂的实体，包括许多属性，并与不同的应用程序相连。因此，它很可能被存储在某种数据库中（例如，Android 使用 SQLite）。

小测验 2

图 2-8 中是一个代表 Java 类和方法的类图。

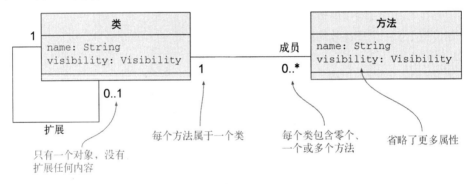

图   2-8

小测验 3

一个 android.graphics.Rect 对象占用了 12 字节的开销和 4×4 字节（它的四个整型字段），总共 28 字节。和本书中的惯例一样，这里估计忽略了填充的问题，填充很可能会使实际大小达到 8 的下一个倍数，也就是 32。

小测验 4

检查一个长度为 n（偶数）的数组是否是一个回文，意味着对于从 0 到 n/2 的每个 i，检查 a[i] 是否等于 a[n-1-i]。这就是 n/2 次迭代，其增长级为 $O(n)$。（常数系数 1/2 与渐近表示法无关。）

练习 1

(1) 该方法的复杂度为 $O(n^2)$，即二次。

(2) 这里有一个效率更高的版本，避免了嵌套循环和 `if` 语句。

```
public static int[][] identityMatrix(int n) {
   int[][] result = new int[n][n];          ❶ 矩阵元素初始化为零
   for (int i=0; i<n; i++) {
      result[i][i] = 1;
   }
   return result;
}
```

(3) 因为第二行中的数组分配，隐式地将 n^2 个单元格都初始化为 0，所以新版本的复杂度仍然是二次的。

练习 2

下面是 `LinkedList` 源代码中的相关行。

```
public class LinkedList<E> extends AbstractSequentialList<E> ... {
   transient int size = 0;
   transient Node<E> first;
   transient Node<E> last;

   ...
   private static class Node<E> {
      E item;
      Node<E> next;
      Node<E> prev;
      ...
   }
}
```

快速检查一下基类的顺序，依次为 `AbstractSequentialList`、`AbstractList` 和 `AbstractCollection`。只有 `AbstractList` 包含一个实例字段，用于检测迭代期间对列表的并发修改。

```
protected transient int modCount = 0;
```

也就是说，一个有 n 个元素的 `LinkedList` 占据了：

❑ 12 字节，用于额外开销；

❑ 3×4 字节，用于 `size`、`first` 和 `last` 这三个字段；

❑ 4 字节，用于继承的 `modCount` 字段。

此外，它里面的每个元素占据了：

❑ 12 字节，用于对象开销；

❑ 3×4 字节，用于 `item`、`next` 和 `prev` 这三个字段。

总结一下，一个有 n 个元素的 `LinkedList` 占据了 $28 + n \times 24$ 字节。

练习 3

这个需求规范和前面水容器的场景有点类似，只是需要区分直接连接和间接连接（好友关系）。一个可能的解决方案是显式存储直接连接，按需计算间接连接。然后可以按下面的方式开始编写这个类。

```
public class User {
    private String name;
    private Set<User> directFriends = new HashSet<>();

    public User(String name) {
        this.name = name;
    }

    public void befriend(User other) {
        directFriends.add(other);
        other.directFriends.add(this);
    }

    public boolean isDirectFriendOf(User other) {
        return directFriends.contains(other);
    }
}
```

检查间接连接需要访问一个（无向）图。实现这个算法最简单的方式是**广度优先搜索**（BFS），它维护以下两组节点。

❑ frontier 节点，表示等待访问的节点。
❑ visited 节点，表示已经访问过的（又称关闭的）节点。

下面是一个可能的 BFS 实现。

```
public boolean isIndirectFriendOf(User other) {
    Set<User> visited = new HashSet<>();
    Deque<User> frontier = new LinkedList<>();

    frontier.add(this);
    while (!frontier.isEmpty()) {
        User user = frontier.removeFirst();
        if (user.equals(other)) {
            return true;
        }
        if (visited.add(user)) {          ❶ 如果没有访问过
            frontier.addAll(user.directFriends);   ❷ 使用 addAll 在尾部插入
        }
    }
    return false;
}
```

2.7　扩展阅读

你可以找到上千本关于 Java 编程的入门书。下面是我最喜欢的几本。

❑ Cay S. Horstmann 的《Java 核心技术》
　一个两卷本的庞然大物，以很强的教学语气详细讲解了许多 API。

❑ Peter Sestoft 的 *Java Precisely, Third Edition*

这不是一本真正的入门书，而是一本简明而全面的 Java 语言参考指南，以及部分 API（包括集合和 Java 8 的 Streams）的介绍。

关于时间复杂度和大 O 表示法，任何关于算法的入门书都有全面的介绍。下面就是一本经典之作。

❑ T. H. Cormen、C. E. Leiserson、R. L. Rivest 和 C. Stein 的《算法导论》

最后，关于 UML 和相关的软件工程技术，请看以下两本。

❑ Martin Fowler 的《UML 精粹：标准对象建模语言简明指南》

顾名思义，该书在约 200 页的篇幅中扎实地浓缩了对 UML 表示法的介绍，特别是类图和时序图。

❑ Craig Larman 的《UML 和模式应用》

该书在范围和页数上都超出了 Martin Fowler 的书，远超出了 UML 的范畴，是对面向对象分析和设计的系统介绍。

Part 2

第二部分

软件质量

本部分将深入研究各种软件质量，并对其进行优化。在第 3 章和第 4 章中，你将处理效率问题，包括时间和内存方面。处理效率问题时，需要使用算法和数据结构作为工具。

第 5 章和第 6 章的重点是使用契约式设计和测试这类技术来提高可靠性。第 7 章介绍了编写可读代码的最佳实践。

最后，在第 8 章和第 9 章中，你将沉下心来学习与线程安全和可复用性有关的高级编程技术。

速度的要求：时间效率

3

本章内容
- 对比常用数据结构的性能，包括列表、set 和树
- 评估给定数据结构的最坏情况性能和长期平均性能
- 将计算负载集中在类的特定方法上，或将其分散在所有方法上

从打孔卡式编程的"远古"时代开始，以可能的最快速度实现给定的计算任务就一直是程序员的追求。事实上，可以说，计算机科学的很大一部分就是为了满足这种需求而诞生的。本章将介绍三种不同方式的实现来优化水容器的速度。为什么是三个？不能只介绍一个**最好**的吗？问题是，没有哪个是绝对的最佳版本，这也是本章的主要结论之一。

基础编程课程甚至计算机科学入门课程都忽略了这个事实。后者广泛地讲解时间效率问题，特别是在算法和数据结构课上。这些课程及其教科书每次只关注一个问题，无论是访问一个图还是平衡一棵树。当考虑有给定输入和期望输出的单个算法问题时，可以比较任何两种算法的性能。你可能会发现，最快的程序是最坏情况下渐近时间复杂度最小的程序。这的确是研究如何在单一计算问题上取得进展的方法。

不过，许多现实世界的编程任务却并非如此，包括我们的水容器示例。它们不会简单地接收一个输入，计算一个输出，然后结束。它们要求你设计一些可重复使用任何次数的相互影响的方法或功能。不同的数据结构可能会偏向于某一种方法而不是另一种，降低前一种方法的复杂度却减慢了后一种方法的速度。因此，通常没有绝对的最佳解决方案，只是有不同的取舍而已。

本章介绍了三种容器类的实现，都满足第 1 章中定义的 API。它们的性能表现各不相同，但它们中没有哪一个总是比其他的快，至少最坏情况复杂度如此。但你也将学会在考虑长期操作时，衡量给定实现的平均性能。当考虑平均性能时，除了最刻意的情况，第三种实现在所有的情况下都是最快的，3.4 节介绍的简单性能测试将证实这一点。

偏　序

在像我们这样的多方法环境中，最坏情况时间复杂度会引起多种实现之间的**偏序**（partial order）。偏序是指元素对之间的关系，表示不必保证此集中的所有元素对都是可比较的。例如，考虑适用于两个人之间的"后代"关系。比如(Mike, Anna)表示 Mike 是 Anna 的后代。如果两

个人 a 和 b 不相关，则(a, b)和(b, a)都不属于"后代"关系，这意味着它们的关系就是偏序。在偏序中，可能会有不比任何其他元素小的元素。它们是最顶层的元素。

经济学家称这些元素为**帕累托最优**（Pareto optimal），并称**帕累托前沿**（Pareto front）为所有帕累托最优元素的 set。如果我们把"后代"解释为"较小"，那么神话中的亚当和夏娃将是唯一的顶层元素，因为他们不比任何其他人小（即不是其他任何人的后代）。

举一个与计算机更相关的例子，Java 基本类型之间的转换规则在它们之间引起了一个偏序。在这个偏序中，int 比 long 小（即 int 可转换为 long），而 boolean 和 int 是不可比较的。

如果你正在设计一个类，而且不知道每个方法的调用次数和顺序（也就是说不知道使用情况），最好的做法就是选择一个性能是帕累托最优的实现。在这样的实现中，如果不降低其他方法的性能，则无法改善任何方法。本章介绍了水容器问题的三种帕累托最优实现。

小测验 1：说出一个 Java 程序中各类之间的偏序关系。

3.1　常数时间内完成加水（Speed1）

本节将展示如何优化 Reference 版本实现（见第 2 章）中复杂度是线性的 addWater 方法。事实证明，可以在不增加类中其他两个方法复杂度的情况下，把它的复杂度降低到常数时间。你真的不能指望有更好的结果了。

在 Reference 版本中，addWater 方法的问题是它需要访问所有与当前容器连接的容器并更新它们的水量。这是一种浪费，特别是因为所有相互连接的容器具有相同的水量。为了避免这种浪费，将 amount 字段从 Container 类移到一个新的 Group 类中。同一组中的所有容器将指向同一个 Group 对象，其中包含每个容器的水量。

在实践中，新的 Container 类仅有一个字段，该类称为 Speed1 版本。

```
private Group group = new Group(this);
```

每个容器都持有代码清单 3-1 中的新 Group 类（嵌套类）对象的引用。把 this 传递给构造函数，所以新的 group 实例从它内部的第一个容器开始。如你所见，每个 Group 对象中有两个实例字段：一个保存该组中每个容器的水量，另一个保存该组中所有容器的集。这样，每个容器都知道它的组，组也知道它包含的所有容器。

Group 类是静态的，因为我们不希望每个组都与创建它的容器永久链接。它是私有的，因为不应该被暴露给客户端：客户端不需要它，也不应该直接访问它。因为整个类是私有的，所以将可见性修饰符应用于其构造函数和字段毫无意义。

代码清单 3-1　Speed1：嵌套类 Group

```
private static class Group {
    double amountPerContainer;
    Set<Container> members;          ❶ 所有相连接容器的 set
```

```
Group(Container c){
    members = new HashSet<>();
    members.add(c);
}
}
```

图 3-1 展示了执行过 UseCase 前三个部分后的情况。回顾一下，这三个部分创建了四个容器
（a、b、c 和 d），并执行了以下方法。

```
a.addWater(12);
d.addWater(8);
a.connectTo(b);
b.connectTo(c);
```

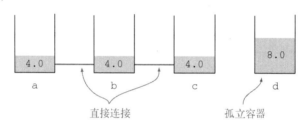

图 3-1　执行 UseCase 的前三个部分后的情况。容器 a 至 c 已连接在一起，
并且已将水倒入 a 和 d 中

connectTo 方法与 Reference 版本中的非常相似，可以在本书的在线代码库中找到它。

在图 3-2 中，可以看到 Speed1 版本在 UseCase 当前时刻的内存布局。因为所有容器已被分成
两个组，所以存在两个 Group 类型的对象，每个对象都持有该组中所有容器集的引用以及每个
容器中的水量。

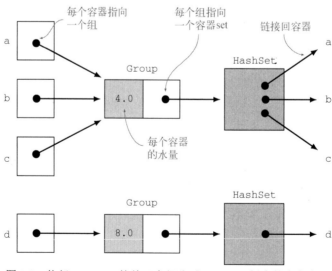

图 3-2　执行 UserCase 的前三个部分后，Speed1 版本的内存布局

然后，`Container` 类的读写方法直接对 `Group` 对象进行操作，如代码清单 3-2 所示。

代码清单 3-2　Speed1：`getAmount` 和 `addWater` 方法

```
public double getAmount(){ return group.amountPerContainer; }

public void addWater(double amount) {
    double amountPerContainer = amount / group.members.size();
    group.amountPerContainer += amountPerContainer;
}
```

时间复杂度

与 Reference 版本类似，`connectTo` 方法仍然需要遍历组中的所有容器，时间复杂度如表 3-1 所示。该表清楚地表明，该实现的瓶颈在于 `connectTo` 方法。

表 3-1　Speed1 版本的时间复杂度，n 代表容器的总数量

方　　法	时间复杂度
getAmount	$O(1)$
connectTo	$O(n)$
addWater	$O(1)$

`connectTo` 方法中的两个步骤需要线性时间来完成。

(1) 用 `addAll` 方法合并两个组的元素。

(2) 通知被合并的某个组的成员，它们的组发生了变化。

第一步很容易被替换为更快的方案。从 set 切换到链表即可：合并两个集合变成了一个常数时间操作。第二步则要复杂得多。事实上，在不提高 `getAmount` 方法的时间复杂度的情况下，让 `connectTo` 方法以常数时间运行是不可能的。但如果出于某些原因，的确需要一个常数时间的 `connectTo` 方法实现，则可以采用下一节的实现。

3.2　常数时间内添加连接（Speed2）

本节的目标是将 `connectTo` 方法的复杂度降低到常数时间，实现一个新版本的容器类，称为 Speed2。为了实现这个目标，将使用以下两种技术。

(1) 用一个具有常数时间合并操作的数据结构来表示若干相互连接的容器组。

(2) 将更新水量的时间点延迟到尽可能晚。

对于第一个技术，我们将使用一种完全不同的方式来表示一组相互连接的容器：一个手动实现的循环链表。

3.2.1　用循环链表来表示容器组

循环链表由一系列节点组成，每个节点都指向下一个节点，并形成一个环。没有第一个或最

后一个节点，没有头或尾。一个空的循环链表不包含任何节点，而对于只有一个节点的链表，该节点指向自己，作为它的后继节点。

在水容器应用中，每个容器都是一个单向循环链表中的节点，有一个水量字段和一个 next 引用，如代码清单 3-3 所示。

代码清单 3-3   Speed2：字段

```
public class Container {
    private double amount;
    private Container next = this;
```

小测验 2：从单向循环链表中删除一个给定节点的时间复杂度是多少？

循环链表有一个很好的特性，也是在这里使用它的原因：如果在两个这样的链表中已知任意两个节点，那么即使链表是单向的，也可以在常数时间内合并这两个链表。可以通过交换两个节点的 next 引用来完成合并，如图 3-3 所示。

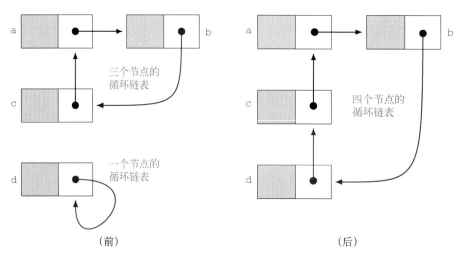

图 3-3　交换两个节点（b 和 d）的 next 指针可以将两个循环链表合并为一个

但是，仅当两个节点属于不同链表时，该技术才有效。如果它们属于同一个链表，那么交换引用将产生相反的效果：将链表分割成两个独立的链表。因此，这个实现受到了我们在 Novice 版本中观察到的同样的限制：只有当两个容器尚未连接时，甚至连间接连接都没有时，connectTo 才能正确工作。

你可能会认为，connectTo 方法最好先**检查**两个容器是否已连接，然后再尝试连接它们。但这样做需要遍历两个链表中的至少一个，这不是一个常数时间操作。你需要接受这种稳健性的缺失，以实现常数时间的性能目标。第 5 章将解决这个问题，并构建一个稳健的容器类。

可以使用普通链表吗？

　　循环链表不是唯一能以常数时间合并的数据结构。只要合并操作能够直接访问两个链表的首尾元素（也就是它们的头和尾），普通的链表也可以有这个特性。为了看到这一点，假设你能直接访问两个非空的单向链表 list1 和 list2 的 head 和 tail 字段。可以通过以下两行代码来合并它们。

```
list1.tail.next = list2.head;
list1.tail = list2.tail;
```

　　执行这两行代码之后，list1 代表着连接后的链表，list2 则没有变。

　　但是，不能使用链表以常数时间来连接水容器。请记住，每个容器需要能直接访问其链表的头和尾。当合并两个组时，必须更新所有相关容器，以便它们反映出合并后头和尾的新值。这个更新需要线性时间。

　　小提示：链表的标准 Java 实现（LinkedList）不支持常数时间的连接操作。调用 list1.addAll(list2) 会遍历 list2 的所有元素。

　　图 3-4 展示了本节中容器的实现（即 Speed2 版本）在 UseCase 执行过程中的两个时刻的内存布局。如你所见，其结构与图 3-3 完全相同，只是链表中的节点现在是水容器。在左图中，容器 a、b 和 c 已连接成一个组，所以它们之间以圆形方式相互链接。容器 d 仍然是孤立的，所以它的 next 引用指向自己。

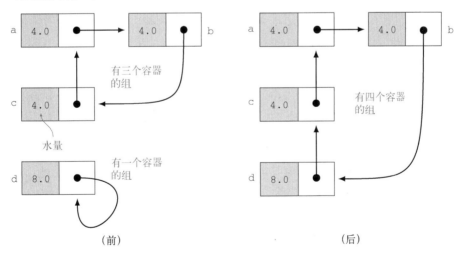

图 3-4　在执行 UseCase 的 b.connectTo(d) 方法前后，Speed2 版本的内存布局。交换 b 和 d 的 next 指针会合并两个组

　　右图展示了运行 b.connectTo(d) 之后的效果。交换 b 和 d 的 next 引用，就可以将两个链表合并为一个。代码清单 3-4 中的 connectTo 方法只实现了交换功能。

代码清单 3-4　Speed2：`connectTo` 方法

```
public void connectTo(Container other) {          ❶ 交换当前实例和 other 的 next 字段
    Container oldNext = next;
    next = other.next;
    other.next = oldNext;
}
```

3.2.2　延迟更新

为了让 `connectTo` 方法以常数时间运行，它不会以任何方式更新水量。毕竟，只有在调用 `getAmount` 方法时，水量才是可见的。因此，可以把更新操作**推迟**到下一次调用 `getAmount` 的时候。这种方式是程序员经常使用的一个标准技巧，称为懒计算或延迟计算（这是函数式编程的主要特性）。懒计算是指将计算推迟到真正需要的时候再进行。

JDK 中的懒计算

标准的 Java 集合是即时的（与懒惰相反）。Java 8 引入了 Stream（流）类库，这是一个强大的数据序列操作框架。除了其他特性，Stream 还采用了懒计算。为了体会其中的区别，先从一个整型 list 开始。如果运行：

```
list.sort(null);
```

它将立即对列表进行排序，因为列表是即时的。（这里的 null 标志着整型是天然有顺序的，所以不需要比较器。）此外，尝试将该列表转换为一个流，然后对该流进行排序。

```
Stream<Integer> stream = list.stream();
Stream<Integer> sortedStream = stream.sorted();
```

与前面的例子相反，在这个例子中，此时还没有真正进行排序。sorted 方法只是设置了一个标志，以保证最终会对数据进行排序。当对流进行最后一个操作时，也就是将流转换回集合或以某种方式遍历其元素时（例如通过 forEachOrdered 方法），Stream 类库才会实际对数据进行排序。

小测验 3：想一想你在生活中急于（尽快）进行的两项活动和尽可能拖延的两项活动。

你对 `addWater` 方法使用了同样的懒计算，所以它只更新当前容器，而不实际在组中分配水量。不幸的是，迟早还是会调用 `getAmount` 方法，将不得不为所有的延迟付出代价，用昂贵的更新操作在组内平均分配水量。为了让代码更清晰，可以将更新操作委托给一个单独的私有 `updateGroup` 方法。于是得到了代码清单 3-5 所示的 `addWater` 方法和 `getAmount` 方法。

代码清单 3-5　Speed2：`addWater` 和 `getAmount` 方法

```
public void addWater(double amount) {
    this.amount += amount;          ❶ 仅更新当前容器
```

```
    }

    public double getAmount() {
        updateGroup();        ❷ 此支持方法用于重新分配水
        return amount;
    }
```

代码清单3-6所示的更新方法对代表该组的循环链表进行了两次遍历计算。在第一次遍历中，它计算该组中的总水量，并计算其中的容器总数量。在第二次遍历中，它使用在第一次遍历中收集到的信息来更新每个容器的水量。

代码清单3-6　Speed2：支持方法 updateGroup

```
private void updateGroup() {
    Container current = this;
    double totalAmount = 0;
    int groupSize = 0;

    do {                              ❶ 第一次遍历：计算容器数量和总水量
        totalAmount += current.amount;
        groupSize++;
        current = current.next;
    } while (current != this);
    double newAmount = totalAmount / groupSize;

    do {                              ❷ 第二次遍历：更新容器的水量
        current.amount = newAmount;
        current = current.next;
    } while (current != this);
}
```

在每一次遍历中，都需要访问循环链表的每个节点。要做到这一点而不出现死循环，可以从任何一个节点开始，寻找下一个引用，直到再次回到初始节点时就停止。

思考以下几个问题。

(1) 真的需要每次调用 getAmount 方法时都调用 updateGroup 方法吗？也许可以使用一个布尔标志来标记这个容器是否已更新，避免不必要地调用 updateGroup 方法。

(2) 能否把 updateGroup 方法的调用从 getAmount 移到 addWater 中？更合理的做法是在写操作时付出代价，而不是在读操作时。

不幸的是，如果想让连接操作保持常数时间，那么这两种潜在的改进都不可行。

首先，假设给所有容器添加一个 updated 标志。每当一个组被更新时，它的所有容器就会被标记为已更新。随后调用这些容器的 getAmount 方法时就不需要调用 updateGroup 了。（目前为止，一切正常。）现在，假设用 connectTo 方法合并了两个组。它们包含的所有容器的 updated 标志需要被重置，但不能在常数时间内做到这一点①。这就是你尝试的第一次改进。

――――――――――

① 公平地说，如果将 updated 标记从单个容器移到单独的 Group 对象（类似于 Speed1 版本），那么这是可行的。但是，即使进行了这样的优化，getAmount 的最坏情况复杂度也仍然是一样的（线性）。

其次，把 updateGroup 方法的调用从 getAmount 移到 addWater 是可行的，但前提是必须在 connectTo 方法中也引入类似的调用。否则，当容器组被合并后立即读取水量时，会得到一个过期的结果。这个改动也让 connectTo 方法需要线性时间复杂度，这与本节的目标相悖。

表 3-2 列出了 Speed2 版本的最坏情况时间复杂度。不出所料，connectTo 方法和 addWater 方法需要常数时间，因为我们把所有的开销都转移到了需要线性时间的 getAmount 方法上。

表 3-2　Speed2 的时间复杂度，n 代表容器的总数

方　　法	时间复杂度
getAmount	$O(n)$
connectTo	$O(1)$
addWater	$O(1)$

3.3　最好的平衡：并查集算法（Speed3）

事实证明，我们这个小小的水容器问题与经典的**并查集**（union-find）算法类似。在这种情况下，要维护不相干的元素 set，并且每个 set 中都有一个可区分元素（称为 set **代表**）。需要支持以下两个操作。

(1) 合并两个 set（并操作）。

(2) 给定一个元素，从其 set 中找出代表（查操作）。

本节将并查集的场景应用到水容器上，从而实现了一个名为 Speed3 的版本，它将成为实践中性能最好的一个方案。

将通用的并查集场景应用于水容器时，要维护的 set 是相互连接的容器组。一个容器组的代表可以是任意容器，使用该容器来存储该组的水量。当一个容器收到 getAmount 方法调用时，调用 find 操作从它的组代表那里获取水量。

许多聪明的计算机科学家已经解决了此类问题，最终开发出了下面这个被证明是最优的算法。它建议将一个组表示为一棵容器树，每个容器只需要知道它在树上的父容器。每棵树的根节点是该组的代表。根节点也应该存储树的大小，至于原因，我们很快就会知道了。

父指针树

　　父指针树是一个链式数据结构，其中每个节点恰好都指向另一个节点，称为它的父节点，除了一个称为根节点的特殊节点，它不指向任何其他节点（见图 3-5）。同时，所有节点都可以通过跟随指针到达根节点。这些约束条件保证了指针不会形成循环，所以树是一种特殊类型的有向无环图（DAG）。

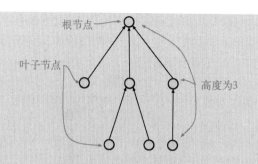

图 3-5　一棵父指针树

没有子节点的节点称为叶子节点。在父指针树中，每个节点都知道它的父节点，但父节点并不持有对其子节点的引用。因此，只能沿着从叶子到根的方向导航树。树的高度是指从任何节点到根节点的最长路径的长度。

计算机科学领域中，树的传统画法是根在顶部，其余部分向下生长。它们的根在天空中。

小测验 4：你正在编写一个 Java 编译器，必须表示类之间的继承关系，该关系将类排列在一棵树上。你是采用父指针树还是子指针树？

根据对树数据结构算法的讨论，最终的容器实现中包含代码清单 3-7 所示的字段。

代码清单 3-7　Speed3：字段，不需要构造函数

```
public class Container {
    private double amount;
    private Container parent = this;    ❶ 最初，每个容器都是它自己的树的根节点
    private int size = 1;
```

我们通过是否满足 `parent==this` 来识别树的根节点。在代码清单 3-7 中可以看到，每个新容器最初都是其树的根节点，也是其中唯一的节点。只有根容器才保存 `amount` 和 `size` 字段。对于其他容器，保存它们只是在浪费空间。内存优化的实现可能会想在这方面做一些改进。[①]

3.3.1　查找组代表

为了获得理想的性能，仅仅用父指针树来表示容器组是不够的。在树的操作过程中，必须采用以下两种技术。

(1) 在查操作中：**路径压缩**（path compression）技术

(2) 在并操作中：**按大小链接**（link-by-size）策略

我们先讨论查找操作和路径压缩技术。对 `Container` 类的所有操作都需要找到组代表，因为水量信息就保存在那里。根据前面对父指针树的讨论，找到组代表很容易。只需跟随父指针，

---

① 第 4 章的练习 3 要求你解决这个问题，然后提供了一个可行的解决方案。

根据是否满足 `parent==this` 就可以找到树的根节点。路径压缩技术是指**将遇到的每个节点都变成根的直接子节点**。在遍历树的同时，也修改了树，这可以让未来的操作更加高效。

在实践中，让我们把寻找根的任务分配给一个名为 `findRootAndCompress` 的私有支持方法（见代码清单 3-8）。该方法从当前容器开始，跟随父指针一直向上遍历到树的根节点。在此过程中，它会更新所有遇到的容器的 `parent` 引用，使其直接指向到根。此后，当在任何一个这些对象上再次调用该方法时，它都可以在常数时间内完成，因为它能立即找到根。

例如，三个容器 `x`、`y` 和 `root` 已经连接在了一起，如图 3-6 左图所示。`root` 是组代表，`y` 是它的子节点，`x` 是 `y` 的子节点。

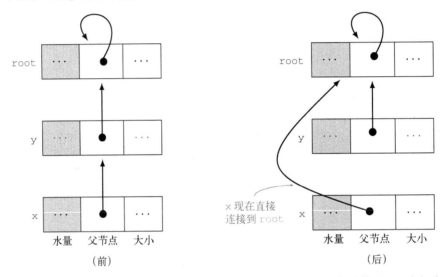

图 3-6　Speed3 版本实现中，调用 `x.findRootAndCompress()`方法前后，三个相连接容器的内存布局。方法调用后，容器 `x` 成为 `root` 的直接子节点。水量和大小属性被忽略了，因为不重要

`x.findRootAndCompress()`方法的调用必须返回一个 `root` 的引用，同时还必须扁平化连接 `x` 和 `root` 的路径，将从 `x` 到 `root` 路径上的每一个中间容器都变成 `root` 的直接子容器。在这个例子中，唯一可以被扁平化的容器是 `x` 本身，因为 `y` 已经是 `root` 的直接子节点。调用后的理想情况如图 3-6 右图所示。使用代码清单 3-8 中所示的三行递归代码实现，可以优雅地完成看似复杂的扁平化任务。

代码清单 3-8　Speed3：支持方法 `findRootAndCompress`

```
private Container findRootAndCompress() {
    if (parent != this)    ❶ 检查当前容器是否是树的根节点
        parent = parent.findRootAndCompress();    ❷ 递归查找根节点并将它设为当前容器的父节点
    return parent;
}
```

　　递归方法可能比较难懂，让我们一步步来分析代码清单 3-8 的行为。任何时候在根容器上调用 findRootAndCompress 方法时，它都会返回容器本身（this）。如果在非树根容器上调用此方法，此方法则会在该容器的父容器上调用自己。如果它的父容器仍然不是组的根容器，那么此方法将再次在其父容器上调用自己，以此类推，直到最终此方法将在根容器上被调用。这时，一个级联的返回将从根开始，并传播到最原始的调用者。在这一过程中，方法同时会更新所有容器的父引用，使其直接指向根节点。

　　回到三个容器的例子，你可以跟随图 3-7 所示的 UML **时序图**（sequence diagram）中 x.findRootAndCompress() 的执行。如果你不熟悉这种时序图，那么请查看下面的说明。

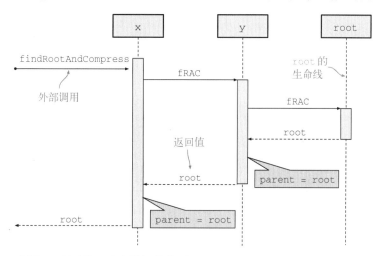

图 3-7　在图 3-6 所示的三个容器场景中，调用 x.findRootAndCompress() 方法的时
　　　　序图。标注不是标准的 UML 部分，fRAC 是 findRootAndCompress 的缩写

UML 时序图

　　图 3-7 这样的时序图展示了对象之间在时间上的相互作用。每个对象都用一个框和一条相连的垂直虚线（称为**生命线**）来表示。时间从上到下流动，从调用者的生命线到被调用者的生命线的箭头表示一个方法调用（又称**消息**）。一个消息启动一个方法的执行。在图形上，这是由一个薄的、空的、垂直画在被调用者的生命线之上的激活框表示的。如果你想强调一个方法的返回值（就像图 3-7 中做的那样），可以从激活框添加一个虚线箭头回到调用者。

　　从调用 x.findRootAndCompress() 方法开始，图 3-7 展示了一系列后续操作：findRoot-AndCompress 方法在 y 上，然后在 root 上调用自己。这时，对 root 的引用会一直返回给原始调用者，沿途所有的父引用都会更新到 root 本身。如前所述，这就导致了图 3-6（后）中的最终内存布局，由于扁平化的结果，x 现在直接连接到 root。

　　一旦实现了 findRootAndCompress 方法，getAmount 方法和 addWater 方法就很简单了：它们获取它们的组的根，然后读取或更新其 amount 字段，如代码清单 3-9 所示。

代码清单 3-9　Speed3：getAmount 和 addWater 方法

```
public double getAmount() {
    Container root = findRootAndCompress();    ❶ 查找根并扁平化路径

    return root.amount;                        ❷ 从根读取水量
}
public void addWater(double amount) {
    Container root = findRootAndCompress();    ❸ 查找根并扁平化路径

    root.amount += amount / root.size;         ❹ 向根添加水
}
```

3.3.2　连接容器树

如图 3-8 所示，对于"树"这种数据结构的连接算法很简单，找到要合并的两个数组的根，并将其中一个根变成另一个根的子节点就可以了。

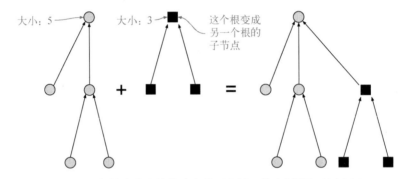

图 3-8　根据按大小连接策略合并两个树。将小树附加到大树上

为了限制合并后树的高度，需要应用以下规则：将较小的树（节点数量较少的树）附加到较大的树的根节点。如果两棵树的大小相同，则可以任意选择。这就是所谓的**按大小链接策略**，它是获得理想性能的重要因素，下一节将会详细说明。对于这种策略，根节点必须知道树的大小，即每个容器中的 size 字段。

代码清单 3-10 展示了一个 connectTo 方法的可能实现。它首先确定要合并的两个组的根节点。然后检查这些根节点是否是同一个，即这两个容器是否已经连接。如果没有这一步，就会导致 Novice 版本和 Speed2 版本中同样的错误（更确切地说，缺乏稳健性）。连接两个已属于同一组的容器会使数据结构变成不一致的状态。然后，该方法计算出每个容器中的新水量，并根据我解释的按大小链接策略合并两棵树。

代码清单 3-10　Speed3：connectTo 方法

```
public void connectTo(Container other) {
    Container root1 = findRootAndCompress(),    ❶ 查找两个容器的根节点
              root2 = other.findRootAndCompress();
```

```
if (root1==root2) return;              ❷ 这个检查是必需的
int size1 = root1.size, size2 = root2.size;
double newAmount = ((root1.amount * size1) +
                    (root2.amount * size2)) / (size1 + size2);

if (size1 <= size2) {                  ❸ 按照大小连接策略
    root1.parent = root2;              ❹ 将第一棵树附加到第二棵树的根节点
    root2.amount = newAmount;
    root2.size += size1;
} else {
    root2.parent = root1;              ❺ 将第二棵树附加到第一棵树的根节点
    root1.amount = newAmount;
    root1.size += size2;
}
}
```

现在已经拥有了所有对 UseCase 进行常规模拟所需的信息，并得到如图 3-9 所示的内存布局，它描述了 UseCase 前三部分之后的情况。这时，b 是由容器 a、c 组成的容器组的代表，而 d 是孤立的，因此是它自己的代表。

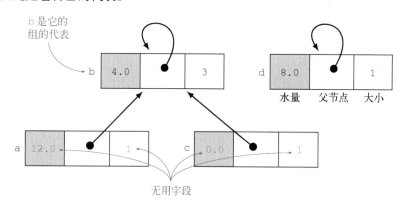

图 3-9 执行 UserCase 的前三个部分后，Speed3 版本的内存布局。容器 a 和 c 的 amount 和 size 字段是灰色的，因为它们包含和对象行为无关的过期数据。只有组代表的字段是有意义且保持最新的

3.3.3 最坏情况时间复杂度

因为容器所有的方法都是从调用 findRootAndCompress 方法开始的（在 connectTo 中会调用两次），所以要将 Speed3 版本与之前的容器实现进行比较，需要评估该方法的最坏情况复杂度。由于 findRootAndCompress 方法是一个没有循环的递归方法，它的复杂度就是它的递归调用次数（也就是递归**深度**），而递归深度又等于从这个容器到其树的根节点的路径长度。在最坏的情况下，调用该方法的容器离树的根节点最远，即树的高度。仍然需要找出给定节点数量的树所能达到的最大高度。这就是按大小链接策略的作用，它确保一棵树的高度与其大小最多是对数关系。例如，一棵包含 8 个容器的树不能高于 3（回想一下，$3 = \log_2 8$，因为 $2^3 = 8$）。

图 3-10 展示了一系列并操作，可以生成一棵高度为对数的树。诀窍是总是合并具有相同大小的树。每次经过这样的合并，所得到的树的高度都会增加 1，但节点数会增加一倍。因此，树的高度始终等于树的大小以 2 为底数的对数。

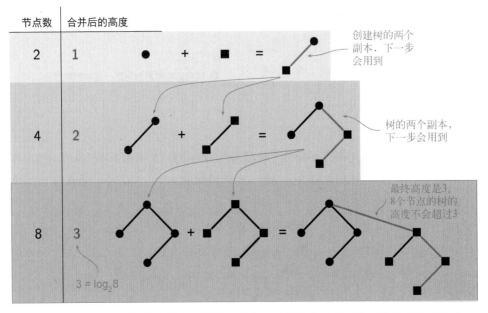

图 3-10　用一系列并操作来构建一棵树，树的高度是其大小的对数。这是在给定数量
　　　　节点下可以达到的最大高度

你已经看到某些 findRootAndCompress 方法的调用需要对数时间。因为所有三个公有方法都调用该方法，所以将得到表 3-3 所示的最坏情况时间复杂度。

表 3-3　Speed3 最坏情况下的时间复杂度，n 代表容器的总数

方　　法	时间复杂度
getAmount	$O(\log n)$
connectTo	$O(\log n)$
addWater	$O(\log n)$

请注意，即使对 x.findRootAndCompress() 方法的某一次特定调用需要对数时间，路径压缩技术也能确保未来对同一容器上的同一方法的调用，以及位于从 x 到其树根节点路径上的任何其他容器的调用，将以常数时间执行。这一观察结果表明，将对数复杂度应用于这三个容器方法尽管形式上是正确的，但有些误导，因为这种成本只适用于给定容器上的第一次调用。下一节将通过切换到不同类型的复杂度分析来解决这个问题。目前，我将使用表 3-3 中列出的最坏情况复杂度来比较本章介绍的三种水容器实现的性能。

图 3-11 提供了本章三个版本中 getAmount 和 connectTo 方法的复杂度的图示。正如预期

的那样，它们中没有一个总是比其他方法好。Speed1 版本是唯一能保证 `getAmount` 方法为常数时间的版本。对应地，Speed2 版本的特点是 `connectTo` 方法的性能最好。Speed3 版本在这两种方法之间进行了平衡，为这两个方法实现了相同的对数时间复杂度。当比较任何两种实现时，都有一种方法提高了它的性能，而另一种方法使性能更差。可以用本章开头所解释的更专业的术语（即帕累托最优）来描述这一点。

　　根据图 3-11，要选择本章中的一个实现，应该分析应用程序的上下文，并弄清楚客户端调用每个方法的频率。如果它们会大量调用 `getAmount` 方法，应该选择 Speed1 版本。相反，如果客户更有可能调用 `connectTo` 方法，则应该选择 Speed2 版本。

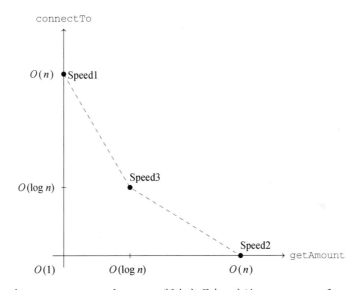

图 3-11　在 Speed1、Speed2 和 Speed3 版本实现中，方法 `getAmount` 和 `connectTo` 的最坏情况时间复杂度的图形表示。连接这三种实现的虚线表示帕累托前沿

　　在下一节中，你会发现这种最坏情况的分析其实对 Speed3 版本很不公平，如果用**摊销复杂度分析**代替最坏情况复杂度分析，那么 Speed3 版本的性能才真正体现。这并不意味着最坏情况的分析是错误的，只是对于 Speed3 版本来说，最坏的情况很少发生，以至于相应的性能分析几乎没有意义。

3.3.4　摊销时间复杂度

　　标准分析侧重于算法的单次运行，而摊销分析则考虑**一系列**运行的组合。后者最适合于通过执行额外的操作来提高未来调用性能的算法。这些额外的操作是一种**投资**：它们是当下为了未来的收益而付出的成本。单次运行分析会考虑成本，但不会考虑收益。通过考虑多次运行，摊销分析能够同时衡量成本和未来收益。

　　在我们的例子中，`findRootAndCompress` 方法的"压缩"部分是额外的成本。不需要它来找到根，但它能让后续的调用更快。

为了进行摊销分析，必须确定在一组 n 个容器上执行的任意长度为 m 的一系列操作。考虑到长期成本，我们可以假设 m 大于 n。接下来，必须选择这 m 个操作中有多少个是 connectTo 方法、getAmount 方法或 addWater 方法。注意，只有 $n-1$ 次对 connectTo 方法的调用是有意义的：之后，所有的容器都将被连接在一个组中。所以，分析如下组成的一系列操作是比较合理的。

(1) 它们至少包括 n 个操作。

(2) 们包括 $n-1$ 次 connectTo 方法调用。

(3) 所有其他操作都是 getAmount 方法或 addWater 方法。

现在，根据标准的复杂度分析，你会问任意这样的序列执行的基本步骤数量的增长顺序（即满足假设的所有序列中最坏的情况）。实际的分析超出了本书的范围，可以在 3.10 节了解更多的细节。事实上，即使是表述复杂度上限也有点复杂！对于 m 个操作序列来说，最精确的上限不是一个简单的函数，它略大于常数，但比准线性($m \log m$)小得多。如表 3-4 所示，可以将它写为 $O(m \times \alpha(n))$，其中的 α 是阿克曼逆函数。

表 3-4   Speed3 的摊销时间复杂度，其中 $\alpha(\cdot)$ 是阿克曼逆函数

场　　景	摊销时间复杂度
对 n 个容器的 m 个操作序列	$O(m \times \alpha(n))$

阿克曼函数

威廉·阿克曼（Wilhelm Ackermann）最初于 1928 年提出了同名函数 $A(k, j)$。他是著名数学家大卫·希尔伯特（David Hilbert）的学生，也是一位卓有成就的研究者。这是已知的第一个算法可计算的函数示例，但不能通过称为原始递归的有限操作集进行计算。该函数的关键特性是，即使参数很小，它的增长速度也非常快。例如，$A(2, 1) = 7$，$A(3, 1) = 2047$，$A(4, 1) > 10^{80}$。

逆阿克曼函数 $\alpha(n)$ 定义为最小的整数 k，使得 $A(k, 1) \geq n$。由于 $A(k, 1)$ 增长速度极快，很小的 k 值也足以使其大于 n。具体来说，对于所有小于 10^{80}（这是宇宙中已知原子的估计数量）的 n 值，$\alpha(n)$ 最多为 4。

正如上面所解释的那样，逆阿克曼函数本质上是常数，所以对于所有实际目的，$O(m \times \alpha(n))$ 的上限等于 $O(m)$。因为我们讨论的是 m 次操作的复杂度，因此 $O(m)$ 上限意味着，从长远来看，每次操作都花费常数时间。你不可能期望有更好的结果了。事实上，3.4.1 节进行的实验表明，在这种情况下，摊销分析比标准的最坏情况分析更有意义，使 Speed3 在通常情况下遥遥领先于竞争对手。

3.3.5   可调整大小数组的摊销分析

通过并查集算法来遍历一棵树的摊销分析过于复杂，以至于很难了解所有的细节，因此让我们通过一个更简单但高度相关的示例来说明摊销分析：可自动调整大小的数组，例如 Java 语言

中的 `Vector` 类和 `ArrayList` 类以及 C# 语言中的 `List` 类。这些类提供了一种便利的服务：在连续的内存中存储一个可变大小的集合。从而允许对集合中的任何元素进行常数时间的随机访问。为此，它们将集合存储在数组中，并在需要的时候调整其大小。不幸的是，不能在数组本身上扩容[1]。扩容时，类需要分配一个更大的新数组，然后将旧数组的内容复制到新数组中。这个操作的代价有多大？考虑到任何添加元素的操作都可能触发昂贵的扩容操作，那么向集合中添加新元素的最终复杂度是多少？摊销复杂度是回答这些问题的正确工具。实际上，Oracle 文档在介绍 `ArrayList` 类时是这样描述的：

> 添加操作以摊销常数时间运行；也就是说，添加 n 个元素需要的时间为 $O(n)$。

通过分析当前 OpenJDK 对 `ArrayList` 的实现[2]，来看看为什么会如此。很容易发现一个空的 `ArrayList` 对象的初始容量是 10 个单元格，而私有方法 `grow` 负责扩容底层数组。在该方法中，有以下几行关键代码。

```
int newCapacity = oldCapacity + (oldCapacity >{}> 1);
...
elementData = Arrays.copyOf(elementData, newCapacity);
```

`>>` 运算符是按位右移，是将整数除以二的有效方法。所以第一行的效果是增加 50% 的容量。每次需要扩容数组时，不是扩大一个元素，而是扩大 50%。该策略对于控制（摊销）复杂度至关重要。然后，该方法通过调用 `Arrays.copyOf` 将数组重新分配到新的容量。这是一个静态工具方法，它分配新数组，并将现有数组的内容复制到其中。

现在，考虑向一个新的 `ArrayList` 对象中插入 n 个元素（方法 `add`），让我们计算它们的最终复杂度。你需要知道底层数组将被重新分配多少次。称这个数为 k，每次重分配都会将容量乘以 1.5。由于初始容量是 10，在 k 次重分配后，容量是 10×1.5^k。为了容纳 n 次插入，我们希望这个容量至少是 n。

$$10 \times 1.5^k \geq n$$

即 $k \geq \log_{1.5} \dfrac{n}{10}$。那是以 1.5 为基数的对数。别担心，很快就不用关心这些概念了，目前只需要知道 $1.5^{(\log_{1.5} x)} = x$ 就可以了。因为 k 的定义是整数，所以 k 是大于或等于 $\log_{1.5} \dfrac{n}{10}$ 的最小整数[3]。

可以放宽 k 为整数的限制条件，设置 $k = \log_{1.5} \dfrac{n}{10}$ 来简化计算。这是一个近似值，对最终结果没有影响。

---

[1] 实际上，底层的语言允许这样做。可以参考 C 语言标准库中的 `realloc` 函数。

[2] 源代码可在图灵社区本书主页（ituring.cn/book/2811）下载。——编者注

[3] 实际上，没有任何整数等于 $\log_{1.5} \dfrac{n}{10}$。你知道为什么吗？

在 n 次插入的操作中，前 10 次会很快（成本为 1），因为一个空的 `ArrayList` 对象的初始容量是 10。第 11 次插入会触发第一次扩容，使容量达到 15。这个调用的成本也是 15，因为 `Arrays.copyOf`（参考前面的代码）需要将旧数组中的 10 个值复制到新数组中，并将额外的 5 个单元格初始化为 `null`。综上所述，可以将 n 次插入的成本表达如下：

$$\text{cost}(n) = \underbrace{1+1+\cdots+1}_{10个add} + \underbrace{15}_{grow} + \underbrace{1+1+\cdots+1}_{5个add} + \underbrace{22}_{grow} + 1 + 1 + \cdots$$

你可以将其重新排列为：

$$
\begin{aligned}
\text{cost}(n) &= 10 + (15+5) + (22+7) + (33+11) + \cdots \\
&= 10 + (15\times1 + 5\times1) + (15\times1.5 + 5\times1.5) + (15\times(1.5)^2 + 5\times(1.5)^2) + \cdots \\
&= 10 + \sum_{i=0}^{k}(15\times(1.5)^i + 5\times(1.5)^i) \\
&= 10 + 20\sum_{i=0}^{k}(1.5)^i
\end{aligned}
$$

然后可以使用标准公式来计算一个常数 a 的前 k 次幂之和。

$$\sum_{i=0}^{k}a^i = \frac{a^{k+1}-1}{a-1}$$

如果你把这个公式应用于 $a=1.5$ 和 $k=\log_{1.5}\dfrac{n}{10}$，将得到：

$$
\begin{aligned}
\text{cost}(n) &= 10 + 20\times\frac{1.5^{(\log_{1.5}\frac{n}{10}+1)}-1}{1.5-1} \\
&= 10 + 20\times\frac{1.5\times1.5^{(\log_{1.5}\frac{n}{10})}-1}{0.5} \\
&= 10 + 20\times2\times(1.5\times\frac{n}{10}-1) \\
&= 10 + 60\times\frac{n}{10} - 40 \\
&= 6\times n - 30 \\
&= O(n)
\end{aligned}
$$

综上所述，n 次插入的成本与 n 成线性比例，也就是说，单次插入的平均长期成本是恒定的。这个计算证明，随着插入操作的执行，调用 `grow` 方法的成本越来越高。如果将这些成本分摊到多次的插入操作中，那么每个操作的平均成本是恒定的（在这个公式中为 6）。

`ArrayList` 的插入操作并不尽如人意。同样的分析表明，每次插入的长期成本是恒定的，也强调了多次插入操作的性能是非常不均匀的。大多数插入的成本很低，但每隔一段时间，有一个插入会触发所有之前插入的元素的完整副本（即它们的引用的副本）。网络术语给了我们一个很好的说法：插入一个 `ArrayList` 是一个高吞吐量的操作（长期来看是常数时间），但会存在高抖动（单次的时间复杂度不同）。相比之下，`LinkedList` 的插入操作有类似的吞吐量，但基本上没有抖动，因为每次插入的时间开销都一样（在列表中分配一个新节点所需的时间）。

3.4 比较各种实现

在前面的章节中，我们开发了三种不同方式的实现来优化水容器的性能。我们使用最坏情况和摊销复杂度分析法来评估其性能。最坏情况分析法只考虑单个方法，并假设输入是最坏的情况，而摊销分析法则考虑涉及不同方法的任意一长串操作。针对这两种情况，都只展示了增长级（order of growth，详见 2.3 节）。这样做有好处，因为更容易比较，但也有坏处，因为它脱离了实际的运行时间。如果你和我一样是怀疑论者，那么会希望通过实验来验证这些理论上的性能评估结果是否与实际运行时间表现一致。

3.4.1 实验

让我们开始一个简单的实验，通过以下测试用例来比较本章的三个实现和 Reference 版本。

(1) 创建 20 000 个容器，并向每个容器中加一些水（调用构造函数 20 000 次，`addWater` 方法 20 000 次）。

(2) 将所有容器连接成 10 000 组，每组两个，并向每对容器中加一些水，然后查询每对容器的水量（调用 `connectTo` 方法 10 000 次，`addWater` 方法 10 000 次，`getAmount` 方法 10 000 次）。

(3) 把所有容器连接成一组。每完成一次连接，就向容器组中添加一些水，并查询水量（调用 `connectTo` 方法 10 000 次，`addWater` 方法 10 000 次，`getAmount` 方法 10 000 次）。

经过多次试错后，我选择了一个合适的容器数，可以让单次运行时间足够长，来体现出不同实现之间的明显差异；也足够短，可以在短时间内反复地进行实验。表 3-5 展示了在我的笔记本计算机上的运行时间。正如预期的那样，本章所有类的性能都大大超过了 Reference 版本，差不多高达两个数量级。尤其是性能最好的 Speed3 版本比 Reference 版本快了 500 倍。此外，Speed2 版本比 Speed1 和 Speed3 版本慢了一个数量级（但仍然明显快于 Reference 版本）。如前所述，Speed2 版本是一个比较奇怪的实现，只有当 `getAmount` 查询远远少于其他操作时，它才有意义。但是在该测试场景中，情况并非如此。

表 3-5 第一个实验：一个平衡的测试用例（20 000 个容器）的运行时间

版　　本	时间（单位为 ms）
Reference	2300
Speed1	26
Speed2	505
Speed3	6

为了证实这些观察结果，你可以运行一个修改后的用例，其中删除了 getAmount 方法的所有调用（除了最后一个）。这个奇怪的场景是为了尽可能地有利于 Speed2 版本。表 3-6 展示了这个实验在我的笔记本电脑上的运行时间。如你所见，Speed2 版本现在的性能与 Speed3 版本是相同的，而其他三种实现基本不受改动的影响，这说明查询水量操作在其他所有版本中的代价都是很低的。第二个实验证实了，Speed3 版本在实践中总体上是性能最佳的。

表 3-6　第二个实验：只调用一次 getAmount 方法的用例（包含 20 000 个容器）的运行时间

版　本	时间（单位为 ms）
Reference	2300
Speed1	25
Speed2	4
Speed3	5

基准测试

当比较 Java 程序或任何其他由虚拟机执行语言的程序性能时，需要特别注意。编译器和虚拟机都可能会对程序进行不少修改，从而掩盖了真实的测试结果。例如，以下是两种常见的优化。

- 如果编译器发现某些代码没有实际的效果，则会跳过执行这些代码。
- 虚拟机可以在解释执行字节码和将其编译为本地代码之间来回切换（称为即时编译）。

你可以尝试适当地变通来避免这些优化，比如下面的方法。

- 确保每个操作最终都能产生实际效果，如打印输出或写入文件。
- 先运行几次要进行基准测试的代码，然后再开始正式的测试。这些所谓的**空运行会促使**虚拟机编译一些性能敏感的代码，让测试时间更有意义。

此外，Java 自带一个标准的基准测试框架，叫作 Java microbenchmarking harness（JMH），可以让你对编译器和虚拟机的优化进行细粒度的控制。

3.4.2　理论与实践

表 3-7 是最后一次比较本章三种实现的标准的最坏情况复杂度，并说明它们基本上没有可比性。每种实现在某个用例中会优于其他实现，但没有哪个是绝对的最优。具体而言，当连接很少变化，频繁地对容器加水、放水时，Speed1 版本是最快的。当一直添加新的连接，不断地加水、泄水，但很少查询容器中的当前水量时，Speed2 版本是最优的。最后，Speed3 版本似乎是一个折中的版本，所有的操作都不是特别快，而且花费的时间也差不多。因此，它适合于你不太清楚客户端将如何使用该类（即使用情况）的场景。摊销分析和实际的实验结果表明，除了被认为是极端刻意的场景（比如第二个实验），Speed3 版本实际上是最快的。

表 3-7 本章的三个版本和 Reference 版本（见第 2 章）的最坏情况时间复杂度

版　　本	getAmount	addWater	connectTo
Reference	$O(1)$	$O(n)$	$O(n)$
Speed1	$O(1)$	$O(1)$	$O(n)$
Speed2	$O(n)$	$O(1)$	$O(1)$
Speed3	$O(\log n)$	$O(\log n)$	$O(\log n)$

这并不意味着应该把最坏情况复杂度分析完全抛弃。在比较一个孤立的、一次性任务的算法时，它依然是最有用的。此外，它提出的渐近符号（大 O 表示法等）是一个强大的抽象，适用于所有类型的性能分析，如摊销分析或平均情况分析。

不应该忘记最坏情况复杂度分析的优势，并且请记住，复杂的算法（比如并查集算法）可能会进行时间投资，而这些投资只会在后续大量的操作中得到回报。

你已经在本章中了解到，当设计一个与客户端持续进行交互的类时，仅仅分别考虑单个方法的复杂度可能是不够的。第一，不同方法之间的性能可能会相互影响。比如在我们的例子里，可能会把计算负载从某个方法转移到另一个方法上（也就是说，以牺牲另一个方法为代价使某个方法更快）。第二，可以进行时间投资，从而加快某个或多个方法未来的执行速度。

平均情况分析法
这又是一种复杂度分析方法。它不关注给定算法可能的最坏输入，而是评估所有可能输入的平均复杂度，并假设所有输入的概率是一样的。

第一种情况下（方法之间相互影响），需要将复杂度分析和使用情况相结合，以指导我们得到最佳解决方案。使用情况描述了客户端如何与类进行交互。一些典型信息包括类方法的相对调用频率和调用顺序。这些信息可以告诉你哪个方法是最关键的，并应该保证它有最佳性能。

第二种情况下，类似于我们在 Speed3 版本中进行的摊销分析是合理的方法，它可以确定时间投资在长时间运行时的价值。两种技术都重理论轻实践（无须创建软件并运行它）。在实践中，最简单（尽管不是最快）的方法是大量实践和分析不同的解决方案。只要运行条件与用于分析的条件相似，此方法也是最准确的。

3.5 来点儿新鲜的

在本节中，我会把目前为止所讲的性能优化技术应用到一个不同的示例中。实际上，从本章开始，每一章都将采用下面这样的结构。

(1) 你将逐步、深入地处理熟悉的水容器例子。

(2) 你将遇到一个不同的例子，但我只会帮你入门，而把一些细节留给你。

(3) 每章的最后会有更多练习，以帮助你真正地理解主题。

本节中你需要完成以下任务：设计一个 IntStats 类，对一个整数列表进行汇总和统计，提供三个公有方法[①]。

❑ public void insert(int n)：向列表中添加一个整数，插入顺序不限。

❑ public double getAverage()：返回到目前为止插入整数的算术平均值。

❑ public double getMedian()：返回到目前为止插入整数的中位数。回忆一下，中位数是有序整数序列中间位置的值，例如 2, 10, 11, 20, 100 的中位数是 11，即中间元素。包含偶数个整数的序列的中位数是序列中两个中心元素的算术平均值。例如，2, 10, 11, 20 的中位数是 10.5。整数序列的中位数可以是实数。

你必须处理下面各节中描述的三种性能要求。

3.5.1　快速插入

设计 IntStats 类，使 insert 方法和 getAverage 方法满足常数时间。

以下实现的插入和求平均数操作都花费常数时间。简单起见，中位数的计算是通过对列表进行排序来实现的，所以它需要准线性时间（$O(n \log n)$）。在线性时间内实现 getMedian 方法是可能的，但该算法超出了本书的范围。[②]

```
public class IntStats {
    private long sum;                                    ❶ 目前所有整数的和
    private List<Integer> numbers = new ArrayList<>();

    public void insert(int n) {
        numbers.add(n);
        sum += n;
    }
    public double getAverage() {
        return sum / (double) numbers.size();
    }
    public double getMedian() {
        Collections.sort(numbers);                       ❷ 对列表进行排序的库方法
        final int size = numbers.size();
        if (size \% 2 == 1) {                             ❸ 奇数大小
            return numbers.get(size/2);
        } else {                                         ❹ 偶数大小
            return (numbers.get(size/2 -1) + numbers.get(size/2)) / 2.0;
        }
    }
}
```

3.5.2　快速查询

设计 IntStats 类，使 getAverage 方法和 getMedian 方法满足常数时间。

---

① Java8 提供了一个类似的 IntSummaryStatistics 类，但是它不计算中位数。

② 在网上或者 3.10 节推荐的算法书中搜索 "线性时间选择算法"。

通过在每次插入数后对列表进行排序，可以很容易地将计算负载从 getMedian 方法转移到 insert 方法。因此，插入时间从常数延长到准线性（$O(n \log n)$）。

一个稍微有趣一点儿的解决方案是每次都在正确的位置插入新的数来保持列表的有序性。

```java
public void insert(int n) {
    int i = 0;
    for (Integer k: numbers) {
        if (k >= n) break;          ❶ 遇到第一个大于或等于 n 的整数时，停止遍历
        i++;
    }
    numbers.add(i, n);              ❷ 在位置 i 处插入 n
    sum += n;
}
```

其他两个方法都可以和上一个版本保持一致，除了 getMedian 方法不需要执行排序操作，因为列表已经排好序了。这样一来，insert 方法需要线性时间，而 getAverage 方法和 getMedian 方法只需要常数时间。

最后，通过使用平衡树（类似于 TreeSet）代替列表，可以将 insert 方法的复杂度从线性降低到对数。

3.5.3 让三个方法都变快

设计 IntStats 类，使三个公有方法都满足常数时间。

对不起，这是不可能的。事实上，仅使 insert 方法和 getMedian 方法都满足常数时间也是不可能的。要想使 getMedian 满足常数时间，需要保证它始终是最新的。所以，每个 insert 方法都必须更新中位值，这又需要搜索下一个更大或更小的元素。可以用一个简单的线性时间搜索来实现，也可以用一个有序整数列表的数据结构来实现，这在 3.5.2 节中已讨论过了。在这两种情况下，插入操作都不是常数时间了。

更严格地说，可以证明，如果存在这样的数据结构，就可以在线性时间内对任意数据进行排序，而这是众所周知不可能的事情。

3.6 真实世界的用例

本章介绍的推理类型可以在众多性能敏感的应用程序中派上用场。以下是一些建议。

❑ 在使用现代机器学习算法时，你可能需要考虑时间效率。训练模型的过程需要两个重要因素：大量的数据和通过实验确定最佳模型（涉及试错）。当一个模型正在努力收敛到一个解决方案时，一直盯着屏幕既不酷，也没任何作用。流行的深度学习框架通过将操作表示为模型，并在训练过程中以计算图的形式表达出来，可以充分利用现代计算机体系结构的优势。这些图分布在多个处理器上并行执行。

❑ 即使你认为可以侥幸没有因为低效的离线系统而受惩罚（比如一个缓慢的深度学习模型），但如果涉及响应能力，就很难幸免了。如果在一家线上商店里搜索有关算法的图书，

但需要 10 分钟才能返回查询结果，你很可能就要另选别家了。事实上，即使它推荐的内容更相关，缓慢的系统也可能是最不受欢迎的。（在实践中，在准确度和时间效率之间几乎总是存在权衡。）

❑ 还有一些场景里，时间效率会对你所在公司的收益产生立竿见影的影响。金融产品的高频交易简直是在微秒级别内完成的，因此延迟极低的高效算法不仅是一个期望，而且是必要的。可以想象，高频交易是自动发生的，如果交易速度比竞争对手慢一倍，你的公司是不会成功的。

❑ 设计差劲的高频交易系统可能会让一些人破产，这固然不幸，但实时系统的故障带来的后果则可能是灾难性的。实时系统是为了响应物理过程而设计的，而时间效率就成了一个约束：系统要么能在指定的时间范围内运行，要么就认为它根本是不可用的。

在电力系统中，自动发电控制设备在控制中心的数据机房中运行，它发出控制信号，调整发电厂的输出，以维持发电负荷/消耗量的平衡。如果不能及时发出正确的信号，就会发生停电等灾难性事件。

3.7　学以致用

考虑以下可能要添加到容器中的功能。

❑ groupSize：一个没有参数的实例方法，返回直接或间接连接到这个容器的所有容器数量。

❑ flush：一个没有参数和返回值的实例方法，用于清空所有直接或间接连接到这个容器的容器。

练习 1

在本章的三个水容器实现中加入 groupSize 方法，且不添加额外字段或修改任何其他方法。

(1) 在这三种情况下，它的最坏情况渐近复杂度是多少？

(2) 能否修改 Speed2 版本，使 groupSize 方法满足常数时间，且不增加其他方法的渐近复杂度。

练习 2

在本章的三个水容器实现中加入 flush 方法，且不修改任何其他方法。

(1) 在这三种情况下，它的最坏情况渐近复杂度是多少？

(2) 能否修改 Speed2 版本，使 flush 方法满足常数时间，且不增加其他方法的渐近复杂度。

练习 3（小项目）

(1) 设计两个类 Grid（电网）和 Appliance（电器），分别代表电网和使用电网供电的电器。每个电网（或电器）都有一个最大供电（或耗电）功率。可以使用 plugInto 方法将电器连接到电网，也可以使用 on 和 off 实例方法来打开和关闭电器。（最初，任何新的电器都是关闭的。）将一个电器连接到另一个电网，会自动将其与第一个电网断开。如果打开一个电器导致其电网过载，则 on 方法必须抛出一个异常。最后，Grid 类的 residualPower 方法会返回当前电网剩余可用的功率。

确保你的方案适用于以下用例。

```
Appliance tv = new Appliance(150), radio = new Appliance(30);
Grid grid = new Grid(3000);

tv.plugInto(grid);
radio.plugInto(grid);
System.out.println(grid.residualPower());
tv.on();
System.out.println(grid.residualPower());
radio.on();
System.out.println(grid.residualPower());
```

以上用例的期望输出是：

```
3000
2850
2820
```

(2) 设计这两个类，让它们的所有方法都满足常数时间。

练习 4

(1) 如果 ArrayList 在满的时候将数组扩容 10%，那么 add 方法的摊销复杂度还是常数吗？

(2) 这将使调整大小的操作更频繁。具体多频繁呢？

3.8　小结

- □ 可以用不同的方式来优化同一个类的性能。
- □ 可以根据类的具体使用情况，来调整一个类需要执行的最昂贵的计算。
- □ 循环链表是适合用于合并两个从任意元素开始的序列的数据结构。
- □ 父指针树是并查集算法的首选数据结构。
- □ 摊销分析是描述一个类一系列操作平均性能的标准方法。

3.9　小测验答案和练习答案

小测验 1

在 Java 程序中，类之间有两种偏序关系：(1) 子类，(2) 内部类。

小测验 2

从单向循环链表中删除给定节点需要线性时间（$O(n)$）。需要从该节点开始遍历整个链表，直到回到要被删除的节点的前一节点。然后，更新前一节点的 next 引用，以跳过要被删除的节点。

小测验 3

对我来说，很容易找出想尽可能拖延的事情：洗车和预约牙医。要找到我急于做的事情则比较困难：完成这个小测试不在其中。

小测验 4

父指针树更合适。编译一个类需要知道它的直接父类。例如，在每个构造函数中，编译器会插入对父类构造函数的调用。另外，知道子类对于编译一个给定的类是无关紧要的。

练习 1

(1) 针对 Speed1 版本（常数时间）：

```
public int groupSize() {
    return group.members.size();
}
```

针对 Speed2 版本（线性时间）：

```
public int groupSize() {
    int size = 0;
    Container current = this;
    do {
        size++;
        current = current.next;
    } while (current != this);
    return size;
}
```

针对 Speed3 版本（对数最坏情况时间复杂度，常数摊销时间复杂度）：

```
public int groupSize() {
    Container root = findRootAndCompress();
    return root.size;
}
```

(2) 对于练习的第二部分，通过添加 groupSize 实例字段，并在 connectTo 方法中对其进行更新，可以很容易改进 Speed2 版本中 groupSize 方法的时间复杂度。

练习 2

(1) 针对 Speed1 版本（常数时间）：

```
public void flush() {
    group.amountPerContainer = 0;
}
```

针对 Speed2 版本（线性时间）：

```
public void flush() {
    Container current = this;
    do {
```

```
        current.amount = 0;
        current = current.next;
   } while (current != this);
}
```

针对 Speed3 版本（对数最坏情况时间，常数摊销时间）：

```
public void flush() {
   Container root = findRootAndCompress();
   root.amount = 0;
}
```

(2) 想要让 Speed2 版本中的 flush 方法满足常数时间，且不增加任何其他方法的复杂度是不可能的。如果要做到，那么 flush 方法必须以一种懒惰的方式来标记当前容器已被刷新的事实。但是，后续可能会有更多的 addWater 方法、connectTo 方法，甚至 flush 方法的调用，因此，插入的特殊标记将成为自上一次调用 getAmount 方法以来此容器上发生事件的复杂历史记录。换句话说，要想实现常数时间的 flush 操作，需要在每个容器中存储一个不限大小的事件记录，在调用 getAmount 方法时需要重放这些事件，因此其复杂度会高于线性。

练习 3

针对前两个问题，通过在 Grid 类中保存它的剩余功率并及时更新，就能以常数时间执行所有操作。请注意，电网不需要知道连接到它的电器。每个电器保存一个它当前接入电网的引用就够了，如果它还没接入任何电网，则为 null。最终我们得到以下结构的电网：

```
public class Grid {
   private final int maxPower;
   private int residualPower;
   ...
```

和以下电器：

```
public class Appliance {
   private final int powerAbsorbed;
   private Grid grid;
   private boolean isOn;
   ...
```

当打开和关闭电器时，电器必须有一种方法来更新其电网的剩余功率。最好通过 Grid 类的一个方法来实现它，而不是直接访问 residualPower 字段。如果操作导致电网过载，则该方法会抛出异常：

```
void addPower(int power) {
   if (residualPower + power < 0)
      throw new IllegalArgumentException("Not enough power.");
   if (residualPower + power > maxPower)
      throw new IllegalArgumentException("Maximum power exceeded.");
   residualPower += power;
}
```

理想情况下，应该只有电器能够访问该方法。但是在 Java 中，只要 Grid 和 Appliance 是单独的顶层类，就不能以这种方式来控制访问。为了部分隐藏该方法，你可以像我一样，把这两个类放在各自的包中，并给 addPower 方法提供包级别（也就是默认的）可见性。

在电网超载时我选择了抛出 IllegalArgumentException 异常，尽管 IllegalStateException 同样能很好地描述这种情况。实际上，错误的状态是由于参数（power）的值与对象字段（residualPower）的当前状态不兼容导致的。在这些情况下，Joshua Bloch 建议抛出 IllegalArgumentException（参见 *Effective Java* 的第 72 条），只有在其他参数值都不能工作时，才抛出 IllegalStateException 异常。

你可以在附带的代码库中找到 Appliance 和 Grid 类的全部代码。

练习 4

(1) 答案是肯定的。将数组扩大任意百分比（包括微不足道的 10%）都会导致插入的摊销复杂度为常数时间。为了证明这一点，只需将 3.3.5 节中计算使用的扩容因子 1.5 替换为另一个扩容因子，比如 1.1（代表 10%）。

选择正确的百分比需要在时间和空间之间进行权衡。百分比越小，该常数将越大，因此时间效率越低。另外，比较保守的百分比可以节省空间，因为 ArrayList 的容量通常会更接近其大小。

(2) 正如本章中解释的，将扩容因子增大 f 倍会导致在 n 次插入过程中，发生 $\log_f \dfrac{n}{10}$ 次重新分配。因此，增加 10%（而不是 50%）会导致重新分配的增加：

$$\frac{\log_{1.1} \dfrac{n}{10}}{\log_{1.5} \dfrac{n}{10}} = \log_{1.1} 1.5 \approx 4.25$$

扩大 10% 造成的重新分配是扩大 50% 的 4.25 倍。

3.10   扩展阅读

以下几本权威的算法书讲述了并查集算法和摊销复杂度。

❏ T. H. Cormen、C. E. Leiserson、R. L. Rivest 和 C. Stein 的《算法导论》

❏ J. Kleinberg 和 E. Tardos 的《算法设计》

❏ 普林斯顿大学的 Kevin Wayne 根据《算法设计》一书制作了高质量的幻灯片，总结了并查集算法的历史和特性。你可以很容易地在网上搜索到这些幻灯片，以便进行快速了解。

本章没有讨论 Java 语言特有的性能优化技巧，而是选择关注于通常与语言无关的高层算法原理。为补充这方面的知识，可以阅读下面这本书来学习多种基于应用程序具体需求的虚拟机调优方法。

　　这本书的大部分内容是关于垃圾回收的，因为在这个领域，几种相互竞争的算法提供了不同方面的性能，没有哪一种算法对所有应用是绝对最优的。此外，这本书还讨论了一系列适用于 Java 的监控和分析工具。

　　❑ Scott Oaks 的《Java 性能权威指南》

第 4 章

宝贵的内存：空间效率

本章内容
- 编写空间效率高的类
- 对比常见数据结构的内存需求，包括数组、列表和 set
- 评估性能和内存占用之间的权衡
- 利用内存局部性来提高性能

有时候，程序员需要在尽可能小的空间里存储数据。与直觉中不同，这种情况很少是因为目标设备内存太小，而常常是因为数据量巨大。例如，视频游戏是一种经常挑战硬件极限的软件。无论下一款游戏机拥有多少吉字节的内存，游戏很快就会把它用完，然后开始以各种奇怪的方式打包数据。

在本章中，假设水容器管理程序将处理数百万甚至数十亿个容器，并且你希望在主内存中留存尽可能多的容器。显然，你会希望尽可能减少每个容器的内存占用。同时，不需要担心临时局部变量使用的内存，因为它们的生命周期仅限于方法调用的短暂瞬间。

对于本章中的每一个实现，都可以将其内存占用与第 2 章中讨论的 Reference 版本的内存占用进行比较。同时，回忆一下该类中使用的字段。

```
public class Container {
    private Set<Container> group;        ❶ 连接到此容器的其他容器
    private double amount;               ❷ 此容器中的水量
```

4.1 稍微挤一下（Memory1）

通过一些简单的技巧，可以做得比 Reference 版本更好一些。首先，可能不太真的需要 double 精度的数来表示容器中的水量，所以可以通过将 amount 字段从 double 降级为 float 来为每个容器节省 4 字节。需要相应地降级 addWater 的参数和 getAmount 的返回类型，所以需要稍微修改公有 API。请注意，修改后的类仍然与第 1 章的 UseCase 完全兼容，因为该用例将水量作为整型传递，而整型参数与 float 和 double 参数都兼容。

> **节省空间的数据类型**
>
> 小尺寸的数据类型在 Java 的主要 API 中作用有限，但在内存问题比较突出的特定情况下就会很有用。例如，Android 提供了一个 FloatMath 类，可以对 float 数值进行常见的数学计算而不是 double。此外，在 Java 智能卡规范（又称 Java Card）中，API 中出现的大多数整型被编码为 short 或 byte。

小测验 1：如果你的程序中出现了 10 次字符串字面量"Hello World"，那么这些字符串占用了多少内存？

关于 group 字段，在 Reference 实现中选择了使用 Set 类型，因为它清楚地表达了组中的元素是无序且不重复的。如果放弃这种明确的意图声明，改用 ArrayList，则可以节省大量的内存。毕竟，ArrayList 在普通数组上做了一层很薄的封装，所以一个额外元素的内存净成本只有 4 字节。我们给这个新 Container 类取名为 Memory1，一开始应该像代码清单 4-1 这样。

代码清单 4-1　Memory1：字段和 getAmount 方法——不需要构造函数

```
public class Container {
    private List<Container> group;      ❶ 将使用一个 ArrayList 来初始化它
    private float amount;

    public float getAmount() { return amount; }
```

此外，如果有许多容器从来不会连接到某个容器组，就可以等实际需要时才实例化这个 List，以节省空间（也就是**懒初始化**，lazy initialization）。换句话说，如果 group 字段等于 null，那么就代表它是一个孤立的容器。使用这种方法可以不提供显式构造函数，尽管这也意味着 connectTo 和 addWater 需要将孤立容器作为特殊情况处理，接下来我们很快会看到。

一般来说，当从 Set 迁移到 List 时需要小心，因为会失去自动拒绝重复元素的能力。幸运的是，Reference 中并没有用到这种能力，因为 connectTo 方法首先会判断需要合并的组是不相交。代码清单 4-2 中展示了 connectTo 的实现。

代码清单 4-2　Memory1：connectTo 方法

```
public void connectTo(Container other) {
    if (group==null) {              ❶ 如果此容器是孤立的，则初始化它的 group
        group = new ArrayList<>();
        group.add(this);
    }
    if (other.group==null) {        ❷ 如果 other 是孤立的，则初始化它的 group
        other.group = new ArrayList<>();
        other.group.add(other);
    }
    if (group==other.group) return;  ❸ 检查它们是否已经连接

    int size1 = group.size(),        ❹ 计算新的水量
        size2 = other.group.size();
```

```
float tot1 = amount * size1,
    tot2 = other.amount * size2,
    newAmount = (tot1 + tot2) / (size1 + size2);

group.addAll(other.group);     ❺合并两组
for (Container x: other.group) { x.group = group; }
for (Container x: group) { x.amount = newAmount; }
}
```

最后，addWater 方法还需要考虑孤立容器的特殊情况，以避免引用空指针，如代码清单 4-3 所示。

代码清单 4-3   Memory1：addWater 方法

```
public void addWater(float amount) {
    if (group==null) {           ❶如果此容器是孤立的，则更新自己
        this.amount += amount;
    } else {
        float amountPerContainer = amount / group.size();
        for (Container c: group) {
            c.amount += amountPerContainer;
        }
    }
}
```

在本节最后，我们会看到这个实现的内存布局。像往常一样，假设你运行 UseCase 的前三部分，其中包括创建四个容器（a 到 d）并运行下面几行代码。

```
a.addWater(12);
d.addWater(8);
a.connectTo(b);
b.connectTo(c);
```

图 4-1 展示了这个场景，图 4-2 则展示了 Memory1 的相应内存布局。这个布局与 Reference 非常相似，不同之处在于：使用 ArrayList 替换了 HashSet，并且容器 d 中的值为 null，而不是指向只有一个元素的 HashSet 的引用。与 Reference 相比的第三个区别是，水量类型为 float 而不是 double，这在图中没有展示出来。

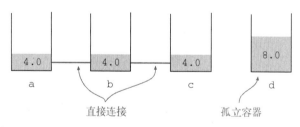

图 4-1 执行 UseCase 的前三部分后的情况。已经将容器 a 到 c 连接在一起，
       并将水倒入 a 和 d 中

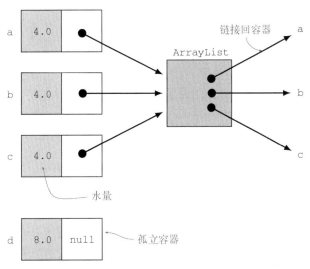

图 4-2　执行 UseCase 前三部分后，Memory1 的内存布局情况

空间复杂度和时间复杂度

要评估 Memory1 版本容器的内存占用量，首先需要评估 ArrayList 的大小，ArrayList 的内部实现是一个数组和几个统计字段。内部数组的长度称为 ArrayList 的**容量**（capacity），以区别于它的大小（即实际存储在其中的元素数量）。一个 ArrayList 的内存需求来自以下几点。

- 12 字节，用于标准的对象开销。
- 一个 4 字节的整型字段，用于统计对列表执行结构修改（插入和删除）的次数。（此字段的作用是，如果在迭代过程中修改了列表，则抛出异常。）
- 4 字节，用于整型的 size 字段。
- 4 字节，用于数组的引用。
- 16 字节，用于标准的数组开销。
- 每个数组单元格占用 4 字节。

ArrayList 的内存布局如图 4-3 所示。因为有 n 个元素的 ArrayList 至少包含 n 个数组单元格，基于这些特征，它至少占据 $40 + 4n$ 字节。

实际上，ArrayList 的容量通常大于其大小。如果在已满的 ArrayList 中添加一个额外的元素，那么该类将创建一个更大的数组，并将旧数组复制到新数组中。为了提高其整体性能，扩大后的数组空间并不会很紧张（比如只是比旧数组长一个单元格）。正如 3.3.5 节中详细解释的那样，容量实际上将增加 50%。因此，在任何时候，一个 ArrayList 的容量都在其大小的 100%到 150%。在下面的估算中，假设平均值为 125%。

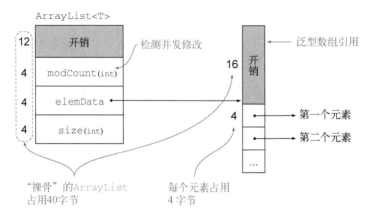

图 4-3　ArrayList 的内存布局

你的估算结果应该和表 4-1 中的一样。一个孤立的容器（第一种情况）不包括 ArrayList。只有容器对象本身占用内存。4 字节的 group 字段的引用（为 null）和 4 字节的 amount 字段，加上通常为 12 字节的对象开销。当把容器组织成 10 个一组，总共 100 组（第二种情况）时，必须把 100 个 ArrayList 添加到 1000 个容器对象中。

表 4-1　Memory1 的内存需求

场景	大小（计算）	大小（字节）	相对于 Reference 版本的百分比
1000 个独立容器	$1000 \times (12 + 4 + 4)$	20 000	19%
10 个一组，总共 100 组	$1000 \times (12 + 4 + 4) + 100 \times (40 + 10 \times 1.25 \times 4)$	29 000	47%

从表 4-1 可以看出，只要对 Reference 版本做一些简单的修改，就可以节省大量空间。特别是仅在首次需要时才为列表分配内存的想法，显然带来了极大的节约，在第一种情况下，所有的容器都是孤立的，所以永远不会分配列表。第二种情况下节省的 50% 反而完全是因为用 ArrayList 代替了 HashSet。

请注意，本节介绍的内存节省方式基本上没有任何性能成本，因为这三个操作保持了与 Reference 中相同的复杂度，如表 4-2 中所述。不过，该类的可读性比 Reference 要差一些。首先，把 group 字段声明为 List 类型，掩盖了 group 实际上是无序且不重复集合的事实。其次，将孤立的容器作为特例处理是一种不必要的复杂化，其唯一的目的仅仅是节省一些空间。

表 4-2　Memory1 的时间复杂度，其中 n 为容器总数。这些复杂度与 Reference 的相同

方法	时间复杂度
getAmount	$O(1)$
connectTo	$O(n)$
addWater	$O(n)$

HashSet 及其他标准集合的高内存开销是一个众所周知的事实，所以一些框架提供了更节省空间的替代方案。例如，Android 提供了一个名为 SparseArray 的类来表示一个整型键和引用值的映射，它是基于两个相同长度数组来实现的。第一个数组以升序存储键，第二个数组存储相应的值。使用这种数据结构，你要为改善内存效率而付出时间复杂度更差的代价。查找给定键对应的值，需要在键数组上进行二分查找，而这需要对数时间复杂度。4.8 节中的练习 2 会请你进一步分析 SparseArray 类。

当只需要存储基本类型的值时，一些库（如 GNU Trove）提供了专门的 Set 和 Map 的实现，避免了在相应的类中对每个值进行包装（wrapping）。

4.2 普通数组（Memory2）

接下来是第二次节约内存的尝试，称为 Memory2。你将用一个普通数组替换表示一个组的 ArrayList，并保持它的长度正好等于该组的大小。代码清单 4-4 是这个类的开头。

代码清单 4-4 Memory2：字段和 getAmount 方法，无须构造函数

```
public class Container {
    private Container[] group;
    private float amount;

    public float getAmount() { return amount; }
```

至于 Memory1，你可能只想在必要时创建 group 数组，也就是说，当这个容器至少连接到另一个容器时。通常情况下产生的内存布局如图 4-4 所示。

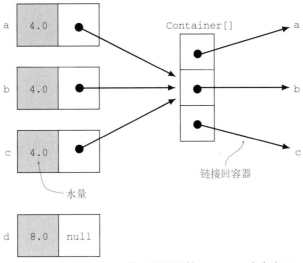

图 4-4 执行 UserCase 前三部分后的 Memory2 内存布局

connectTo 方法与 Memory1 中的非常相似，只是稍微冗长一些，因为它的抽象级别较低（见代码清单 4-5）。例如，合并两个 ArrayList 仅需简单地调用其 addAll 方法，而合并两个数组则需要重新创建一个数组，然后对另一个数组进行迭代。

代码清单 4-5　Memory2：connectTo 方法

```
public void connectTo(Container other) {
    if (group==null) {        ❶ 如果当前容器是孤立的，则初始化 group
        group = new Container[] { this };
    }
    if (other.group==null) {            ❷ 如果另一个是孤立的，则初始化它的 group
        other.group = new Container[] { other };
    }
    if (group == other.group) return;    ❸ 检查它们是否已经相连

    int size1 =        group.length,    ❹ 计算水量
        size2 = other.group.length;
    float amount1    =        amount * size1,
        amount2    = other.amount * size2,
        newAmount = (amount1 + amount2) / (size1 + size2);

    Container[] newGroup = new Container[size1 + size2];    ❺ 分配一个新组

    int i=0;
    for (Container a: group) {    ❻ 遍历第一个组中的容器
        a.group = newGroup;       ❼ 更新它的 group
        a.amount = newAmount;     ❽ 更新它的 amount
        newGroup[i++] = a;        ❾ 把它添加到新组中
    }
    for (Container b: other.group) {            对第二个组进行相同的操作
        b.group = newGroup;
        b.amount = newAmount;
        newGroup[i++] = b;
    }
}
```

最后，addWater 方法与 Memory1 中的几乎相同，只是访问组大小的方式由 group.length 变成了 group.size()，如代码清单 4-6 所示。

代码清单 4-6　Memory2：addWater 方法

```
public void addWater(float amount) {
    if (group==null) {
        this.amount += amount;
    } else {
        float amountPerContainer = amount / group.length;
        for (Container c: group) {
            c.amount += amountPerContainer;
        }
    }
}
```

空间复杂度和时间复杂度

一个包含 n 个容器引用的普通数组需要 $16 + 4n$ 字节，从而得出表 4-3 中对我们标准场景的估计。一个孤立的容器（第一种场景）不需要创建任何组数组，它的内存占用情况完全和 Memory1 中的一样，为 20 字节。当你把容器组织成 10 个一组，总共 100 组时（第二种场景），用一个 10 个单元格的数组代表每个容器组，它需要占用 16 字节的数组开销和 4×10 字节的实际内容。

表 4-3　Memory2 的内存需求

场　　景	大小（计算）	大小（字节）	相对于 Reference 版本的百分比
1000 个孤立	$1000 \times (12 + 4 + 4)$	20 000	19%
10 个一组，共 100 组	$1000 \times (12 + 4 + 4) + 100 \times (16 + 10 \times 4)$	25 600	42%

坏消息是，与之前的 Memory1 版本相比，Memory2 节省下来的内存并不明显。孤立的容器占用的内存没变，而现在用数组表示的容器组只比 ArrayList 稍微紧凑一些。事实上，这里较大的节约来自于保持数组的**紧凑**，也就是仅保持所需的长度，而不是像 ArrayList 那样相对宽松。

现在最好来回顾和比较一下目前用以表示容器组的三个标准数据结构的内存需求：HashSet（Reference 和 Speed1 版本）、ArrayList（Memory1 版本）和普通数组（Memory2 版本）。我没有将类的 Speed2 版本和 Speed3 版本在这里进行比较，因为它们是基于自定义的数据结构，并不是很通用。

表 4-4 总结了这些内存需求。存储对象引用的普通数组大小很容易估算：16 字节的开销，每个引用 4 字节。4.1.1 节中详细介绍了 ArrayList 的大小分析方法。这里假设它的容量等于它的大小（实际上，前者可以比后者大 50%）。类似的简化假设也适用于分析 HashSet 的大小，2.2.1 节中介绍过。

表 4-4　常见集合的内存需求，假设 **ArrayList** 和 **HashSet** 的容量与大小相等。第二列被标记为"裸骨"而不是"空"，因为它没有考虑到该集合的默认初始容量

类　　型	大小（裸骨）	大小（每增加一个元素）
数组	16	4
ArrayList	40	4
LinkedList	24	24
HashSet	52	32

从表中可以看出，数组和 ArrayList 在内存需求方面非常接近，但 ArrayList 更有用，它支持自动调整大小和其他功能，并且由于其更高的抽象水平，所以代码更易读。此外，ArrayList 与泛型结合得很好，而数组则与泛型格格不入。

小测验 2：对于一个类型参数 T，为什么 new T[10] 不是一个有效的 Java 表达式？

HashSet 处于一个不同的、更庞大的阵营中，特别是因为它将每个插入的元素包装到一个新对象中。但是，它在时间优化上提供了一些独特的能力。

- 在常数时间内检查元素是否存在（contains 方法）。
- 在常数时间内拒绝重复元素（add 方法）。
- 在常数时间内删除任意元素（remove 方法）。

如果应用程序需要这些服务，而且内存不受限制，那么相对其较大的内存占用量，使用 HashSet 通常还是更划算的。

关于性能，Memory2 版本的时间复杂度与 Memory1 和 Reference 版本相同，如表 4-5 所示。归根结底，Memory2 版本只是 Memory1 版本的一个变种，用普通数组代替了 ArrayList。

表 4-5　Memory2 的时间复杂度，其中 n 为容器总数。这些复杂度与 Reference 的相同

方　　法	时间复杂度
getAmount	$O(1)$
connectTo	$O(n)$
addWater	$O(n)$

你可能想知道，为什么 ArrayList 的自动调整大小策略保证了摊销的常数插入时间，却没有给 Memory2 版本带来任何优势。解释是，它确实在 connectTo 的性能上提供了一些优势，但该方法执行的其他操作隐藏了这种优势。详细来说，Memory1 版本通过下面的代码合并两个组：

```
group.addAll(other.group);
```

其中 group 和 other.group 是两个 ArrayList。而 Memory2 版本则执行下面这行：

```
Container[] newGroup = new Container[size1 + size2];
```

第一个版本通常比第二个版本更高效，因为第一个 ArrayList 的额外容量可能足以插入第二个 ArrayList 的所有元素，而不需要分配任何新的内存。然而，两个版本的 connectTo 都会继续循环迭代来自两个旧组的所有元素。结果，后面的循环覆盖了前面的节省，导致两个版本的 connectTo 的大 O 复杂度都是 $O(n)$。

还有一个让你喜欢 Memory2 版本的原因：它完全自成一体，没有用到 Java API 中的任何其他类。在特殊情况下，这可能是有好处的，因为这意味着这个类可以在一个运行时环境非常有限的上下文中运行，这也是 Java 9 引入的模块系统所允许的。

4.3　弃用对象（Memory3）

即使一个空的 Java 对象也需要 12 字节，所以如果遵循第 1 章的用例，容器所占的空间就不能少于这个数。现在假设你可以修改 API 来达到空间最小化的目的，但仍然提供与之前的类一样的服务：获取容器中的当前水量，改变当前水量，以及连接两个容器。要存储为提供这些服务而实际需要的信息，最少需要多少空间？

为了显著减少空间使用，不能为每个容器持有一个对象，但客户端仍然需要某种方法来识别一个特定容器。解决办法是给客户端提供一个句柄（handle），也就是能唯一标识容器的信息。容器对象的引用是一个完美的句柄，但它占用 12 字节的开销（我们想要避免）。要找一个没有内存开销的句柄来代替它。

4.3.1 无对象的 API

为了节省空间，可以不为每个容器提供一个对象，而是让客户端使用一个整型 ID（容器的句柄）来标识每个容器。然后就可以很自然地把所需的信息（水量和连接）存储在一个以整型数字为索引的、具有空间效率的数据结构中。有没有想到什么特别的结构呢？没错，就是数组。

因此，该类将包含一个返回新容器 ID 的静态方法，用以替代构造函数。

```
int id = Container.newContainer();
```

然后，客户端将调用一个接收容器 ID 的静态方法，而不是在容器对象上调用 c.getAmount()。

```
float amount = Container.getAmount(id);
```

类似地，要连接两个容器，客户端将把它们的标识符传递给一个静态 connect 方法。

```
Container.connect(id1, id2);
```

显然，这种实现违背了所有的 OO 规范，考虑它应该只是为了将我们的假设推到极致。

为了熟悉由此产生的 API，请看第 1 章的用例（名称为 UseCase）是如何被转换为使用整数 ID 而不是容器对象的。回顾一下 UseCase 的前几行。

```
Container a = new Container();
Container b = new Container();
Container c = new Container();
Container d = new Container();

a.addWater(12);
d.addWater(8);
a.connectTo(b);
System.out.println(a.getAmount() + " " + b.getAmount() + " " +
                   c.getAmount() + " " + d.getAmount());
```

当放弃容器对象时，用一个整数来标识每个容器，前面几行变成了下面这样。

```
int a = Container.newContainer(), b = Container.newContainer(),
    c = Container.newContainer(), d = Container.newContainer();

Container.addWater(a, 12);
Container.addWater(d, 8);
Container.connect(a, b);
System.out.println(Container.getAmount(a) + " " +
                   Container.getAmount(b) + " " +
                   Container.getAmount(c) + " " +
                   Container.getAmount(d));
```

虽然我推荐使用普通数组是出于内存效率的考虑，但实际上，同样可以出于**时间效率**考虑使用它们，因为数组带来了**缓存局部性**（cache locality）的好处。简而言之，内存中距离较近的数据（如数组）比随机分布的数据（如链表）的访问速度更快。这得益于 CPU 缓存的组织结构，一个存储缓冲区弥补了 CPU 和主内存之间的性能差距。缓存将相邻的小块数据保存在一起。把两个相关的数据项在内存中放在一起，提高了将一个数据加载到缓存中时也会携带第二个数据的可能性，从而加快了后续操作的速度。例如，同一对象的所有字段在内存中排列得很近。因此，访问一个字段很可能会加快对同一对象中所有其他字段的访问速度。

存储器的层次结构

现代计算机的存储器被组织成一个层次结构，每一层都比它之上的层空间更大、速度更慢。最上层由 CPU 的寄存器组成，一般为几百字节。寄存器是唯一能跟上 CPU 处理速度的存储器：在每一个 CPU 周期内都可以读写寄存器。

寄存器下面是缓存，分为几级，由几兆字节组成。从顶层缓存读取数据（即把数据从顶层缓存移到寄存器上）只需要几个 CPU 周期，而直接从主存储器读取数据则需要数百个周期。

缓存以**行**进行组织，每行由多个字组成。每当程序寻址一个新的内存位置时，缓存就会从该位置的地址开始加载一整行。如果这个位置是数组的第一个元素，那么另外几个数组元素将被自动加载到同一个缓存行中预备起来，一旦需要，就可以快速移动到寄存器中。

为了具体一些，可以参考最近的桌面 CPU 架构 AMD Zen。它的缓存分为三层，每行长 64 字节。表 4-6 中是存储器层次结构的主要特点。

表　4-6

层　　次	大小（每核）	延迟（周期）
寄存器	128 字节	1
L1 缓存	32 KB	4
L2 缓存	512 KB	17
L3 缓存	2 MB	40
主内存	16 GB（典型的）	~300

小测验 3：如果 set 是一个 HashSet，那么你会指望调用 set.contains(x) 来加快后续调用 set.contains(y) 吗？如果 set 是一个 TreeSet 呢？

在 Java 中，只能通过数组或基于数组的类（如 ArrayList），以缓存局部性的方式存储一个元素集合。但是，像 ArrayList 这样的通用集合只能存放引用，所以缓存局部性仅作用于引用本身，不会让它们指向的数据受益。例如，一个 ArrayList<Integer>持有一个指向 Integer 引用的数组。这些引用在内存中会相邻，但实际的整数值不会。这同样适用于一个普通的 Integer 对象数组，如图 4-5 所示。

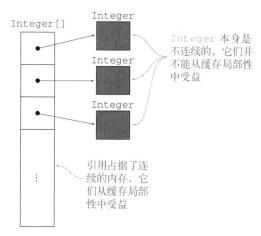

图 4-5　一个 `Integer` 对象的数组。数组本身占据了一个连续的内存块，但数组指向的 `Integer` 对象却分散在内存中

你需要外部库（比如我提到的 GNU Trove）来将 `ArrayList` 的自动调整大小等方便的功能与基本类型值数组的缓存局部性结合起来。例如，GNU Trove 的类 `TIntArrayList` 表示一个可调整大小的基本整型数组。

4.3.2　字段和 `getAmount` 方法

新的 `Container` 类，称为 Memory3，通过整型 ID 识别容器和容器组。它使用两个类级别的数组（也就是静态字段）来编码所需信息。

❑ `group` 数组将一个容器 ID 映射到它的组 ID 上。

❑ `amount` 数组将一个组的 ID 映射到该组容器的水量。

给定一个容器 ID，`getAmount` 方法将访问 `group` 数组来获取该容器的组 ID，然后访问 `amount` 数组来获取该组中的水量，如代码清单 4-7 所示。

代码清单 4-7　Memory3：字段和 `getAmount` 方法

```
public class Container {
    private static int group[] = new int[0];     ❶从容器ID映射到它的组
    private static float amount[] = new float[0];   ❷从组ID映射到容器水量

    public static float getAmount(int containerID) {
        int groupID = group[containerID];
        return amount[groupID];
    }
}
```

用大小为零的数组来初始化这些字段可能看起来很奇怪，但这样做有一个非常好的理由：如果这样做，则不必以任何特殊方式来处理第一个容器的创建。你正在统一和简化代码。特别是可以随时访问 `group.length` 和 `amount.length`，因为这些数组永远不会为 `null`。

4.3.3   用一个工厂方法来创建容器

现在，关注一下取代构造函数的静态方法 newContainer。返回一个类新实例的方法通常被称为**工厂方法**。newContainer 方法实际上并没有创建一个对象的实例，因为 Memory3 版本的要点就是避免为每个容器都创建一个对象，而是通过返回新容器的 ID，起到工厂方法的作用。

这里的工厂方法与设计模式中的工厂方法

任何返回一个类的新实例的方法都被称为工厂方法。与构造函数相比，工厂方法有以下优点。

❑ 它不一定返回一个特定类的对象，只要是其声明返回类型的子类都可以。

例如，EnumSet 类（Set 的一个实现，其元素必须属于一个给定的枚举）仅通过各种静态工厂方法提供新的 set。出于性能方面的考虑，它们会根据底层枚举的大小返回不同的实现（EnumSet 的子类）。

❑ 尽管前面写过其定义，但是工厂方法并不必须返回一个新创建的对象。

它可以缓存或回收对象，只要这样做不引起其他问题就行，也许是因为这些对象是不可变的。

Integer.valueOf 方法就是这种情况，它将一个基本类型的整数包装成一个不可变的 Integer 对象。这个对象可能是新创建的，也可能不是。

工厂方法设计模式则是所谓的"四人组"（Gang of Four）定义的。自然，该设计模式的特点就是工厂方法，但是限定了特定上下文：一个类需要向其客户端提供一个对象，同时将改变该对象实际类型的能力留给了工厂的子类。例如，可以把 Iterable 接口及其 iterator 方法看作这种模式的应用。

要实现 newContainer，首先要考虑这个方法需要更新数组以容纳一个新的容器，然后返回其 ID。由于每个新的容器都带来一个新组，需要向两个数组中都增加一个额外的单元格。可以使用静态方法 Arrays.copyOf 来实现，它可以将一个数组复制到一个更小或更大的尺寸中。如果新尺寸更小，则该方法会丢弃额外的元素。如果新的尺寸更大，就像目前的情况一样，那么它会添加额外的零，就像通常分配一个新数组一样。对于新的 amount 单元格，默认为零就很好，因为容器开始是空的。此外，需要显式地将新的 group 单元格设置为新组的 ID，可以将其设为还不是组 ID 的最小整数，也就是之前的 amount 数组的大小。最终应该得到一个类似于代码清单 4-8 的实现。

代码清单 4-8   Memory3：newContainer 方法

```java
public static int newContainer() {
    int nContainers = group.length,
        nGroups = amount.length;
    amount = Arrays.copyOf(amount, nGroups + 1);      ❶ 在 amount 后面补零
    group = Arrays.copyOf(group, nContainers + 1);    ❷ 在 group 后面补零
```

```
    group[nContainers] = nGroups;   ❸ 设置新容器的组 ID

    return nContainers;             ❹ 返回新容器的 ID
}
```

此外，允许客户端创建 Container 对象是没有意义的，所以最好禁止。要这样做，一种方法是添加一个空的私有构造函数，从而防止编译器添加默认构造函数。下面比较了实现这种效果的不同方法。

不可实例化的类

Memory3 版本的容器类只持有静态成员，并不能被实例化。在 Java 中，有几种方法可以防止客户端在编译时创建类的对象。

❑ 将类变成接口。

❑ 声明抽象类（abstract）。

❑ 提供一个私有（private）的构造函数（作为唯一的构造函数）。

前两种技术在这里是不合适的，因为客户端可以扩展这个类，而扩展这样一个不可实例化的类是没有意义的。第三种技术是正确的选择，因为它可以同时防止实例化和扩展。事实上，如果你试图扩展这样的类，就会发现子类的构造函数没有办法调用父类的构造函数，而这个调用是必需的。

此外，第三种技术是 JDK 中对不可实例化类的做法。常见的例子包括所谓的 utility 类 Math、Arrays 和 Collections。这些类没有状态（没有可变的字段），只是为了提供工具功能。Memory3 版本不是一个工具类，因为它需要在其字段中存储信息。它是一个在 OO 原则之外提供服务的模块。

小测验 4：如何设计一个只能被实例化一次的类［也就是**单例**（singleton）］？

图 4-6 展示了这个实现执行过 UseCase 前三部分后的内存布局。容器分为两组，其 ID 分别为 0 和 1，gourp 数组存放每个容器的组 ID，amount 数组存放每组容器的水量。

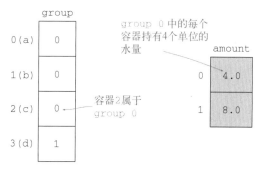

图 4-6　执行 UseCase 前三部分后，Memory3 版本的内存布局情况

为了使 amount 数组的大小比较优化，需要保证组 ID 之间没有空隙。假设有空隙，比如三个组的 ID 分别是 0、1 和 5。这些 ID 对应于 amount 数组中的索引，所以该数组需要 6 个单元格才可以容纳三个组。更正式地说，你应该保持下面的**类不变式**（class invariant）。

如果总共有 n 个组，那么它们的 ID 是 0 到 $n-1$ 的整数。

类的不变式是类的一个属性，除了在执行该类的方法时，它在其他时间都保持不变。所以，该类的方法在开始执行时可预期不变式成立，而且必须确保这些不变式在方法执行结束时仍然成立。（我们将在第 6 章再谈这个问题。）

前面的不变式保证了 amount 数组尽可能短：正好和组的总数一样长。只要增加组而不删除组，这个属性就很容易保证。不幸的是，每个连接操作都会删除一个组，因为要将两个组合并为一个。因此，在一个操作删除一个组后，需要进行一些额外的工作来重新排列组 ID。删除这种空隙的一个简单的解决方案是将空隙移到序列的末尾，将缺失的 ID（空隙）分配给当前持有最大 ID 的组。这是将要在下一节中介绍的 removeGroupAndDefrag 方法的职责。

4.3.4   通过 ID 连接容器

接下来看一下 connect 方法，如代码清单 4-9 所示。此刻，它的结构你应该很熟悉了，除了 Memory3 版本的以下特点。

❑ 组的大小并不是立即可以得到的，支持方法 groupSize 通过计算 group 数组中给定组 ID 的出现次数来计算它。

❑ 它通过将第一个组的 ID 赋值给第二个组中的所有容器来合并两个组。

❑ 最后，支持方法 removeGroupAndDefrag 必须重新排列组 ID。

代码清单 4-9   Memory3：connect 方法

```
public static void connect(int containerID1, int containerID2) {
    int groupID1 = group[containerID1],
        groupID2 = group[containerID2],
        size1 = groupSize(groupID1),   ❶ 这个方法随后介绍
        size2 = groupSize(groupID2);
    if (groupID1 == groupID2) return;   ❷ 检查它们是否已经相连

    float amount1 = amount[groupID1] * size1,   ❸ 计算新的水量
          amount2 = amount[groupID2] * size2;
    amount[groupID1] = (amount1 + amount2) / (size1 + size2);

    for (int i=0; i<group.length; i++) {   ❹ 把第一个组 ID 赋值给第二个组的成员
        if (group[i] == groupID2) {
            group[i] = groupID1;
        }
    }
    removeGroupAndDefrag(groupID2);
}
```

像之前一样，connect 方法需要计算连接后每个容器中的新水量。为此，它需要知道要合并的两个组的大小。然而，组的大小并没有存储在某个地方，需要通过计数给定组 ID 的容器数量来计算组大小。这就是私有支持方法 groupSize 的作用，如代码清单 4-10 所示。

代码清单 4-10　Memory3：支持方法 groupSize

```
private static int groupSize(int groupID) {
    int size = 0;
    for (int otherGroupID: group) {
        if (otherGroupID == groupID) {
            size++;
        }
    }
    return size;
}
```

> **数据流**
>
> groupSize 方法可以很好地展示 Java 8 引入的 Stream 库的潜在好处。你可以将 group 数组转换为整型的 stream（IntStream 接口），并根据一个 predicate（IntPredicate 接口）对它们进行过滤，只留下与给定组 ID 相匹配的值。最后，你可以使用 count 来统计这些值。
>
> 你还可以使用同样由 Java 8 引入的 lambda 表达式，用比以前短得多的语法（代替匿名类）来定义过滤 predicate。
>
> 结果就是下面的这行代码，它取代了整个 groupSize 的方法体。
>
> ```
> return Arrays.stream(group)
>             .filter(otherGroupID -> otherGroupID == groupID)
>             .count();
> ```
>
> 第 9 章将展示流的更广泛的应用。

最后，正如前面解释的那样，removeGroupAndDefrag 方法负责在维护类不变式[1]时删除一个组。要理解它的内部工作原理，首先要观察到，当 connect 用参数 k 调用 removeGroupAndDefrag 时，group 数组中没有任何单元格包含值 k，没有容器再属于第 k 组了。不过，你还是不能直接擦除组 ID k，因为那会在 ID 序列中留下一个空白，这违反了类不变式。相反，你必须将 ID k 分配给另一个组，并相应地更新两个数组。比如说在删除之前，组 ID 的跨度是从 0 到 $n-1$ 的范围。最简单的做法是将 ID k 分配给第 $n-1$ 组，然后完全丢弃 ID $n-1$。

代码清单 4-11 中，for 循环将组 ID k 分配给之前与组 $n-1$ 相关联的所有容器，amount[groupID] 这行将旧组 $n-1$ 的 amount 复制到新组 k 中。最后的 amount 这行从 amount 数组中截取最后一个单元格，有效地删除了组 $n-1$ 并恢复了类的不变式。最终如我们所期，组 ID 的范围为从 0 到 $n-2$。

---

[1] defrag 指的是文件系统维护操作，称为**碎片整理**（defragmentation）。它可以移动块，以确保文件占据连续的空间。

代码清单 4-11   Memory3：支持方法 removeGroupAndDefrag

```
private static void removeGroupAndDefrag(int groupID) {
    for (int containerID=0; containerID<group.length; containerID++) {
        if (group[containerID] == amount.length-1) {
            group[containerID] = groupID;
        }
    }
    amount[groupID] = amount[amount.length-1];
    amount = Arrays.copyOf(amount, amount.length-1);
}
```

图 4-7 展示了运行以下三行（来自前面介绍的修改后的用例）时每一步的效果。

```
Container.addWater(a, 12);
Container.addWater(d, 8);
Container.connect(a, b);
```

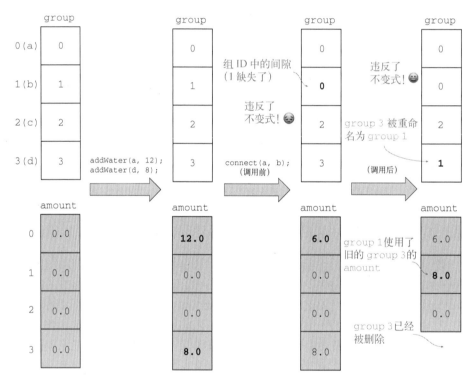

图 4-7   removeGroupAndDefrag 方法如何删除一个组，同时恢复类的不变式

特别是，图 4-7 展示了在 connect 接近结束时，调用 removeGroupAndDefrag 方法（代码清单 4-9 的最后一行）之前和之后的情况。在调用之前，不变式不成立，因为组 ID 1 没有分配给任何容器。调用后，碎片整理将组 3 重命名为 1，并将其 amount 移到了 amount[1]，从而恢复了不变式。

你可能想知道，如果要删除的组是最后一个（即如果 $k = n - 1$）会怎么样。快速思考一下就会发现，你并不需要特殊处理这种情况。事实上，如果 $k = n - 1$，那么 for 循环并没有产生什么效果，因为 if 语句中的条件总是 false。下一个赋值（amount[groupID] 这一行）也是空洞的，最后一行（amount 这一行）只是将最后一个单元格从 amount 数组中删除。

4.3.5　空间复杂度和时间复杂度

这个实现基于两个普通数组，它们的大小分别保持与容器数量和组数量相等。因此，你可以很容易地估算出内存消耗，如表 4-7 所示。

表 4-7　Memory3 版本的内存需求

场　　景	大小（计算）	大小（字节）	相对于 Reference 版本的百分比
1000 孤立容器	$4 + 16 + 1000 \times 4 + 4 + 16 + 1000 \times 4$	8040	7%
10 个一组，共 100 组	$4 + 16 + 1000 \times 4 + 4 + 16 + 100 \times 4$	4440	7%

放弃容器对象可以节省大量的内存，而且不会损失任何性能，至少在渐近复杂度方面不会，这与 Reference 版本保持一致。在实践中，以前所有 connect(To) 和 addWater 方法的实现都只对被处理的组进行迭代，而在 Memory3 版本中，这些方法需要对所有容器进行迭代。事实上，connect 和 addWater 方法都需要知道一个组的大小，这又需要遍历所有容器的数组（group 数组）。在容器较多的情况下，与 Reference 版本相比，这些循环可能会明显降低实际性能。

此外，我们关注的是三个公有方法，但注意一下扮演构造函数角色的 newContainer 方法，因为调用了 Arrays.copyOf，所以需要线性时间。在从 Reference 版本开始的以前所有版本中，构造函数不包含循环，所以它的工作时间是常数时间。

4.4　黑洞（Memory4）

本章的最后一个实现称为 Memory4，它设法让每个额外容器只使用 4 字节，但代价是时间复杂度较高。我们的想法是仅使用一个静态数组，每个容器占用一个单元格，但表示双重含义（索引或水量）。表示索引时，数组元素存储的是同一组容器中下一个容器的索引，就像使用链表来存储组一样。对于那些没有下一个容器的容器，它们或者是孤立的，或者就是列表中的最后一个，此时这个数组元素表示水量（包括同一组中所有容器的水量）。

建议把索引和水量都存储在同一个数组中。不过前者是整型，后者自然是浮点数。那么数组应该是什么类型？我想到了两种选择，内存占用量都一样（每个容器 4 字节）。

(1) int 类型的数组：当你必须将单元格内容解释为水量时，可以将其除以一个固定的分母，来高效地实现定点数。例如，如果把所有的水量除以 10 000，就可以提供小数点后的五位小数。

(2) float 类型的数组：当你必须将单元格内容解释为数组索引时，必须确保它的值是一个非负的整数。毕竟，非负整数（最大到某一个值为止）是浮点数的一种特殊情况。

在代码清单 4-12 中，我将采用第二个选择，这似乎更简单一些，不过你将马上看到一些注意事项。

代码清单 4-12   Memory4：字段——不需要构造函数

```
public class Container {
    private static float[] nextOrAmount;
```

在读取单元格的内容时，如何区分 next 值和 amount 值？你可以使用过去计算机内存吃紧时代的一个老把戏：将两种情况中的一种用正值编码，另一种用负值编码。更准确地说，把一个正数解释为下一个容器的索引，而一个负数则代表该容器中的水量的相反数。例如，如果 nextOrAmount[4] == -2.5，这意味着容器 4 是其组中的最后一个（或者可能是孤立的），并且存有 2.5 个单位的水。

还有一个小问题：零值既可以是一个索引，也可以是一个有效的 amount 值，但浮点数不会区分"正零"和"负零"。可以通过假设零是一个 amount，并且永远不使用零作为下一个容器的索引来避免这种歧义。因为不想牺牲零号单元格，所以在数组中的所有索引上加 1（也就是一个**偏移值**）。例如，如果容器 4 后面是容器 7，就会有 nextOrAmount[4] == 8。

图 4-8 展示了这个实现执行 UseCase 的前三部分后的内存布局。第一个单元格中的值 2.0 是一个偏移过的 next 指针，表示第一个容器（即容器 a）与 1 号容器（即 b）相连。第三个单元格中的值-4.0 表示 c 是其组中的最后一个容器，组中的每个容器都能装 4.0 单位的水。

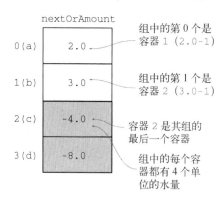

图 4-8   执行 UseCase 前三部分后，Memory4 版本的内存布局。含四个浮点数的数组具有双重作用：连接属于同一组的容器和存储水量

代码清单 4-13 给出了 getAmount 方法的代码。它像链表一样，循环调用 next 值（第二行代码），直到找到列表中的最后一个容器（该容器的值为负值或零）。这个值就是所需的水量，只是符号相反。特别注意第三行代码末尾的-1，它消除了偏离值。还要注意 return 后面的减号，它恢复了水量值的正确符号。

代码清单 4-13　Memory4： `getAmount` **方法**

```
public static float getAmount(int containerID) {
    while (nextOrAmount[containerID]>0) {    ❶ 查找组中的最后一个
        containerID = (int) nextOrAmount[containerID] -1;    ❷ 消除偏离值
    }
    return -nextOrAmount[containerID];    ❸ 恢复正确符号
}
```

使用浮点数来表示数组索引，有一个隐藏的缺点。原则上来说，数组索引可以是非负的 32 位整型的整个范围：0 到 $2^{31} - 1$（大约 20 亿，也就是 `Integer.MAX_VALUE`）。浮点数的范围更广，但**分辨率**变化较大。两个连续的浮点数之间的距离随其大小而变化，如图 4-9 所示。当一个浮点数很小（接近零）时，下一个浮点数与它的距离极近。当一个浮点数较大时，下一个浮点数离它较远。在某一个点上，这个距离会变得大于 1，浮点数开始跳过整数值。

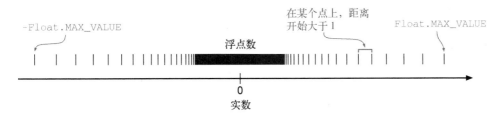

图 4-9　实数和 `float` 类型的值之间的关系

例如，由于范围较广，浮点数可以准确地表示 1E10（10^{10}，即 100 亿），而整数则不能。两种类型都可以表示 1E8（1 亿），但如果一个浮点数变量包含 1E8，而你给它加 1，那么它仍然是 1E8。浮点数没有足够的有效数字来表示 100 000 001 这个数。1E8 和下一个浮点数之间的距离大于 1。虽然 1E8 在浮点数的范围内，但它处于**不间断的整数范围**（uninterrupted integer range，也就是可以准确表示的、没有空隙的整数范围）之外。表 4-8 总结了最常见的基本类型的不间断整数范围。

表 4-8　比较基本类型的不间断整数范围。不间断整数范围是指可以被准确无误（且无空隙）地表示的（非负）整数集

类　　型	有　效　位	有效小数位	不间断整数范围
int	31	9	0 到 $2^{31} - 1 \approx 2 \times 10^9$
long	63	18	0 到 $2^{63} - 1 \approx 9 \times 10^{18}$
float	24	7	0 到 $2^{24} - 1 \approx 16 \times 10^6$
double	53	15	0 到 $2^{53} - 1 \approx 9 \times 10^{15}$

小测验 5：为变量 x 选择一个数据类型和初始值，使循环 while (x+1==x) {}永远进行下去。

使用浮点数作为数组索引并不是一个非常好的主意，只有当索引保持在不间断整数范围之下时，才能正常工作，这个范围比 Integer.MAX_VALUE 要低得多。为了了解它到底有多低，请考虑非负整数有 31 个有效位，而非负浮点数只有 24 个有效位。因为 31 − 24 = 7，所以 Integer. MAX_VALUE 比浮点数的阈值大 $2^7 = 128$ 倍。

如果创建的容器超过 2^{24} 个，就会发生有趣的事情，最好在 newContainer 方法中添加合适的运行时检查。不过，因为本章是关于内存消耗的，所以我们还是按计划行事，每次只优化一方面的代码质量，把这种稳健性的考虑推迟到第 6 章。可以在附带的在线代码库中找到 Memory4 版本的其他源代码。

空间复杂度和时间复杂度

来自 Memory4 版本的单个静态数组需要 4 字节用于数组引用，16 字节用于标准数组开销，以及每个实际单元格的 4 字节。在这个实现中，给定数量的容器需要的空间总是相同的，不管它们如何连接。表 4-9 提供了我们两种通常情况下的空间估计。

表 4-9   Memory4 的内存需求

场　　景	大小（计算）	大小（字节）	相对于 Reference 版本的百分比
1000 孤立容器	$4 + 16 + 1000 \times 4$	4020	4%
10 个一组，共 100 组	$4 + 16 + 1000 \times 4$	4020	7%

这些极端的内存节省有极大的性能代价，如表 4-10 所示。给定该组中一个任意容器的索引，connect 和 addWater 方法都需要计算出一个组的大小。这需要回到组中的第一个容器，然后访问整个容器的实际列表来计算其长度。寻找一个组中的第一个容器是很棘手的：第一个容器是该组中唯一不被任何 next 指针指向的元素。要找到它，必须向后访问组列表，这需要二次时间复杂度。

表 4-10   Momory4 的时间复杂度

方　　法	时间复杂度
getAmount	$O(n)$
connectTo	$O(n^2)$
addWater	$O(n^2)$

4.5　空间和时间的权衡

先来总结一下本章四个容器版本的空间需求，并与第 2 章的 Reference 版本进行比较（见表 4-11）。

表 4-11 列出本章所有实现，以及 Reference 版本的内存需求。回想一下，Memory3 和 Memory4
版本暴露了一个不同的、无对象的 API

场 景	版 本	字 节 数	相对于 Reference 版本的百分比
1000 个孤立容器	Reference	108 000	100%
	Memory1	20 000	19%
	Memory2	20 000	19%
	Memory3	8040	7%
	Memory4	4020	4%
10 个一组，共 100 组	Reference	61 200	100%
	Memory1	29 000	47%
	Memory2	25 600	42%
	Memory3	4440	7%
	Memory4	4020	7%

　　从表 4-11 可以看出，我们通过选择合适的集合和编码方法，显著地节省了内存。为了解决
每个对象都需要开销的障碍，我们打破了第 1 章中定义的 API，使用整数 ID 而不是容器对象来
标识容器。本章的所有实现也都牺牲了可读性，并因此牺牲了可维护性。对内存效率的追求导致
使用更底层的类型（主要是数组）代替上层集合，并使用特殊编码，以至于在 Memory4 版本中
采用 float 作为数组索引。大多数编程环境并不赞成这种做法，但在一些内存严重受限的场景
中却会使用这些技术，比如一些嵌入式系统，或者是需要在主内存中保存大量的数据的场景。

　　正如第 1 章中所讨论的那样，空间效率和时间效率往往是矛盾的。本章和上一章提供了这一
经验之谈的正反例，如图 4-10 所示。图中绘制了这几章中的七个实现，加上第 2 章 Reference 版
本的空间与时间需求。回想一下，Memory3 和 Memory4 版本以改变容器的 API 为代价，实现了
如此明显的内存节省。

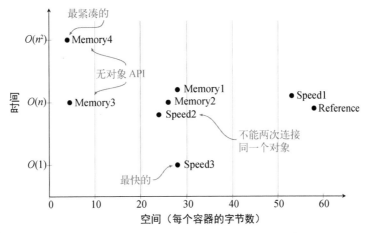

图 4-10　第 3 章和第 4 章中几个实现以及 Reference 版本的性能表现。对于空间的衡量，取方
案 2（10 个一组，共 100 组）中每个容器的平均字节数。对于时间的衡量，取类中三
个方法中的最高复杂度，但要注意的是，这里根据摊销复杂度来衡量 Speed3 版本

图 4-10 再次印证了，在这两章中，最先进的实现确实能使相应方面的质量最大化：Speed3 版本的时间性能最高，Memory4 版本的空间效率最高。此外，Memory4 版本将内存需求一直压缩到了每个容器约 4 字节，但是将时间复杂度提高到了二次函数。这是意料之中的，也符合典型的时间和空间之间的权衡。

另外，Speed3 版本在时间和空间性能上都表现出色，它的内存占用量与 Memory2 版本非常接近，这也是我们在不牺牲标准 API 的情况下所能达到的最小值。因此，在大多数实际情况下，除了最受内存限制的情况，你确实应该考虑使用 Speed3 版本作为最好的数据结构。

4.6   来点儿新鲜的

是时候把节省空间的技术应用到不同的场景中了：使用**多重集**（multi-set）。多重集是可以包含重复元素的 set。所以，多重集 $\{a, a, b\}$ 与 $\{a, b\}$ 是不同的，但它无法与 $\{a, b, a\}$ 区分，因为其元素的顺序并不重要。

设计一个节省空间的多重集实现，称为 MultiSet<T>，支持以下方法。

❏ public void add(T elem)：将 elem 插入多重集。

❏ public long count(T elem)：返回 elem 在多重集中的出现次数。

将以下问题作为比较和选择不同实现方案的指导方针。

(1) 假设你多次插入 n 个不同的对象，总共插入 m 次（所以，m 至少和 n 一样大）。你的实现需要多少字节来存储它们？

(2) 在你的实现中，add 和 count 的时间复杂度是多少？

事实证明，有两种空间最优的实现方式，取决于重复对象的预计数量。

4.6.1   重复对象少的情况

如果你预计重复的对象很少，可以使用单个对象数组，并在最后追加每一个插入的对象，包括第一次出现的和重复的对象。

正如本章所讨论的，使用 ArrayList 代替普通数组是非常有意义的，因为它只增加了少量的内存消耗，却大大简化了你的实现。此外，与数组不同，ArrayList 可以很好地支持泛型。

你应该得到类似下面的代码。

```java
public class MultiSet<T> {
   private List<T> data = new ArrayList<>();

   public void add(T elem) {
      data.add(elem);
   }
   public long count(T elem) {
      long count = 0;
      for (T other: data) {
         if (other.equals(elem)) {
            count++;
```

```
            }
        }
        return count;
    }
}
```

使用较新的 Stream 库，可以将 count 方法改写成下面这一行代码。

```
public long count(T elem) {
    return data.stream().filter(x -> x.equals(elem)).count();
}
```

add 方法需要常数时间（摊销，回顾 3.3.5 节），而 count 需要线性时间。m 次插入 n 个不同对象后的内存占用量为 $56 + 4 \times m$ 字节（与 n 无关），分解如下。

- ❑ 12 字节，用于 MultiSet 对象的开销。
- ❑ 4 字节，用于 ArrayList 的引用。
- ❑ 40 字节，用于"裸骨"的 ArrayList（参见表 4-4）。
- ❑ $4 \times m$ 字节，用于多重集中元素的引用。

4.6.2　重复元素多的情况

如果重复元素较多，则最好使用两个数组：一个用来存放对象本身，另一个用来存放每个对象的重复次数。如果你熟悉集合框架，就会意识到这里很适合用 Map。然而，Map 的两个标准实现（HashMap 和 TreeMap）都是链式结构的，比两个 ArrayList 占用更多的内存。

最终会得到类似下面的代码。

```
public class MultiSet<T> {
    private List<T> elements = new ArrayList<>();
    private List<Long> repetitions = new ArrayList<>();
    ...
```

剩下的实现就留给你作为练习了。只要确保 repetitions 中的第 i 个元素（从 repetitions. get(i) 得到的那个元素）是对象 elements.get(i) 的重复次数就可以了。

就性能而言，插入操作需要扫描第一个数组来判断对象是新的还是重复的。在最坏的情况下，add 和 count 这两个方法都需要线性时间。

在插入 n 个不同的对象 m 次后，所产生的内存大小为 $100 + 28 \times n$ 字节（与 m 无关），主要在以下几个方面。

- ❑ 12 字节，用于 MultiSet 对象的开销。
- ❑ 2×4 字节，用于两个 ArrayList 的引用。
- ❑ 2×40 字节，用于两个"裸骨"的 ArrayList。
- ❑ $4 \times n$ 字节，用于存储对元素（去重后）的引用（第一个数组）。
- ❑ $(4 + 20) \times n$ 字节，用于存储每个唯一元素的计数器，类型为 Long（第二个数组）。（每个 Long 对象需要 $12 + 8 = 20$ 字节。）

如果 $100 + 28 \times n < 56 + 4 \times m$，则这种双数组解决方案的内存效率最高。也就是说平均每个对象至少出现 七次（$m > 11 + 7 \times n$）。

4.7　真实世界的用例

第 3 章和第 4 章讨论了影响算法效率的两个主要因素：时间和空间。我们已经看到，可以使用不同的方法来解决同一个问题（例如，使用 ArrayList 代替 HashSet 来存储一组容器）。事实证明，在两种方法中，任一方法的结果都是在时间效率和空间效率之间进行权衡。最好的选择取决于你需要解决问题的场景。让我们看看几个空间效率比较重要的用例。

- ❑ 在机器学习中，一切都围绕着数据集展开。数据集通常是一个历史数据的稠密矩阵，其中包括一些要关注的属性，称为**特征**或**变量**。考虑一个复杂一些的数据集，由一个有向图组成，其中节点是网页，有向边代表它们之间的链接。理论上，完全可以用邻接矩阵来表示这个数据集。邻接矩阵是一个正方形矩阵，其中的行和列代表图的节点（网页），矩阵值表示从一个网页到另一个网页的边（链接）是否存在（值 1）或不存在（值 0）。如果图是稀疏的，大部分矩阵单元就会被闲置，导致内存的浪费。在这种情况下，你可能要考虑使用一种内存效率高但牺牲了时间效率的表示方法。

- ❑ 当今智能手机的内存几乎和一台标准的笔记本计算机一样大，但当 Google 在 2000 年初设计 Android 操作系统时，情况并非如此。Android 系统也需要在其他设备上运行，而这些设备的内存要比现代手机少得多。因此，你可以在它的 API 中找到一些考虑内存效率的痕迹。

  - ■ android.util 包中有几个类，为了内存效率而提供了标准 Java 集合的替代方案。例如，SparseArray 是一个内存高效的 Map 实现（也叫作关联数组），它提供了从整数 key 到对象的映射。（顺便说一下，本章的练习 2 要求你分析这个类。）
  - ■ 所有与图形有关的 Android 类在坐标、旋转角度等场景都使用单精度浮点数，而不是双精度。例如 android.graphics.Camera。

- ❑ XML 被广泛用于异构系统之间的数据交换。一种常见的模式是，应用程序解析 XML，将内容存储在关系数据库中，最后将 XML 本身存储为 BLOB。随后的业务逻辑和查询都是使用关系模式来执行的，而请求检索原始 XML 的事件是很少的。因此，设计一个节省空间的流程，将 XML 文档压缩后再存储到数据库中可能更合适。

4.8　学以致用

练习 1

请阅读 4.6 节中关于多重集的描述。Google Guava 库在 com.google.common.collect 包中有一个 Multiset 接口，以及其各种实现。Multiset<E> 的主要方法如下。

❑ public boolean add(E elem)：在多重集中插入 elem 并返回 true（为了与 Collection 接口兼容）。

❑ public int count(Object elem)：返回 elem 在多重集中出现的次数。

查看 HashMultiset 类的源代码，并回答以下问题。

(1) add 和 count 方法的时间复杂度是多少？

(2) 这个类是针对空间还是时间优化的，还是两者之间的折中？

提示：你需要看一下 HashMultiset 和它的抽象基类 AbstractMapBasedMultiSet 的源代码。

练习 2

Android 中的 android.util.SparseArray 类是一个对象数组的内存高效实现，它的索引可以是任意整数，而不是从 0 开始的连续区间，因此，它是 Map<Integer, Object> 的替代品。在内部，它使用两个数组：一个是索引（也就是 key），一个是对象（也就是值）。

查看 android.util.SparseArray 类的源代码[①]，并回答以下问题。

(1) 用 new SparseArray() 创建的空 SparseArray 需要多少内存？

(2) 如果一个 SparseArray 包含 100 个对象，其索引为连续的 0 ~ 99（不算对象本身占用的内存），那么需要多少内存？

(3) 如果一个 SparseArray 包含 100 个对象，其索引为随机整数，那么需要多少内存？

练习 3

在 3.3 节中，你了解到在 Speed3 版本中，只有作为其组代表的容器才会使用其 amount 和 size 字段。对于其他容器，这些字段是不相关的。在不改变其公有 API 的前提下，重构 Speed3 版本以减少这个内存低效的问题。

提示：考虑到容器对象在被连接之前就被创建了，客户端可以持有对它们的引用，而且对象不能在 Java 中动态地改变类型。

练习 4（小项目）

UniqueList<E> 类表示一个固定大小的有索引列表，且没有重复元素，并暴露了以下公有接口。

❑ public UniqueList(int capacity)：创建一个指定容量的空 UniqueList。

❑ public boolean set(int index, E element)：在给定的索引上插入给定的元素，并返回 true，前提是索引在 0 到 capacity - 1 的范围内，并且该元素没有出现在其他索引上。否则，它不改变列表并返回 false。

❑ public E get(int index)：返回给定索引处的元素，如果索引无效或为空（未分配），则返回 null。

---

① 源代码可在图灵社区本书主页（ituring.cn/book/2811）下载。——编者注

有了这个接口，就可以进行以下操作。

(1) 以空间高效的方式实现 `UniqueList` 类。

(2) 以时间高效的方式实现 `UniqueList` 类。

4.9 小结

☐ 像 `HashSet` 这样的上层集合通常可以提高性能和代码可读性，但会比底层的替代品产生更大的内存开销。

☐ 当需要节省空间时，可以通过使用整数 ID 来避免对象开销。

☐ 由于缓存局部性，将数据存储在连续的内存中可以提高性能。

☐ 浮点数的范围比整数广，但分辨率变化较大。

4.10 小测验答案和练习答案

小测验 1

每一个字符串字面量实际上在内存中只存储一个副本，这要归功于一种被称为**字符串驻留**（string interning）的机制。

对于单个 `"Hello World"` 字符串所占用的内存，在 Java 9 之前被表示为 UTF-16：每个字符 2 字节。从 Java 9 开始，**紧凑字符串**（compact string）功能识别出这个特定的字符串只包含 ASCII 字符，就会切换到每个字符 1 字节的编码方式。在这两种情况下，字符都存储在一个字节数组中。在实际字符的基础上，还必须加上：

☐ 12 字节，用于字符串对象开销；

☐ 4 字节，用于缓存字符串哈希码；

☐ 4 字节，用于字节数组的引用；

☐ 1 字节，用于指定编码方式（传统或紧凑）的标志；

☐ 16 字节，用于字节数组开销。

综上所述，一个 `"Hello World"`（11 个字符）的副本需要花费 $11 + 12 + 4 + 4 + 1 + 16 = 48$ 字节。

小测验 2

以下两种对立的语言设计思路限制了数组和泛型的相互配合。

☐ 编译器抹去了未绑定的类型参数，而用 `Object` 代替它们。

☐ 数组存储它们的静态类型（并且用其来检查每一次数组的写入）。

因此，如果 `new T[10]` 是有效的，新创建的数组就会像 `new Object[10]` 一样。但这并不是程序员所期望的，因此第一个表达式的声明方式是无效的。

小测验 3

是的，调用 `set.contains(x)` 可能会对随后 `set.contains(y)` 的调用产生轻微的正面影响，因为第一次调用会将该 `HashSet` 的桶数组的一部分加载到缓存中。（参见图 2-7，回忆一下 `HashSet` 的内部结构。）如果对象 `x` 和 `y` 的哈希码相似，那么第二次调用可能会在缓存中找到 `y` 的桶引用。

同样的结论也适用于 `TreeSet`，但原因不同。`TreeSet` 是一个完全的链式数据结构，搜索一个元素需要检索树中的路径。第二个调用 `set.contains(y)`，可能会从缓存中找到通往 `y` 的路径中的前面一些节点，从而受益。（所有的路径都是从同一个根节点开始的，所以至少根节点大概率还在缓存中。）

小测验 4

单例类通常用于提供一些底层服务的单点访问。你通过声明一个私有的构造函数作为唯一的构造函数，并提供一个总是返回相同实例的公有方法来创建一个单例类。这个实例通常存储在类的一个私有静态字段中。

如果单例是在第一次方法调用时按需创建的（**懒加载**），你必须格外小心线程安全问题。这就是所谓的**安全初始化**（safe initialization）问题，可以在 Brian Goetz 等人所著的《Java 并发编程实战》一书中读到更多的内容（参见 8.10 节）。

小测验 5

你可以选择 `float` 或 `double` 作为变量 `x` 的类型，并为其分配一个超出该类型不间断整数范围的初始值。例如，`float x = 1E8`。

这也是 Joshua Bloch 和 Neal Gafter 所著的《Java 解惑》一书中众多有趣的谜题之一。

练习 1

从具体类 `HashMultiset` 开始探索，它扩展了 `AbstractMapBasedMultiset`，并使用了支持类 `Count`（在 `super` 这一行）。它代表一个可以就地修改的整数，即 `Integer` 的可变版本。

```
public final class HashMultiset<E> extends AbstractMapBasedMultiset<E> {

    public static <E> HashMultiset<E> create() {    ❶ 工厂方法
        return new HashMultiset<E>();
    }

    private HashMultiset() {    ❷ 私有构造函数
        super(new HashMap<E, Count>());    ❸ 调用基类构造函数
    }
```

如你所见，一个公有的工厂方法创建了一个空的 `HashMultiset`（`public static` 这行），它调用了一个私有的构造函数（`private` 这行），而私有构造函数又创建一个新的 `HashMap` 并将它传递给一个基类构造函数（`super` 这行）。接下来，看看基类 `AbstractMapBasedMultiSet` 的相关部分，你会发现支持整个实现的实际实例字段（以下代码片段中的 `backingMap`）。

```
abstract class AbstractMapBasedMultiset<E> extends AbstractMultiset<E>
                                    implements Serializable {
    private transient Map<E, Count> backingMap;
```

这些片段足以推断出 HashMultiset 的内部结构是使用 HashMap 实现的从对象到整数的映射，存储每个元素的出现次数。就像 HashSet 是 Set 的时间效率实现一样，HashMap 相对于 Map[①]也是如此。这两个类都注重时间效率，从而占用了较多内存。现在你可以回答练习提出的两个问题了。

(1) add 和 count 这两个方法具有常数时间复杂度，因为它们对 HashMap 的基本方法进行了恒定次数的调用，而 HashMap 的基本方法也具有常数时间复杂度。哈希数据结构通常需要注意：hashCode 方法提供的哈希函数必须将对象均匀地分布在整数范围内。

(2) HashMultiset 类是为时间效率而优化的。

练习 2

首先，考虑一下以下代码片段列出的 SparseArray 类的实例字段，mGarbage 字段是一个标志，用来延迟实际删除一个元素的时间，直到它的缺失变得可见（一种懒模式，在第 3 章中讨论过）。

```
public class SparseArray<E> implements Cloneable {
    private boolean  mGarbage = false;
    private int[]    mKeys;
    private Object[] mValues;
    private int      mSize;
```

接下来，当你进行 new SparseArray()这样的调用时，涉及的是两个（删减过的）构造函数。mValues 这行是 Android 特有的高效分配数组的方式。

```
public SparseArray() {
    this(10);    ❷ 默认初始容量为 10
}
public SparseArray(int initialCapacity) {
    ...
    mValues = ArrayUtils.newUnpaddedObjectArray(initialCapacity);
    mKeys = new int[mValues.length];
    mSize = 0;
}
```

前面的片段已经足够回答问题了。

(1) 你已经在本章和第 2 章中学习了对象及数组的大小，应该能够算出 SparseArray 所有字段的大小，除了 mGarbage 字段，因为我们没有专门讨论过布尔基本类型。即使能用 1 位（bit）编码它的值，它的内存占用也是取决于虚拟机的。在当前版本的 HotSpot 中，每个布尔值需要 1 字节，这是 CPU 能够寻址的最小内存单位。在本书中，我一如既往地忽略了内存对填充的问题，

---

① HashSet 的内部其实就是一个 HashMap，所有的键都共享同一个假值。

内存填充会使对象膨胀，使其与 8 的倍数的地址对齐。

　　也就是说，一个空的 `SparseArray` 需要：

- ❏ 12 字节，用于 `SparseArray` 对象开销；
- ❏ 12 字节，用于字段 `mKeys`、`mValues` 和 `mSize`；
- ❏ 1 字节，用于 `mGarbage` 字段；
- ❏ 16 字节，用于 `mKeys` 数组开销；
- ❏ 10 × 4 字节，用于长度为 10 的初始 `mKeys` 数组；
- ❏ 16 字节，用于 `mValues` 数组开销；
- ❏ 10 × 4 字节，用于长度为 10 的初始 `mValues` 数组。

总共 137 字节。

　　(2) 一个有 100 个对象的 `SparseArray`，其索引为从 0 到 99，需要其两个数组 `mKeys` 和 `mValues` 的长度（至少）为 100。你可以套用问题 1 的计算方法，得到的结果是 857 字节。

　　(3) 索引的值对 `SparseArray` 的结构没有影响。这正是它名字中 `sparse` 的含义。因此，这种情况下的内存占用和问题 2 一样：857 字节。

练习 3

　　为了达到空间效率最大化，普通容器应该只持有一个 `parent` 字段，类型为 `Container`。对于容器组的代表（也就是树根），该字段指向一个特殊的对象，该对象持有 `amount` 和 `size` 字段。该支持对象的类型必须是 `Container` 的一个子类，你需要一个向下类型转换来将其从表面上的 `Container` 类转换为其有效的子类。

　　这个解决方案减少了普通容器的内存占用，但增加了容器组的代表的大小，因为它增加了一个在 Speed3 版本中并不需要的额外对象。只有当大多数容器相互连接、形成很少的组时，它才会提高空间效率。

　　可以从在线代码库中找到这个练习的源代码，即类 `eis.chapter4.exercises.Container`。

练习 4

　　(1) Memory2 这个容器版本展示了，与 `ArrayList` 相比，通过普通数组节省的内存是微不足道的，所以对于 `UniqueList` 的空间效率版本，你应该使用 `ArrayList`。然而，这意味着检查一个元素是否属于列表将需要线性时间。

　　有两个问题使实现变得复杂。

- ❏ 只能通过 `List` 接口的 `set` 和 `get` 方法，使用一个已经被占用的索引。构造函数需要在列表中初始填充所需数量的 `null` 值。
- ❏ 如果索引超出了范围，方法 `set` 和 `get` 就会抛出一个异常，而本练习的规范需要特殊的返回值（分别是 `false` 和 `null`）。这就是为什么需要手动检查索引是否在范围内。

结果代码是下面这样的。

```
public class CompactUniqueList<E> {
    private final ArrayList<E> data;
```

```
public CompactUniqueList(int capacity) {
    data = new ArrayList<>(capacity);
    for (int i=0; i<capacity; i++) {    ❶ 用 null 填充
        data.add(null);
    }
    assert data.size() == capacity;    ❷ 健全检查
}

public boolean set(int index, E element) {
    if (index<0 || index>=data.size() || data.contains(element))
        return false;
    data.set(index, element);    ❸ index 无效时会抛出异常
    return true;
}

public E get(int index) {
    if (index<0 || index>=data.size())
        return null;
    return data.get(index);    ❹ index 无效时会抛出异常
}
}
```

(2) 在一个时间高效的实现中，我们希望所有的操作都能运行得尽可能快，最好是常数时间。在这种情况下，可以通过将元素同时存储在两个数据结构中来实现：一个**列表**用于快速索引检索，一个 set 用于快速拒绝重复。下面是这些字段。

```
public class FastUniqueList<E> {
    private final ArrayList<E> dataByIndex;
    private final Set<E> dataSet;
```

构造函数和 get 方法与上面的情况非常相似，可以在在线代码库中找到它们。只有 set 方法展示了两个字段的相互作用。

```
public boolean set(int index, E element) {
    if (index<0 || index>=dataByIndex.size() || dataSet.contains(element))
        return false;
    E old = dataByIndex.set(index, element);    ❶ 返回此索引上之前的对象
    dataSet.remove(old);
    dataSet.add(element);
    return true;
}
```

4.11　扩展阅读

我不认为你可以找到完全致力于讲解内存节省技术的图书。把更多的数据挤到更小的空间里，通常会导致烦琐的编码和晦涩的程序，比如 Memory4 版本。在大多数情况下，代码的清晰度要比内存珍贵得多。

要想在保持代码可读性的同时限制内存消耗，可以做的是选择更节省空间的数据结构，就像在 Memory1 版本中从 `HashSet` 切换到 `ArrayList` 时那样。要想了解更多关于标准算法和数据结构的时间和空间复杂度，请查看 3.10 节提到的教材。

你可以在以下图书中找到更多有用的建议。

❑ Scott Oaks 的《Java 性能权威指南》[①]

　　在众多提升性能的技术中，这本书用一整章篇幅介绍了内存最佳实践，包括定位哪些对象占用最多内存的工具和各种节省内存的技巧。

❑ E. White 的 *Making Embedded Systems*

　　这本书中的"Doing More with Less"一章包含了在嵌入式编程中节省内存的有效建议，重点是缩小程序的代码段和数据段。

---

① 该书已由人民邮电出版社出版，详见 *ituring.cn/book/1445*。——编者注

第 5 章

有自我意识的代码：通过监控实现可靠性 5

本章内容

❑ 以契约的形式编写方法规范

❑ 在运行时执行契约

❑ 使用断言

❑ 使用轻量的类不变式检查，代替后置条件检查

软件可靠性是指系统在各种运行条件下按照预期运行的能力。本章将讨论可用来防止或暴露程序异常行为的主要编程技术。但首先要讨论如何**定义**软件的预期行为，也就是其**规范**。按照本书的结构，我们将重点关注单个类（例如 Container 类）的行为。**契约式设计**是一种主流的用于组织面向对象程序和其中的类规范的方法。

5.1 契约式设计

通俗地说，契约是一个协议，各方都需要遵守其中的义务，以换取一些收益。实际上，一方的义务就是另一方的收益。例如，手机套餐是运营商和手机用户之间的契约。运营商有义务提供电话服务，而手机用户有义务为此付费，因此，双方都可以从对方的义务中受益。

契约式设计方法论建议将契约应用到软件产品上，尤其是单个方法级别。一个方法的契约包括**前置条件**和**后置条件**，可能还包括**惩罚**。

5.1.1 前置条件和后置条件

前置条件说明了方法能够正确运行的要求。它描述了针对方法参数和对象的当前状态（对于一个实例方法），哪些值是有效的。例如，计算平方根方法的前置条件可能会声明它的参数必须是非负值。

遵守被调用方法的前置条件是调用者的责任。与普通的契约类似，遵守前置条件是调用者的义务，也是被调用者的收益。方法本身可以被动地假设前置条件成立，或主动检查前置条件是否

满足，并做出相应的反应。

　　前置条件应该只包括调用者能完全控制的属性。假如一个方法接收文件名作为参数并打开该文件，它不能在前置条件中要求该文件必须存在，因为调用者无法完全确保文件存在（另一个进程可以随时删除该文件）。在这种情况下，该方法仍然可以抛出一个异常，但该异常属于**检查型异常**（checked exception），强制调用者处理它。

　　相反，后置条件说明了方法的效果，并描述了它的返回值和对任何对象状态的所有修改。在大多数设计良好的类中，修改应该仅限于当前对象，但情况并非总是如此。例如，水容器示例中的 connectTo 方法必须修改多个水容器才能达到预期效果。

纯方法和副作用

　　如果一个方法唯一的效果是返回一个值，则称其为**纯方法**（pure method）。任何其他的效果，比如在屏幕上打印或者更新一个实例字段，都被称为副作用。以相同的参数调用两次纯方法会返回相同的结果，这种特性被称为**引用透明性**（referential transparency）。（回想一下，当前对象是实例方法的隐式输入。）函数式编程语言（如 Haskell 或 Scheme）是基于纯函数和引用透明性的概念设计的。然而，任何有实际意义的程序最终都必须与其运行时环境进行交互，因此函数式编程语言将这些必要的副作用包装到特别标识的模块中。

　　后置条件还应该指定当调用者违反前置条件时会发生什么，即**惩罚**。在 Java 中，典型的惩罚包括抛出一个非检查型异常（unchecked exception）。图 5-1 是一个实例方法契约的图形化描述。

5

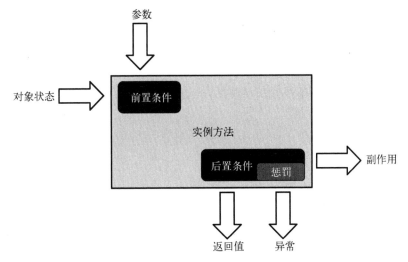

图 5-1　一个实例方法契约的高层结构。除了方法返回值之外的所有效果都称为副作用

小测验 1：抛出一个检查型异常作为惩罚有什么问题吗？

例如，下面是 java.util.Iterator 接口中 next 方法的契约。

(1) **前置条件**：迭代器还没有到达末尾。也就是说，调用 hasNext 方法应该返回 true。

(2) **后置条件**：返回迭代中的下一个元素，并将迭代器前进一个位置。

(3) **惩罚**：如果违反了前置条件，该方法会抛出 NoSuchElementException（一个非检查型异常）。

当迭代器已经到达末尾时，调用 next 方法就会违反前置条件，并且这是一个客户端错误（错误发生在 next 方法外部）。相反，如果 next 方法的内部实现没有使迭代器前进到下一个元素，则违反了后置条件。在这种情况下，错误发生在方法本身内部。

图 5-2 描述了和契约相关各个部分的详细数据依赖关系。前置条件决定了在方法调用前参数的有效值和当前对象的有效状态。这就是有两个箭头指向"前置条件"框的原因。例如，Iterator::next 方法的前置条件只包括迭代器的状态，因为该方法不接收任何参数。

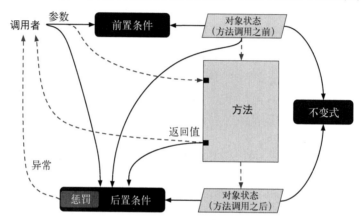

图 5-2   实例方法契约的详细结构。实线箭头代表与契约相关的数据依赖关系（契约所涉及的内容），虚线箭头是与契约无关的标准运行时交互（运行时实际发生的）

因为后置条件描述了方法造成的所有修改，所以会涉及以下数据。

❑ 返回值（方法的主要效果）。

❑ 对象的旧状态和新状态：旧状态作为一个可以影响方法行为的输入，新状态是方法的另一个效果。

❑ 方法的参数值，作为输入。

❑ 全局对象或静态方法产生的其他副作用，例如调用 System.out.println 方法。

图 5-2 省略了最后一种情况，并将其他情况表示为指向"后置条件"框的箭头。例如 Iterator::next 方法的契约"它返回下一个元素，并使迭代器前进一个位置"中，后置条件显式地包含了返回值，并且隐式地包含了迭代器的旧状态和新状态。

5.1.2   不变式

除了方法契约，类还可以有相关的**不变式**（invariant）。不变式是一个关于类字段的永远为真的条件，除非对象当时正在发生变化（正在调用类的一个方法）。

不变式是**静态一致性规则**：它们指的是对象在某个时刻的状态。后置条件则是**动态一致性规则**，因为它们会比较对象在方法调用前后的状态。

顾名思义，不变式必须在方法调用前后都成立。因此，在图 5-2 中，对象的新旧状态都有箭头指向不变式方框。

通过构造函数创建的每个对象的初始状态必须满足不变式，并且所有的公有方法都有责任维护不变式。私有方法没有这个责任，因为它们的作用是支持公有方法。因此，当一个私有实例方法运行时，通常是被某些正在运行的公有实例方法调用（直接或间接地）的。因为当前对象可能正在发生变化，所以私有方法可能会发现它处于一个违反不变式的中间状态，也可能让它处于一个不一致的状态。只有当公有方法执行结束时，对象的状态才必须重新保持一致，不变式才必须恢复正常。

5.1.3 正确性和稳健性

软件的可靠性可以细分为两种软件质量：正确性和稳健性。它们之间的区别取决于系统运行所在的不同环境。当评估正确性时，假设系统处于**名义**环境中，即一个满足系统期望的环境。在这样一个友好的环境中，方法的前置条件得到满足，外部输入及时且格式正确，系统需要的所有资源都是可用的。如果一个系统是正确的，那么它在所有的友好环境中都能按预期运行。

原则上，正确性是一个布尔属性：要么成立，要么不成立。部分正确没有太大意义。然而，设计出完全正确和完全遵守规范的程序通常是不切实际的。一旦规范变得模糊，正确性也会变得模糊。在水容器这个小并且受控的示例中，我们将定义清晰的规范，并确保类正确地满足了这些规范。然后，我们将探索一些技术来最大化对正确性的**信心**。在真实的场景中，你不会像我写本书时一样，花几个月的时间在一个类上。这时候，这些技术将会十分有用。

与此相对，稳健性关于系统在异常或意外环境下的行为。典型的情况包括主机的内存或磁盘空间不足，外部输入的格式错误或超出有效范围，调用方法时违反了前置条件，等等。稳健的系统应该在这些情况下做出**优雅**的反应，而关于如何定义优雅，则在很大程度上取决于具体情况。

例如，如果一个关键的资源不可用，程序就可能会稍作等待，然后再次尝试请求该资源，当重试几次都失败后，才会放弃并终止。一般来说，如果问题一直存在，终止是唯一的方案，那么程序应该清楚地告知用户问题的性质。此外，程序应该努力地将数据损坏降到最低，以便用户以后能尽可能顺利地恢复任务。

小测验 2：一个程序在纸上打印输出，如果打印机没纸了，那么它可以有哪些优雅的反应？

图 5-3 总结了可靠性包含的两种软件质量、之前讨论的各种类型的规范以及本章和下一章将使用的三种编程技术之间的关系。

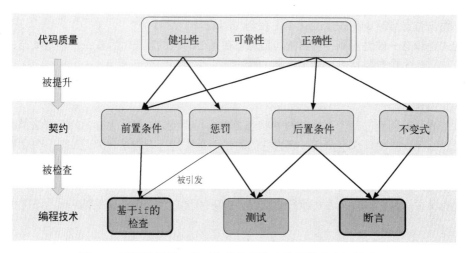

图 5-3　可靠性属性、基于契约的规范和编程技术之间的关系

正确性的定义是针对契约的，包括前置条件和后置条件，还可能包括一组类不变式。惩罚与正确性没有直接关系，因为它只有在调用者违反前置条件时才会发生。因此，这是一个稳健性问题。

以下三种编程技术有助于契约的实施和执行。

- 基于 if 的普通检查确保调用者以正确的方式调用方法，遵守其前置条件，否则就会引发相应的惩罚。
- Java 中的断言（assert）语句对于检查后置条件和不变式非常有用，特别是在对安全要求较高的软件中。
- 最后，测试会提升你对软件可靠性的信心，主要是通过检查后置条件和触发惩罚。

本章和下一章将深入探讨每种技术的最佳实践。目前，请注意前两项是软件正常运行期间进行的**监控**技术。而测试则是在程序运行前进行的，并且与程序的运行过程是分开的。

5.1.4　检查契约

许多编程错误与违反方法的前置条件有关。为了尽早暴露这些问题，方法应该在运行时首先检查它们的前置条件，如果不满足就抛出一个合适的异常。这有时被称为**防御性编程**（defensive programming）。为此，通常使用以下两个标准的异常类。

- IllegalArgumentException：参数值违反了前置条件。
- IllegalStateException：当前对象的当前状态与被调用的实例方法或参数值不兼容。例如，试图读取一个已经关闭的文件，会抛出这个异常。

断言是一种相关但更具体的检查机制，使用以下形式来声明。

```
assert condition : "Error message!";
```

当执行时,该行代码评估布尔条件(即 condition)。如果条件为假,则抛出一个 AssertionError 异常。错误信息字符串被传递到抛出的异常中,如果异常没有被捕获,则该错误信息字符串将被打印出来。换句话说,这个断言和下面的语句很相似。

```
if (!condition) {
    throw new AssertionError("Error message!");
}
```

目前来看,断言看起来就像基于 if 的常规检查的简化版(也就是**语法糖**)。然而,两者有一个关键的区别:默认情况下,**JVM 不执行断言**。必须使用-ea 命令行选项或通过相应的 IDE 设置来显式激活它们。当关闭断言时,程序不会因为计算相应的布尔条件而产生性能开销。

基于 if 的标准检查总会被执行,但如果使用断言代替基于 if 的检查,就可以在每次执行时开启或关闭它。通常的做法是在开发过程中开启断言,然后在生产环境中恢复到默认的关闭状态。似乎断言在所有方面都更好:它们更简洁,而且能受到更多的控制。是否应该为所有的运行时错误检查使用断言呢?事实证明,在某些情况下断言带来的灵活性反而变成了一种负担。在这些情况下,你希望某些检查一直生效,甚至在生产环境中也是如此。

C#断言

C#的断言与 Java 的断言有两点不同。首先,C#中是通过调用静态方法 Debug.Assert 和 Trace.Assert 来实现断言的。其次,C#中控制断言的执行是在编译时而不是运行时。编译器在 release 模式下编译程序时,会忽略对 Debug.Assert 的调用,而它总是会编译和执行对 Trace.Assert 的调用。

契约式设计提供了一个简单的准则来确定哪些检查应始终开启。

❑ 公有方法的前置条件检查应该始终开启,所以应该对它们使用基于 if 的常规检查。

❑ 所有其他的检查应该只在开发过程中开启,包括后置条件和不变式检查,以及对非公有方法的前置条件检查。这时候应该使用断言。

理由如下。违反前置条件是因为调用者不遵守方法契约。违反后置条件或不变式则是因为类本身的问题。考虑以下关键假设:

开发和测试可以确保所有的单个类都没有内部问题。

所谓**内部问题**,指的是即使类的使用者遵守契约中的所有规范也会出现的 bug。目前,先按字面意思来理解这个假设,稍后会讨论它的合理性。如果前面的假设成立,那么程序出现行为不正确的唯一原因就是一个类误用了另一个类。在一个封装性良好的系统中,这种情况只能通过调用公有方法产生。因此,为了暴露这些错误,检查公有方法的前置条件就足够了,而且应该一直开启。请注意,在运行时检查前置条件并不能修复这个问题,只可以在执行期间尽早暴露问题,这样就可以更准确地描述根本原因。

"没有内部问题"的假设合理吗?这最终取决于开发过程的质量和投入。质量和投入越高,这个假设越有可能成立。所谓开发过程的质量，指开发人员是否遵守行业的最佳实践。投入（或称工作量）指的是开发和（尤其是）测试每个类投入的总人数和时间。例如，你只能期望小粒度的类完全没有内部问题。这是有道理的，编写小粒度的类是面向对象程序设计中重要的最佳实践之一。

5.1.5　更广泛的情况

图 5-4 将本章和下一章介绍的技术延伸到一个更广阔的视角中。本书重点关注每一个程序员在日常工作中都可以使用的编程风格和技术。除此以外，至少还有两种类型的措施可以促进软件质量的总体提高，特别是可靠性的提高。

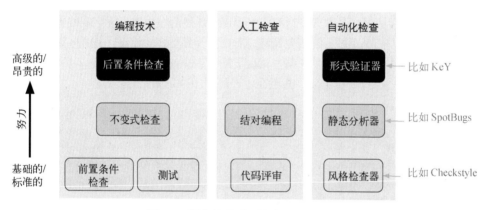

图 5-4　提高软件质量技术的广阔视角

首先是人工监督：让另一个开发同事检查你的代码，并根据公司的标准进行评估。可以定期地进行代码评审，也可以让两个同事持续地进行互动，这种做法被称为**结对编程**（pair programming）。

其次，一些软件工具可以自动检查各种代码质量，这是对编译器执行检查的很好补充。可以按照从基本到高级的顺序，把这类工具大致分为三类。

- **风格检查器**：这些工具只是对代码的可读性和风格统一性进行相对简单的检查（在第 7 章中讨论）。反过来，这些质量也间接地提高了可靠性和可维护性。

  示例功能：检查缩进是否正确和统一（每个嵌套层级的额外空格数相同）。

  示例工具：Checkstyle
- **静态分析器**：这些工具能够执行类似于编译器在类型检查阶段进行的语义分析。风格检查器和静态分析器也被称为 linter。

  示例功能：检查一个匿名类是否包含一个不可调用的方法（没有重写另一个方法，并且该类的其他方法也没有调用它）。

  示例工具：SpotBugs 和 SonarQube

❏ **形式验证器**：这些工具大多诞生于学术研究，它们对程序的理解比典型的编译器更深入。也就是说，它们可以模拟程序在所有可能输入的执行，这个过程被称为**符号执行**（symbolic execution）。

示例功能：检查一个整型变量是否可以是负值[1]。

示例工具：KeY

通常，如何选择适合手头任务的一套质量实践和工具取决于公司的业务。开发电子游戏与开发军事或医疗保健客户端的需求是截然不同的。现在，让我们回到通用的场景，专注于提高单个代码单元的可靠性，甚至在你的程序员同事或工具有机会审查它们之前做到。

5.2 基于契约设计水容器

你已经做好准备好将契约式设计准则应用于水容器及其 Reference 版本的实现了。但首先要明确水容器方法的契约（如表 5-1 所示）。表 5-1 没有包含构造函数，因为它的契约只是简单地说明它会创建一个空容器。

表 5-1 `Container` 类的方法契约

方 法	前置条件	后置条件	惩 罚
getAmount	无	返回当前容器的当前水量	无
connectTo	参数不为 null	合并两组容器并重新分配水量	NPE[†]
addWater	如果参数为负值，那么容器组中必须有足够的水量	在容器组的所有容器中重新分配水量	IAE[‡]

† NPE 是 `NullPointerException` 的缩写。
‡ IAE 是 `IllegalArgumentException` 的缩写。

如表 5-1 所示，契约只是一种用来表示方法预期行为，明确区分假设和保证的结构化方式。与第 1 章提供的方法描述相比，这些契约增加了对前置条件和相应惩罚的描述。

❏ `connectTo` 方法要求它的参数不能为 null，否则会抛出 `NullPointerException`（NPE）异常。

❏ 当参数为负值时，比如-x，`addWater` 方法要求与该容器相连接的所有容器的总水量至少为 x，否则会抛出 `IllegalArgumentException`（IAE）异常。

上面抛出的是两个标准的异常类，它们都是非检查型异常，并且是 `RuntimeException` 的子类。

要求参数不为 null 的前置条件是很常见的，关于在这种情况下使用哪种异常也比较难判断。以下是对这个问题的一些说明。

---

① 从技术上讲，这个属性是无法确定的。形式验证器将**试图**证明或反驳它，但并不保证能成功。

NullPointerException 与 IllegalArgumentException

当方法接收到一个无效的 null 参数时，应该抛出 NPE 还是 IAE 呢？在 Stack Overflow 上有很多这样的问题和答案，著名的 *Effective Java* 一书也讨论了该问题。应该赞美一下程序员追求细节的品质。

以下是支持这两个答案的主要论点。支持 NPE 的论点如下。

❑ 它直接说明了实际是什么值导致了问题。

支持 IAE 的论点如下。

❑ 它直接说明了这是违反前置条件导致的。

❑ 它可以和 JVM 生成的 NPE 进行明确区分。

虽然支持 IAE 的论点更有说服力，但人们通常还是倾向于抛出 NPE，权威的 *Effective Java* 一书中也倾向于这样做（见第 3 版第 72 条）。以下是 Objects 类的工具方法。

```
public static Object requireNonNull(Object x)
public static Object requireNonNull(Object x, String message)
```

如果 x 为空，那么这两个方法会抛出一个 NPE，否则返回 x 本身。它们一直是 Java 7 版本之后强制执行非空参数校验的推荐方法。

接下来，考虑类的不变式。理想情况下，不变式应该准确地描述对象的哪些状态与契约一致。具体来说，不变式应该说明在一系列有效操作之后，我们可以获得字段的哪些值。对于水容器的 Reference 版本实现来说，包含以下不变式。

❑ I1：每个容器的 amount 字段均为非负值。

❑ I2：每个容器都只属于一个组。

❑ I3：每个容器的 group 字段都不为 null，并且都指向一个包含 this 的组。

❑ I4：同一组中的所有容器有相同的 amount 值。

考虑这些不变式与表 5-1 中契约的关系。不变式 I1 是很直观的：一个容器的水量不能为负数。addWater 方法的前置条件负责保护该不变式不受外部破坏（试图将水量降低到零以下）。不变式 I2 和 I3 和容器组形成策略有关：它们都从一个容器开始，然后两两进行合并。构造函数创建对象时保证了这些不变式，而 connectTo 方法必须正确地合并容器组来维护它们。最后，不变式 I4 说明了容器组和水量之间的关系。addWater 方法和 connectTo 方法有责任维护它，正如它们的后置条件表达的那样。

验证这四个不变式（I1 到 I4）是否完整是一个有趣的练习。也就是说，通过合理地调用构造函数和方法，可以从零开始创建任意地满足这些不变式的容器。此外，删除四个不变式中的任何一个都会使这个特性失效[①]。

---

① 例如，如果去掉不变式 I1，就会允许一个孤立的、水量为负数的容器存在。你无法通过调用有效的构造函数和方法来得到这种场景。

小测验 3："将零值传参给 addWater 方法不会改变任何容器"是一个 Container 类的有效不变式吗？

现在我们已经清楚地列出了契约和不变式，可以用它们来提高 Reference 版本的正确性和稳健性。前置条件和后置条件的使用方式非常清晰：根据前面介绍的准则，在方法的开始和结束时，使用基于 if 的检查或断言来检查它们。关于不变式，我们需要弄清楚在什么时候检查它们，也就是多久检查一次，以及在程序的哪个时间点检查。回想一下，不变式应该在每个（公有）方法的开始和结束时成立。在一个极端情况下，我们可能会在所有这些时刻检查所有的不变式。在另一个极端情况下，我们可能会跳过所有的不变式检查，因为**适当地检查前置条件和后置条件能自动保证不变式成立**。后一种方法的缺点在于定义什么是适当的。事实上，下一节将完成 Container 类的一个实现版本（每个方法都会仔细检查它的前置条件和后置条件），你将发现完全执行这些检查非常棘手并且消耗性能。然后，5.4 节将用通常更容易实现的不变式检查代替后置条件检查。

本章中 Container 类的所有版本都和 Reference 版本有相同的字段，为方便起见，在此回顾一下。

```
public class Container {
    private Set<Container> group;    ❶ 和当前容器连接的所有容器
    private double amount;           ❷ 当前容器的水量
```

5.3 检查契约的容器（Contracts）

本节将开发一个每次调用方法都会同时检查前置条件和后置条件的 Container 类实现版本。

5.3.1 检查 addWater 方法的契约

我们从检查 addWater 方法的契约开始。你已经在表 5-1 中见过此契约，但是为了方便起见，这里回顾一下。

❑ **前置条件**：如果参数是负值，则该组中需要有足够的水。
❑ **后置条件**：将水平均分配给组中的所有容器。
❑ **惩罚**：抛出 IllegalArgumentException 异常。

该方法有一个简单的前置条件，你可以根据之前讨论的准则使用标准的 if 语句进行检查。

应该使用断言来检查后置条件，以便可以在生产环境中轻松地关闭这些检查。目前为止，对 addWater 方法后置条件的描述是很非常模糊的。"平均分配添加的水"具体是什么含义？显然，在方法结束时，组中的所有容器必须具有相同的水量。但是这还不够。整个组中的总水量应等于旧的总水量和新添加水量之和。要检查此特性，必须在方法开始执行时存储一些信息。然后在方法执行结束时使用它来比较对象的状态以正确的方式改变了。

这种情况下，建议将方法的执行分为以下四个步骤。

(1) 用普通的 if 检查前置条件。

(2) 将容器组的当前水量存储在某个临时变量中，稍后可用于检查后置条件。

(3) 执行实际的加水操作。

(4) 使用步骤(2)中存储的数据检查后置条件。

此外，请记住以下设计目标：当断言关闭时，不会有任何因检查后置条件带来的时间和空间成本。为实现该目标，仅在启用断言时才执行步骤(2)和步骤(4)。这（仅在启用断言时执行）对步骤(4)来说很容易：只需调用 postAddWater 方法作为断言的条件。但对步骤(2)来说比较棘手，因为它很难被自然地表示为断言。要将其转换为断言，可以将赋值操作包装为一个始终为真的虚拟比较（见代码清单 5-1）。在这种情况下，可以断言"旧容器组的水量为正值"。使用此技巧，即使禁用了断言，唯一的性能开销也只是在栈上分配 oldTotal 变量[①]。

小测验 4：如何做到仅当开启断言时才将一个布尔标志设置为 true？

代码清单 5-1 展示了将步骤(2)和步骤(4)委托给两种新的支持方法的可能实现。

代码清单 5-1 Contracts：addWater 方法

```
public void addWater(double amount) {
    double amountPerContainer = amount / group.size();
    if (this.amount + amountPerContainer < 0) {   ❶ 检查前置条件
        throw new IllegalArgumentException(
                "Not enough water to match the addWater request.");
    }
    double oldTotal = 0;                           ❷.⓿ 保存后置条件数据
    assert (oldTotal = groupAmount()) >= 0;        ❷.❶ 虚拟断言

    for (Container c: group) {   ❸ 实际的更新水量操作
        c.amount += amountPerContainer;
    }
    assert postAddWater(oldTotal, amount) :   ❹ 检查后置条件
                "addWater failed its postcondition!";
}
```

在代码清单 5-1 中，addWater 方法的实现将两个任务委托给了两个新的支持方法：groupAmount 方法计算一组容器中的水总量，postAddWater 方法则负责检查 addWater 方法的后置条件。groupAmount 方法的代码很简单，只是将当前组中所有容器 amount 字段的值相加，如代码清单 5-2 所示。

代码清单 5-2 Contracts：支持方法 groupAmount

```
private double groupAmount() {   ❶ 返回容器组中的总水量
    double total = 0;
    for (Container c: group) { total += c.amount; }
    return total;
}
```

[①] 如果你不喜欢虚拟断言的技巧，那么一个替代方案是在开启断言时将标志位设置为 true（关于如何设置，参考小测验 4），当断言关闭时，使用常规的 if 检查来跳过某些操作。

然后，`postAddWater` 方法将其任务分为两部分：首先，检查当前容器组中的所有容器是否有相同的水量；然后，检查容器组中的总水量是否等于旧水量加上新添加的水量。（代码清单 5-3 中的 `postAddWater` 方法是临时的，后面会有一个更好的实现版本。）

代码清单 5-3　Contracts：支持方法 `postAddWater`（临时版本）

```
private boolean postAddWater(double oldTotal, double addedAmount) {
    return isGroupBalanced() &&
            groupAmount() == oldTotal + addedAmount;   ❶ 双精度浮点数的精确比较
}

private boolean isGroupBalanced() {    ❷ 检查组中所有容器的水量相同
    for (Container x: group) {
        if (x.amount != amount) return false;
    }
    return true;
}
```

如你所见，检查后置条件比原始方法（不进行检查）需要更多的代码！这些大量的额外代码可能会让你认为，编写后置条件检查比编写原始方法更容易出错。那么这样做还有价值吗？如果检查只是简单地将方法执行的计算重复了一遍，则显然没有价值。但是，如果可以找到一种不同的方法（最好是更简单的方法）来检查结果是否正确，则两种不同的算法可以相互检查。即使你在编写后置条件检查的例行程序中犯了错，也可以加深你对正在编写的类的理解。

现在，在一个简单的示例上运行此版本的 `addWater` 方法，并开启断言，然后……程序出错了！虚拟机在 `addWater` 方法的后置条件检查中报告了错误。以下是导致断言失败的代码片段，你能发现问题所在吗？

```
Container a = new Container(), b = new Container(), c = new Container();
a.connectTo(b);
b.connectTo(c);
a.addWater(0.9);
```

问题出现在 `postAddWater` 方法中对两个双精度浮点数的比较（见代码清单 5-3）。如果你不经常使用浮点数，则很容易忘记它们的行为和想象中真实的数不一样。这将导致(*a*/*b*) * *b* 有时候不等于 *a*。

例如，数 0.9 在二进制中不能精确地表示。它的二进制展开（binary expansion）是周期性的，因此它将以一个近似值的方式存储。当你将其除以 3 并添加到三个容器中时，将执行更多的近似值计算。最后，当对组中每个容器的水量进行求和时，总水量会和预期略有不同。总而言之，你正在使用两种不同的方式计算容器组中的总水量，然后使用==进行比较。由于使用了近似值，等式两边将不会完全相等。详细的计算超出了本书的范围，但可以通过 5.10 节列出的资源了解更多细节。只要知道下面的结果就够了，在当前情况下，调用 `addWater` 方法后将获得以下结果。

期望的总水量：0.9
实际的总水量：0.899 999 999 999 999 9

这表明在对浮点数进行比较时，几乎应该始终允许一定的误差。允许误差的多少取决于你期望处理的数的范围。在本例中，假设水的单位是升，水容器组可以容纳几十或几百升水。这种情况下，可以安全地假设相差一滴水对结果影响不大，因此可以将误差设置为 0.0001 = 10^{-4} 升（大约等于一滴水）。于是有了如下改进版本的 postAddWater 方法（见代码清单 5-4）。

代码清单 5-4　Contracts：支持方法 postAddWater 和 almostEqual

```
private boolean postAddWater(double oldTotal, double addedAmount) {
    return isGroupBalanced() &&
            almostEqual(groupAmount(), oldTotal + addedAmount);
}

private static boolean almostEqual(double x, double y) {
    final double EPSILON = 1E-4;     ❶ 允许有舍入误差
    return Math.abs(x-y) < EPSILON;
}
```

小测验 5：如果将"非数字"（Double.NAN）传递给 addWater 方法，会发生什么呢？

5.3.2　检查 connectTo 方法的契约

接下来检查 connectTo 方法的契约。
- **前置条件**：参数不能为 null。
- **后置条件**：合并两组容器并重新分配水。
- **惩罚**：抛出 NullPointerException 异常。

这种前置条件（检查参数不为 null）非常普遍，因此 JDK 提供了标准的 Objects.require-NonNull(arg, msg) 静态方法来处理它。如前所述，如果 arg 为 null，该方法会抛出带有自定义错误消息的 NPE，否则将返回 arg 本身。

相反，适当地检查后置条件是一个巨大的挑战。首先将后置条件转换为一系列对实例字段执行的实际检查。在 connectTo(other) 方法调用结束时，将 this.group 指向的一组容器称为 G。后置条件要求以下特性成立。

(1) G 不为 null，它包含属于 this 和 other 这两个旧容器组的所有容器。

(2) G 中的所有容器必须通过其 group 引用指回 G。

(3) G 中的所有容器必须具有相同的 amount 值，等于两个旧容器组中的总水量除以 G 中的容器总数。

要检查特性(1)，需要在合并之前（即 connectTo 方法的开头）存储 this 和 other 的旧容器组。connectTo 方法可以修改这些容器组，因此需要存储这些容器组的副本。检查特性(2)事先不需要任何信息，要对其进行验证，只需遍历 G 中的所有容器并检查其 group 字段是否指回 G 就可以了。最后，检查特性(3)要求在合并之前知道 amount 字段的值，或者至少是所有连接到 this 或 other 的容器的 amount 字段的总和。总结一下，以下的信息只存在于合并之前，为了检查契约，需要存储：

❑ `this` 和 `other` 容器组的副本；

❑ 这些容器组中的总水量。

引入一个嵌套类 `ConnectPostData` 来保存这些信息，如代码清单 5-5 所示。

代码清单 5-5 Contracts：嵌套类 `ConnectPostData`

```
private static class ConnectPostData {   ❶ 保存后置条件检查需要使用的数据
    Set<Container> group1, group2;
    double amount1, amount2;
}
```

现在，可以按照与 `addWater` 方法相同的"四步结构"来编写 `connectTo` 方法代码的草稿版本。和之前一样，当关闭断言时，应尽量减少性能开销。在代码清单 5-6 中，即使禁用了断言，唯一存在的开销只有分配 `postData` 局部变量的代码（第五行）。通过把 `saveConnectPostData` 方法的调用嵌入始终为 `true` 的虚拟断言语句（第六行），可以实现此效果。

实际连接水容器的代码与 Reference 版本相同，因此出于可读性考虑，代码清单 5-6 中将其省略了。

代码清单 5-6 Contracts：`connectTo` 方法（有删减）

```
public void connectTo(Container other) {
    Objects.requireNonNull(other,         ❶ 检查前置条件
            "Cannot connect to a null container.");
    if (group==other.group) return;

    ConnectPostData postData = null;   ❷ 准备后置条件检查需要的数据
    assert (postData = saveConnectPostData(other)) != null;   ❸ 虚拟断言

    ...   ❹ 此处省略实际操作的代码（和 Reference 版本相同）

    assert postConnect(postData) :   ❺ 检查后置条件
            "connectTo failed its postcondition!";
}
```

`saveConnectPostData` 和 `postConnect` 方法分别存储所需的信息，并使用该信息检查后置条件是否成立。它们的具体代码如代码清单 5-7 所示。

代码清单 5-7 Contracts：`saveConnectPostData` 方法和 `postConnect` 方法

```
private ConnectPostData saveConnectPostData(Container other) {
    ConnectPostData data = new ConnectPostData();
    data.group1 = new HashSet<>(group);   ❶ 浅复制
    data.group2 = new HashSet<>(other.group);
    data.amount1 = amount;
    data.amount2 = other.amount;
    return data;
}
private boolean postConnect(ConnectPostData postData) {
    return areGroupMembersCorrect(postData)
        && isGroupAmountCorrect(postData)
```

```
        && isGroupBalanced()
        && isGroupConsistent();
}
```

为了提高可读性，`postConnect` 方法将其任务委托给四个不同的方法，表 5-2 列出了它们的作用。

表 5-2　用于检查 `connectTo` 方法后置条件的四个方法

方　法	检查的特性
areGroupMembersCorrect	新容器组是两个旧容器组的并集
isGroupConsistent	新容器组中的每个容器都指回该组
isGroupAmountCorrect	新容器组中的总水量和旧容器组中的总水量相等
isGroupBalanced	新容器组中的所有容器都有相同的水量

你之前已经看过 `isGroupBalanced` 方法的代码（见代码清单 5-3）。快速查看代码，以检查旧的容器组是否已正确合并（见代码清单 5-8）。它首先检查新容器组是否包含两个旧容器组（第二和第三行代码）中的所有容器。为了确保新容器组不包含任何**额外容器**[①]，它检查新容器组的大小是否等于两个旧容器组的大小之和（第四行代码）。

代码清单 5-8　Contracts：支持方法 `areGroupMembersCorrect`

```
private boolean areGroupMembersCorrect(ConnectPostData postData) {
    return group.containsAll(postData.group1)
        && group.containsAll(postData.group2)
        && group.size() == postData.group1.size() +
                           postData.group2.size();
}
```

自动检查契约

本书将契约作为一种"围绕明确定义的 API 来构建程序设计"的方法。某些编程语言和工具允许使用一种专门语言（ad-hoc language）正式定义契约，并让专用工具来静态（在编译时）或动态（在运行时）地自动检查契约，从而将这一概念进一步加强。

例如，Eiffel 编程语言通过 require 和 ensure 语句支持前置条件和后置条件。毫不奇怪，Eiffel 语言的发明者 Bertrand Meyer 同时是契约式设计方法论的提出者。该语言甚至允许后置条件在当前方法的入口中访问一个字段的旧值。然后，你可以指示编译器将这些契约注解翻译成运行时检查。

Java 原生不支持契约，但是有几种工具试图填补这一空缺，例如 KeY 和 Krakatoa。两者都支持用 Java 建模语言编写的规范，并提供半自动静态契约验证。

① 你或许认为检查大小是多余的。的确，如果所有容器在调用 `connectTo` 方法之前都遵守不变式，那么 `connectTo` 方法就不可能会连接到任何不属于被合并的两个组中的容器。即使代码实现有错误，也只会产生一个更小的新组，而不是一个更大的组。

5.4 检查不变式的容器（Invariants）

上一节展示了正确地检查后置条件可能有多么复杂。一个简单的替代方案是定期地检查不变式。回顾一下本章前面为 Reference 版本实现定义的不变式。

❏ I1：每个容器的 amount 字段均为非负值。

❏ I2：每个容器都只属于一个组。

❏ I3：每个容器的 group 字段都不为 null，并且都指向一个包含 this 的组。

❏ I4：同一组中的所有容器有相同的 amount 值。

如果类的代码实现是正确的，并且其客户端以正确的方式使用它（也就是说，遵守所有方法的前置条件），那么所有的后置条件和不变式都会成立。如果方法的代码实现中有错误，那么该错误可能导致后置条件不成立。违反后置条件也可能会反过来破坏不变式。假设客户端遵守了前置条件，但违反了后置条件，就可能会导致破坏任意不变式。但是，违反后置条件不一定会破坏不变式。

例如，假设 addWater 方法包含以下错误：当要求添加 x 升水时，它仅添加了 $x/2$ 升。执行该方法后，所有对象的状态都是有效的，所以此实现可以通过所有的不变式检查。这是因为不变式是**静态一致性规则**，仅检查对象的当前状态。另外，它无法通过 Contracts 版本执行的后置条件检查。

简而言之，像上一节中那样检查后置条件通常更安全，但也更昂贵。相反，检查不变式则比较容易，但会有一些风险：某些编程错误会被后置条件检查捕获，却能通过不变式检查。

什么时候可以使用不变式检查呢？如我所说，原则上可以在所有方法的开始和结尾处以及所有构造函数的结尾处检查不变式。虽然难以置信，但这是一个适用于所有场景的标准解决方案。另外，你可能希望检查的粒度更细一些，重点检查那些真正可能破坏不变式的方法，以避免不必要的检查开销。

假设构造函数在初始化时能保证所有的不变式成立。Reference 版本的构造函数非常简单，可以轻松地保证这一点。那么哪些方法可以破坏不变式呢？不变式和对象的状态相关，所以只有那些会修改字段值的方法才有可能破坏不变式。

让我们研究一下 Reference 版本的三个公有方法。

❏ getAmount 方法显然是只读的，因此不能破坏任何不变式。

❏ addWater 方法修改了 amount 字段，因此理论上可以破坏所有受它影响容器的 I1 和 I4 不变式。

❏ 最后，connectTo 方法是最关键的方法，因为它修改了多个容器的两个字段（amount 和 group）。如果代码实现不正确，则可能会破坏多个容器的所有不变式。

表 5-3 总结了这些研究结果。

表 5-3　每个方法修改的字段和可能破坏的不变式

方　法	修改的字段	可能破坏的不变式
getAmount	无	无
connectTo	amount 和 group	I1、I2、I3 和 I4
addWater	amount	I1 和 I4

可以只**在可能破坏不变式的方法结尾处**检查不变式，以避免不必要的检查。我们将使用断言来执行这些检查，本质上是将不变式视为方法的后置条件。从某种意义上讲，这种简化是安全的，因为可以将违反不变式归咎于那些可能破坏不变式的方法。事实上，由于对象的初始状态满足不变式，并且对象被正确地封装（即私有变量），因此只有公有方法才能破坏它。一旦某个公有方法发生错误，其中的断言就会失败，你就能发现该错误。

根据表 5-3，我们可以专注于检查 connectTo 和 addWater 方法。这两个方法都会修改多个对象的状态，因此应该检查受它们影响的所有对象的不变式。这对于 connectTo 方法来说尤为困难：根据契约，像 a.connectTo(b) 这样的调用会修改连接到 a 或 b 的所有容器的状态（方法开头）。但是，在检查不变式时（方法末尾），我们并不知道之前有哪些容器连接到 a 或 b，除非默认相信方法本身是正确的。

5.4.1　检查 connectTo 方法的不变式

如前所述，在 connectTo 方法的末尾处，可以使用两种方式来检查不变式。

(1) 方法开始时，保存 this 和 other 字段的当前值（即保存副本），以便随后可以适当地检查所有受影响对象的不变式。

(2) 仅检查方法结束时返回的单个组中所有对象的状态。

第一种方式更安全，但和上一节中检查 connectTo 方法的后置条件类似，它需要完成大量的工作。我建议改用第二种方式，因为它更实用，并且部分信任该方法。它假设"将两个事先存在的组合并为一个组"的实现是正确的，并检查不变式中包括的所有其他特性。

最终实现如代码清单 5-9 所示，检查不变式的任务被委托给私有支持方法。代码清单 5-9 中省略了 connectTo 方法的核心代码，因为它与 Reference 版本完全相同。

代码清单 5-9　Invariants：connectTo 方法（有删减）和它的支持方法

```
public void connectTo(Container other) {
    Objects.requireNonNull(other,            ❶ 检查前置条件
                    "Cannot connect to a null container.");

    ...   ❷ 此处省略实际操作的代码（和 Reference 版本相同）

    assert invariantsArePreservedByConnectTo(other) :
        "connectTo broke an invariant!";               ❸ 检查不变式
}
```

```
private boolean invariantsArePreservedByConnectTo(Container other) {
    return group == other.group &&
            isGroupNonNegative() &&
            isGroupBalanced() &&
            isGroupConsistent();
}
```

如果采用第二种方式，不必在 connectTo 方法的开始处保存任何对象的状态。只需要检查前置条件（第二行代码），执行连接操作（与 Reference 版本相同），最后检查（简化的）不变式（assert 代码行）。

检查不变式涉及另外三个支持方法。上一节已经介绍了 isGroupBalanced 方法的实现（检查不变式 I4）。代码清单 5-10 展示了其他两个支持方法的具体实现。

代码清单 5-10　Invariants：不变式检查的两个支持方法

```
private boolean isGroupNonNegative() {    ❶ 检查不变式 I1
    for (Container x: group) {
        if (x.amount < 0) return false;
    }
    return true;
}
private boolean isGroupConsistent() {     ❷ 检查不变式 I2 和 I3
    for (Container x: group) {
        if (x.group != group) return false;
    }
    return true;
}
```

我们并没有检查所有的不变式，请思考图 5-5 所示的场景。在图 5-5 左图（合并之前）中，三个容器分为两组：a 是孤立的，b 和 c 是连接的。在本例中，我们不关心水量，假设所有容器的水量都相同。此时，所有的不变式都成立。

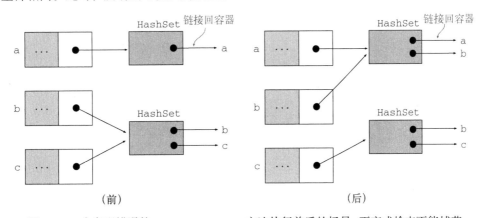

图 5-5　一个实现错误的 a.connectTo(b) 方法执行前后的场景。不变式检查不能捕获此类错误。不考虑水量相关的不变式

现在，假设 a.connectTo(b) 的代码实现是错误的，并且会导致图 5-5 右图（合并之后）所示的情况。该实现没有将所有容器合并到一个组，而是将 a 的组更新为包含 a 和 b，b 指向这个新的组。同时，容器 c 及其组保持不变。结果，容器 c 仍然"相信"它属于一个包括 b 和 c 的组。

该错误破坏了不变式 I2，因为 b 同时属于两个不同的组，但不变式检查却无法发现该问题。实际上，前面介绍的第二种方式，只会检查"所连接的两个容器（a 和 b）指向同一组"和"该组中所有容器的 group 字段实际都指向本组"（方法 isGroupConsistent）。

如果选择采用第一种方式而不是第二种方式，则能够检查出图 5-5 所示的错误。此外，Contracts 版本可以检查出后置条件不成立。

5.4.2   检查 addWater 方法的不变式

检查 addWater 方法的不变式和检查 connectTo 方法的不变式有相同的实现方式。正如之前所讨论并在表 5-3 中所总结的，检查不变式 I1 和 I4 就足够了，因为 addWater 方法只可能破坏这两个不变式。

如代码清单 5-11 所示，不变式检查被委托给其私有支持方法，该方法调用上面几节中已经介绍的另外两个方法。

代码清单 5-11   Invariants：addWater 方法和它的支持方法

```
public void addWater(double amount) {
    double amountPerContainer = amount / group.size();

    if (this.amount + amountPerContainer < 0) {     ❶ 检查前置条件
        throw new IllegalArgumentException(
            "Not enough water to match the addWater request.");
    }
    for (Container c: group) {
        c.amount += amountPerContainer;
    }
    assert invariantsArePreservedByAddWater() :     ❷ 检查不变式
        "addWater broke an invariant!";
}

private boolean invariantsArePreservedByAddWater() {
    return isGroupNonNegative() && isGroupBalanced();
}
```

5.5   来点儿新鲜的

让我们将本章使用的技术应用到另一个更"精练"的示例（不涉及水）。思考一个表示有界且有序（维护元素的插入顺序）set 的类 BoundedSet<T>。详细地说，BoundedSet 类在初始化时就确定了一个固定的最大大小，称为**容量**。该类包含以下方法。

❑ `void add(T elem)`：将指定元素添加到有界集。如果添加操作使 set 大小超出其容量，则删除其中**最旧**的元素（最先插入的元素）。添加已经属于该 set 的元素会对其进行更新（也就是说，该元素会成为 set 中最新的元素）。

❑ `boolean contains(T elem)`：检查有界集是否包含指定元素，如果有则返回 `true`。

这种类型的功能在程序需要保存少量且频繁使用的数据（例如一个高速缓存）时很常见。具体示例包括许多程序的"打开最近文件"菜单或 Windows 开始菜单的"最近使用的程序"功能。

5.5.1 契约

实现可靠性的第一步包括更详细地描述方法契约，清楚地区分前置条件和后置条件。在 `BoundedSet` 示例中，几乎没有什么需要特别说明的，因为这两个方法都没有前置条件：可以接收任何参数（`null` 除外）。以下是 add 方法的契约。

❑ **前置条件**：参数不为 `null`。

❑ **后置条件**：将指定元素添加到有界集。如果添加操作使 set 大小超出其容量，则删除其中最旧的元素（最先插入的元素）。添加已经属于该 set 的元素会对其进行更新（也就是说，该元素会成为 set 中最新的元素）。

❑ **惩罚**：抛出 `NullPointerException` 异常。

对于 `contains` 方法，可能需要在后置条件中明确声明此方法不会修改该 set。

❑ **前置条件**：参数不为 `null`。

❑ **后置条件**：如果有界集包含指定元素，则返回 `true`。并且不会修改此有界集。

❑ **惩罚**：抛出 `NullPointerException` 异常。

5.5.2 一个基线版本实现

在主动检查这些契约之前，先编写 `BoundedSet` 类的一个简单实现版本。这样可以更清楚地看到这些检查带来的成本。首先，链表是有界集内部表示的一个方便选择，因为它可以维护元素插入的顺序（根据插入时间），并可以使用专门的方法 `removeFirst` 有效地删除最旧的元素。但是，这并不意味着有界集的插入操作满足常数时间。要更新（renew）一个已经存在的元素，需要遍历 set，从当前位置删除该元素，然后将其添加到 set 的最前面，这需要花费线性时间。

该类的基本结构如下所示。

```
public class BoundedSet<T> {
    private final LinkedList<T> data;
    private final int capacity;

    public BoundedSet(int capacity){      ❶ 构造函数
        this.data = new LinkedList<>();
        this.capacity = capcity;
    }
```

类的两个方法如下所示。如你所见，使用链表可以快速编写一个非常简单的实现，但性能不佳（这是本书讨论的典型权衡之一）。

```
public void add(T elem) {
    if (elem==null) {
        throw new NullPointerException();
    }
    data.remove(elem);      ❶ 如果已存在，则删除该元素
    if (data.size() == capacity) {
        data.removeFirst();    ❷ 如果 set 满了，则删除最先插入的元素
    }
    data.addLast(elem);    ❸ 添加元素，会让其成为最新的元素
}
public boolean contains(T elem) {
    return data.contains(elem);
}
```

5.5.3　检查契约

和在水容器示例中所做的一样，我们设计一个 BoundedSet 类的更好实现（其方法会主动检查契约）。

思考一下 add 方法的后置条件，这是两个契约中最有趣的部分。由于 add 方法会以特定方式大量修改有界集的状态，强化的 add 方法需要先对有界集的当前状态进行备份。在 add 方法结束时，一个私有支持方法会比较这个有界集的当前状态和 add 方法开始时的原始状态，并检查方法是否根据契约正确地修改了状态。

推荐使用**副本构造函数**（copy constructor，即一个构造函数接收同一个类的另一个对象作为参数）[①]来复制一个类。利用副本构造函数可以轻松地实现 BoundedSet 类的复制。

```
public BoundedSet(BoundedSet<T> other) {     ❶ 副本构造函数
    data = new LinkedList<>(other.data);
    capacity = other.capacity;
}
```

正如在水容器示例中所讨论的，应该确保只在断言开启时才需要执行后置条件检查，包括初始副本。和之前一样，可以通过将创建初始副本的操作包装在虚拟断言语句中来实现此目标。

```
public void add(T elem) {
    BoundedSet<T> copy = null;
    assert (copy = new BoundedSet<>(this)) != null;    ❶ 虚拟断言

    ...    ❷ 此处为实际的操作代码

    assert postAdd(copy, elem) :    ❸ 检查后置条件
            "add failed its postcondition!";
}
```

最后，以下代码展示了实际检查后置条件的私有支持方法。它首先检查新添加的元素是否位

于当前 set 的最前面。然后，它会复制当前 set，以便从当前 set 和旧 set 中删除最新元素。最后，它会比较 add 方法执行前后所有其他元素的位置（它们应该相同）。可以简单地使用 set 的 equals 方法来检查。

```
private boolean postAdd(BoundedSet<T> oldSet, T newElement) {
    if (!data.getLast().equals(newElement)) {    ❶ newElement 必须在最前面
        return false;
    }
    ❷ 从旧 set 和新 set 中删除 newElement
    List<T> copyOfCurrent = new ArrayList<>(data);
    copyOfCurrent.remove(newElement);
    oldSet.data.remove(newElement);
    if (oldSet.data.size()==capacity) {    ❸ 如果 set 满了，则删除最旧的元素
        oldSet.data.removeFirst();
    }
    ❹ 所有其他元素应该是相同的，顺序也相同
    return oldSet.data.equals(copyOfCurrent);
}
```

与水容器示例一样，无论是在编码时还是运行时，检查后置条件要比仔细检查 add 方法本身更费劲。这说明应该只在某些特定场景中使用这种检查，比如在对安全要求较高或特别棘手的程序中。

5.5.4 检查不变式

回想一下，不变式是类的字段应该始终（方法正在修改对象时除外）遵守的一致性特性。根据有界集的表现形式（data 字段和 capacity 字段），有效的有界集只包含两个一致性特性。

❑ I1：data 字段（是一个列表）长度不能超过 capacity。

❑ I2：data 字段（是一个列表）不能包含重复的元素。

任何满足这两个不变式的集（data 字段）和整数（capacity 字段）都是有效的，实际上，可以在一个初始为空的有界集上执行一系列有效操作来获得它们。应该使用一个私有支持方法来检查不变式，如下所示。

```
private boolean checkInvariants() {
    if (data.size() > capacity)    ❶ 不变式 I1
        return false;
    ❷ 不变式 I2
    Set<T> elements = new HashSet<>();
    for (T element: data) {
        if (!elements.add(element))    ❸ 如果 add 方法返回 false，则说明该元素重复了
            return false;
    }
    return true;
}
```

contains 方法只有一行无关紧要的代码，且不会破坏对象的状态。让我们再次关注 add 方法。

加强后的 add 方法可以在每次调用结束时检查不变式。按照通常的做法，将此类检查放在 assert 语句中，以便轻松地开启和关闭所有用于提高可靠性的检查功能（请记住，它们默认是关闭的）。

```
public void add(T elem) {
    ...  ❶ 实际的操作代码

    assert checkInvariants() : "add broke an invariant!";
}
```

不变式检查可能不会发现 add 方法中的一些潜在错误，但是上一节展示的后置条件检查更彻底，可以检查出来。例如，想象一下在有界集未满时，add 方法就删除了最旧的元素。

不变式检查不会发现这个问题，因为该问题不会让有界集处于不一致的状态。更准确地说，add 方法执行后有界集的状态确实是一致的。只是对象的某个**历史状态**不一致，但不变式并不关心历史。不过，后置条件检查能通过比较有界集在 add 方法执行前后的状态来捕获该异常。

5.6　真实世界的用例

使用契约式设计原则来重构 addWater 方法并非易事。事实上，和实现实际的业务逻辑相比，检查前置条件和后置条件需要编写更多代码。关键问题是：这样做有价值吗？请思考以下真实场景中的用例。

- 假设你在一家小型初创公司工作，为一家银行开发用于处理 ATM 交易的软件。由于银行的业务快速发展，老式的交易软件已无法满足零售网络的扩张，急需更新换代。为了按时完成任务，你团队的软件负责人做出了一个灾难性的决定：专注于业务逻辑开发，以便及时交付解决方案。幸运的是，银行不信任任何人。它们有自己的软件测试团队，他们对软件进行严格的测试之后，才能部署其到生产环境。事实证明，你团队精心开发的软件存在一个小错误：提现的金额可能会超出银行账户中的实际金额，原因就是软件没有检查前置条件。如果该软件发生了故障，通常会造成灾难性的后果。在开发过程中为提高可靠性而付出的代价可以避免未来的灾难。
- 你可能需要使用之前开发的类库，然后对其进行重构以便使用编程语言最新版本的新特性。你也可能希望重构现有代码以添加一些新功能。如果类库没有经过良好的设计，那么在第一个版本发布时，设计缺陷带来的影响可能还不是很明显。但是随着时间的推移，设计不佳的后果会不断积累，人们甚至提出了因设计不佳导致最终成本的术语：**技术债**。随着技术债的积累，技术债甚至可能会阻碍类库的持续发展。契约式设计和相关的编程技术通过提高规范的明确性和软件的可靠性来帮助我们控制技术债。
- 在开发新软件时，开发人员经常面临以下难题：应该使用哪种编程语言？显然，答案取决于许多因素，包括底层系统的复杂性和可靠性。事实证明，系统设计得越复杂，保证系统正确运行并在异常情况下保持稳健性就越困难。当主要考虑可靠性时，一个考虑因素是编程语言可以以某种方式来表达多少契约，并且在编译时可以对其进行检查。你最终可能会使用另一种编程范式，以便在编译时发现更多缺陷。例如，函数式编程可以提高可靠性，但是要以陡峭的学习曲线为代价，而且有时还会降低性能。

我们不要自欺欺人：错误是不可避免的。因此，稳健性的定义是**系统在可能导致故障的情况下做出适当反应的能力，而不是将系统设计为避免所有可能发生故障的能力**。现代分布式系统由于其固有的特性而容易发生故障，因此牢记此原则：部分失败，不一致性，以及节点间消息的重排序是不可控的。它们是设计契约的一部分，因此你可以优雅地处理。

5.7 学以致用

练习 1
(1) 写下 java.util.Collection 接口中 add 方法的契约。(你可以查看 Javadoc。)
(2) 对 java.util.HashSet 类中的 add 方法执行与上面相同的操作。
(3) 比较这两个契约。它们有何不同？

练习 2
根据以下契约，实现静态方法 interleaveLists。
- **前置条件**：该方法接收两个长度相同的 List 作为参数。
- **后置条件**：该方法返回一个新的 List，该 List 以交替的方式包含两个列表中的所有元素。
- **惩罚**：如果两个列表中至少有一个为 null，则该方法抛出 NullPointerException 异常。如果两个列表的长度不同，则该方法抛出 IllegalArgumentException 异常。

确保始终检查前置条件，并且仅在开启断言的情况下才检查后置条件。关闭断言时，尽可能降低性能开销。

练习 3
java.math.BigInteger 类型的对象表示任意大小的整数，内部使用一个整型数组进行编码。在 OpenJDK 中查看其源代码，包含以下私有成员。

```
private BigInteger(int[] val)
private int parseInt(char[] source, int start, int end)
```

(1) 写出私有构造函数的契约。确保在前置条件中包括构造函数能够正常终止的所有假设。构造函数是否会主动检查前置条件？
(2) 对 parseInt 方法执行与上面相同的操作。

练习 4
假定以下方法返回两个给定整数的最大公约数。(不必担心，你不需要了解太多细节。)修改该方法，让它在开启断言时检查后置条件，并尝试将它应用于 1000 对整数。(可以从在线代码库的 eis.chapter5.exercises.Gcd 类中获取以下代码。)

提示：尝试以最简单的方式检查后置条件。你应该相信检查本身的正确性。

```java
private static int greatestCommonDivisor(int u, int v) {
    if (u == 0 || v == 0) {
        if (u == Integer.MIN_VALUE || v == Integer.MIN_VALUE) {
            throw new ArithmeticException("overflow: gcd is 2\^{}31");
        }
        return Math.abs(u) + Math.abs(v);
    }
    if (Math.abs(u) == 1 || Math.abs(v) == 1) {
        return 1;
    }
    if (u > 0) { u = -u; }
    if (v > 0) { v = -v; }
    int k = 0;
    while ((u & 1) == 0 && (v & 1) == 0 && k < 31) {
        u /= 2;
        v /= 2;
        k++;
    }
    if (k == 31) {
        throw new ArithmeticException("overflow: gcd is 2\^{}31");
    }
    int t = (u & 1) == 1 ? v : -(u / 2);
    do {
        while ((t & 1) == 0) { t /= 2; }
        if (t > 0) { u = -t; }
        else { v = t; }
        t = (v - u) / 2;
    } while (t != 0);
    return -u * (1 <{}< k);
}
```

5.8 小结

- 软件可靠性始于清晰的规范。
- 规范的标准形式是方法契约和类不变式。
- 应该在开发过程的所有阶段检查公有方法的前置条件。
- 仅在需要的时候才检查其他前置条件、后置条件和不变式，比如在开发过程中或在安全性至关重要的软件中。
- 断言允许在程序运行时开启或关闭某些检查。

5.9 小测验答案和练习答案

小测验 1

抛出一个检查型异常作为惩罚将迫使调用者处理该异常，要么捕获该异常，要么在其

throws 子句中显式声明可能抛出该异常。这会造成不必要的麻烦，因为通过遵守前置条件就可以简单地避免惩罚。检查型异常是针对那些因调用者无法直接控制而无法避免的特殊情况。

小测验 2

打印机缺纸时，一个优雅的反应是向用户发出警报，并提供重试或中止打印的选项。相反，使程序崩溃或默默地忽略打印请求是一个糟糕的反应。

小测验 3

题目中提到的特性需要在方法调用前后比较对象的状态。那是后置条件的工作，而不是不变式的。不变式只关心对象的当前状态。

小测验 4

可以使用 false 初始化标志位，然后使用虚拟断言将其设置为 true。

```
boolean areAssertionsEnabled = false;
assert (areAssertionsEnabled = true) == true;
```

小测验 5

回想一下，非数字（NaN）是浮点数的一个特殊值（还有正负无穷）。NaN 必须遵守特定的算术规则。与本测试有关的规则如下：

❏ NaN/n 结果为 NaN

❏ NaN+n 结果为 NaN

❏ NaN<n 结果为 false

❏ NaN==NaN 结果为 false（你没有看错！）

查看 Contracts 版本中的 addWater 代码（见代码清单 5-1），可以发现将 NaN 传给 amount 参数可以通过前置条件检查，因为 this.amount + amountPerContainer < 0 的计算结果为 false。随后的代码将容器组中所有容器的 amount 字段设置为 NaN。最后，假设已开启断言，则方法内部通过 postAddWater 方法（见代码清单 5-4）检查其后置条件。这时候，将 NaN 作为参数会在 isGroupBalanced() 和 almostEqual() 检查中失败，而方法会抛出一个 AssertionError 错误并退出。

如果关闭了断言（默认为关闭），则调用 getAmount 方法会默默地将容器组中所有容器的水量设置为 NaN。这些研究结果表明，实际上应该完善 addWater 方法的契约来更合理地处理 NaN 和其他特殊值，例如在前置条件检查中声明其无效。

练习 1

(1) 与具体（非抽象）方法相比，抽象方法的契约往往包含更多内容。抽象方法没有具体的实现，基本上是**纯粹的契约**，因此其契约需要清晰明了。在类似于 Collection 这样的接口中，情况甚至更加明显，它是集合类继承结构的根节点，必须满足各种各样的特殊要求（精确地说，有 34 个类和接口）。

Collection.add 方法的 Javadoc 包含大量信息。从限定符 "可选操作" 开始。可以将其理解为此方法包括两个互斥的契约。首先，Collection 接口的具体实现可以选择不支持插入，例如不可变集合。在这种情况下，它包含以下契约。

- **前置条件**：任何调用都是有效的。
- **后置条件**：无。
- **惩罚**：抛出 UnsupportedOperationException 异常。

其次，如果 Collection 接口的实现类支持插入，则它必须遵守其他一些契约。实现类可以自由地选择 add 方法的前置条件，来保证插入的元素类型是有效的，如以下契约所述，它在拒绝插入时必须引发特定的惩罚。

- **前置条件**：由接口的具体实现类来定义。
- **后置条件**：确保此集合包含指定的元素。如果调用 add 方法实际影响了此集合，则返回 true。
- **惩罚**：抛出异常。
  - ClassCastException：如果参数的类型无效。
  - NullPointerException：如果参数为 null，并且此集合拒绝 null 值。
  - IllegalArgumentException：如果参数由于一些其他特性而无效。
  - IllegalStateException：如果此时无法插入参数。

请注意，该契约未指定在哪些情况下插入操作会更改底层的集合。这些工作由子类来承担。

(2) HashSet 类的 add 方法契约如下。

- **前置条件**：无。(所有参数都是有效的。)
- **后置条件**：将指定元素插入此集合，除非已经存在与其相同的元素 (根据 equals 判断)。如果此集合在调用前不包含指定的元素，则返回 true。
- **惩罚**：无。

(3) HashSet 类的契约指定了集合不能包含重复元素。尝试插入一个重复元素不会产生错误：它不违反前置条件，也不会抛出异常。它不会对集合产生任何影响。

练习 2

以下是 interleaveLists 方法的代码。注意常规的 if 语句是如何检查前置条件的，而后置条件则被委托给一个只在开启断言时才会执行的单独方法。

```java
public static <T> List<T> interleaveLists(List<? extends T> a,
                                          List<? extends T> b) {
  if (a==null || b==null)
     throw new NullPointerException("Both lists must be non-null.");
  if (a.size() != b.size())
     throw new IllegalArgumentException(
              "The lists must have the same length.");

  List<T> result = new ArrayList<>();
  Iterator<? extends T> ia = a.iterator(), ib = b.iterator();
  while (ia.hasNext()) {
```

```
        result.add(ia.next());
        result.add(ib.next());
    }
    assert interleaveCheckPost(a, b, result);
    return result;
}
```

以下代码展示了检查后置条件的支持方法。

```
private static boolean interleaveCheckPost(List<?> a, List<?> b,
                                           List<?> result) {
    if (result.size() != a.size() + b.size())
        return false;

    Iterator<?> ia = a.iterator(), ib = b.iterator();
    boolean odd = true;
    for (Object elem: result) {
        if ( odd && elem != ia.next()) return false;
        if (!odd && elem != ib.next()) return false;
        odd = !odd;
    }
    return true;
}
```

练习 3

首先，关于这些私有成员的文档描述，请注意一些细节。BigInteger 类的官方 Javadoc 页面未涉及任何私有成员。这是 Javadoc 的默认行为，可以使用--show-members private 命令行选项进行更改。不过，在源代码中，构造函数还是提供了 Javadoc 格式的完整注释（方法前面有自由格式的简短注释）。显然，构造函数被认为是更重要的，需要更详细的文档。在第 7 章中，你将学习更多关于 Javadoc 和文档指南的知识。现在，让我们从这些注释和代码中提取契约。

(1) Javadoc 提到不能在构造函数执行期间修改 val 字段。在多线程上下文中，程序在执行构造函数的时候可能还会执行其他代码。因此，此规范并不完全适合本章介绍的经典契约形式，本章讨论的契约专注于顺序执行的程序。

另外，构造函数的源代码还隐式地假设数组 val 不能为 null 且不能为空，从而得到以下契约。

- **前置条件**：val 不能为 null，且不能为空。
- **后置条件**：会创建一个 BigInteger 类的实例，表示一个值为 val 的整数，采用二进制补码的大端（big-endian）编码格式。
- **惩罚**：抛出以下异常。
  - NullPointerException：如果 val 为 null。
  - NumberFormatException：如果 val 为空（长度为 0）。

构造函数主动检查数组 val 是否为空。但无须检查 val 是否为 null，因为这种情况下会自动抛出 NPE 异常[①]。

---

① 你可能更倾向于显式地检查异常以清晰地阐明意图，并赋予异常一个更明确的错误消息。

(2) parseInt 方法前面的注释声明了"假设 start < end"这个明确的前置条件。在方法的主体代码中，你还将注意到 source 参数不能为 null，并且 start 和 end 必须为 source 中的有效索引。最后，在指定区间内 source 参数的字符串值中每个字符都必须是有效数字。你可以将这些结果以方法契约的形式表示如下。

❑ **前置条件**：source 不能为 null，且由数字字符组成；start 和 end 是 source 的有效索引，并且 start < end。

❑ **后置条件**：返回 start 和 end 两个索引之间的数字所表示的整数。

❑ **惩罚**：抛出以下异常。

- NullPointerException：如果 source 是 null。
- NumberFormatException：如果在指定区间内有任意一个字符是非数字。
- ArrayIndexOutOfBoundsException：如果 start 或 end 不是 source 的一个有效索引。

该方法主动检查索引区间内的每个字符是否为数字。它忽略对 null 值的检查，因为这是多余的。文档中唯一明确声明的前置条件没有被检查：调用方法时，如果 start >= end，则不会引起任何异常，而是返回 source[start] 包含的单个字符所表示的整数。

顺带说明一下，此方法没有用到任何实例字段，因此应该是 static 的。

练习 4

本练习的代码节选自 Apache Commons 项目的 Fraction[①]类，并略微编辑过。它采用了高德纳发明的一个不太出名的算法。因为该方法修改了它的参数，而且需要使用参数来检查后置条件，所以需要将其原始值保存在两个额外的变量中。然后，可以在方法的末尾使用一个辅助方法来检查后置条件。

```
private static int greatestCommonDivisor(int u, int v) {
    final int originalU = u, originalV = v;
```

❶ 这里是原始程序（修改 u 和 v）

```
    int gcd = -u * (1 <{}< k);
    assert isGcd(gcd, originalU, originalV) : "Wrong GCD!";
    return gcd;
}
```

对于辅助方法 isGcd，我倾向于使用最简单的解决方案。在当前示例中，可以简单地根据"最大公约数"的定义来检查。

❑ gcd 确实是 originalU 和 originalV 的公约数。

❑ 任何比 gcd 大的数都不是 originalU 和 originalV 的公约数。

```
private static boolean isGcd(int gcd, int u, int v) {
    if (u \% gcd != 0 || v \% gcd != 0)    ❶ 检查 gcd 是一个公约数
```

---

① 类的完全限定名是 org.apache.commons.lang3.math.Fraction。

```
            return false;
    for (int i=gcd+1; i<=u && i<=v; i++)    ❷ 检查任何更大的数，直到 u 或者 v（较小的那个）
        if (u \% i == 0 && v \% i == 0)
            return false;
    return true;
}
```

　　上面 isGcd 方法的实现非常低效，时间复杂度是基于 u 和 v 中较小那个的线性增长。更合理的做法是使用欧几里得发明的经典算法或调用一个现有的 GCD 实现，例如 JDK 中的 BigInteger.gcd() 方法。

5.10　扩展阅读

❏ Bertrand Meyer 的《面向对象软件构造》
这本书正式地介绍了契约式设计方法论和旨在支持该方法论的编程语言 Eiffel。

❏ J.-M. Muller 等编写的 *Handbook of Floating-Point Arithmetic*
你想精通浮点数计算来给朋友和家人留下好印象吗？来研究这本超过 500 页的书吧。要是吃透了这本书，就相当于具备了计算机科学博士水平。

❏ David Goldberg 的文章 "What Every Computer Scientist Should Know About Floating-Point Arithmetic"，发表于学术期刊 *ACM Computing Surveys*
这篇文章回答了其题目中的问题，但不能让你达到博士水平。

❏ Joshua Bloch 的 *Effective Java*
该书是讨论 Java 最佳实践的最著名图书，由 Java 平台的一位设计师撰写。

5

第 6 章

别对我撒谎：通过测试保证可靠性

本章内容

❑ 设计一套单元测试
❑ 应用输入覆盖标准
❑ 衡量代码覆盖率
❑ 评估和改进代码的可测试性

即使从来没有听说过"契约式设计"的开发人员也知道什么是测试：每个软件开发项目的最后阶段，一些很"邪恶"的测试人员试图暴露你用来省时间的聪明做法，并将其定性为 bug。玩笑归玩笑，测试在现代软件开发过程中的作用越来越核心。一个称为**测试驱动开发**（test-driven development，TDD）的著名观点甚至建议，测试环节应该在编写代码之前，而不是之后。在这种方法论中，测试被作为可执行的规范，而系统的其余部分都是为了通过这些测试而编写的[1]。

本章的内容与你对测试所持的具体观点无关。你只是要用一套合理的测试来补全 Reference 版本（或任何符合其 API 的实现），并尽量覆盖其功能。根据本书的主题，我将重点介绍单元测试，也就是对单个类的测试。稍后从可测试性的角度对水容器 API 进行批判性分析，并根据常见的最佳实践提出一些改进建议。

6.1　测试的基本概念

测试是软件行业中进行验证的主要环节。因此，可以找到大量与之相关的理论和技术。与其他主题一样，本书只涉及测试的基础知识，这就足够了。有大量的专业资源可以用来"深耕"这个主题，6.9 节列出了其中一些。

测试的目的是找到并消除尽可能多的 bug，从而增加你对程序正确性和稳健性的信心。更准确地说，你不能指望一个复杂的程序完全没有错误，所以测试的目标应该是识别所有的大缺陷，

---

[1] 可以从 6.9 节提到的《测试驱动的面向对象软件开发》一书中了解 TDD。

也就是那些在正常使用过程中很可能经常发生的缺陷。测试很少能发现更细微、更复杂的 bug。只有长时间的重度使用才会创造暴露这些 bug 的条件。

就像软件工程的许多其他方面一样，设计好测试的能力既来自于实践，也来自于坚实的原则。因为无法为你提供一些实时练习，所以我将做第二好的事情：介绍原则，同时将它们应用于一个具体的例子。

6.1.1　测试的覆盖率

你可以在**覆盖率**的指导下，通过采用系统化的测试方法，增加捕获所有大缺陷的可能性。事实上，覆盖率是测试设计的主要主题之一，它有几种含义。一般来说，它是指测试能够激发系统不同部分的程度。衡量覆盖率的方法大致有两种：基于代码的覆盖率和基于输入的覆盖率。**基于代码的覆盖率**指的是给定测试集至少执行一次的源代码百分比。正如你在本章将学到的，可以用不同的方法来衡量这个百分比。基于代码的覆盖率传统上是与**白盒测试**联系在一起的。之所以这么说，是因为它假定我们对被测软件（SUT）及其源代码的内部有所了解。

基于输入的覆盖率则忽略了被测程序的内部，只关注其 API。粗略地讲，它分析输入值可能的 set，以确定一个较小的代表性输入集。基于输入的覆盖率与**黑盒测试**相关，因为它独立于 SUT 的源代码。

这两种类型的覆盖率是相辅相成的，在本章中，你将利用这两种类型的覆盖率：首先通过设计提供丰富输入值的测试套件来使用基于输入的覆盖率，然后使用一个工具来测量这些测试所实现的代码覆盖率。换句话说，你将把基于输入的覆盖率作为设计目标，而把基于代码的覆盖率作为测试计划本身的一种验证形式。

6.1.2　测试和契约式设计

在进入具体内容之前，我们把测试目标与上一章介绍的技术目标进行比较，核心目的是完整地验证契约。

检查公有方法的前置条件，并做出适当的惩罚反应，是防御性编程的基本形式，也是普遍接受的最佳实践。测试并不以任何方式取代它，而是加强了它。事实上，在本章后面，你将设计一些旨在验证这些防御措施是否到位的测试。

检查方法中的后置条件或不变式则是一件完全不同的事情：目标是检测类本身内部的问题，这和单元测试的目标是一样的。因此，这些技术在某种程度上可以作为测试的替代技术。

与以上技术相比，测试有两个优点，使其在实践中更为常用。

- ❑ 测试将不变式和后置条件检查移到了类本身**之外**。这是一个非常方便的选择，可以使类保持小而简单，并且在类和类之间、开发人员相互之间明确区分职责，允许组织将开发和测试分配给不同的团队。
- ❑ 测试会让你仔细设计将要提供给 SUT 的一组输入值。这是其他技术所不能的。换句话说，实现方法中的后置条件或不变性检查只完成了一半工作。如果没有一个系统性的策略来使用特定的输入值调用特定方法（相当于一个测试计划），这些检查可能不会（也可能会）在程序开发和生产的任何阶段发现 bug。测试迫使你主导这个过程，用覆盖率指标来支持你对 SUT 的正确性和稳健性的信心。

图 6-1 重复了上一章的内容，将测试与代码质量、基于契约的设计联系起来。测试检查了方法是否遵守后置条件，以及它们是否对无效的输入（如前置条件所定义的）做出反应，依照契约采取了补偿措施。通过这样做，测试暴露了缺陷并促进了缺陷的消除，从而提高了可靠性。

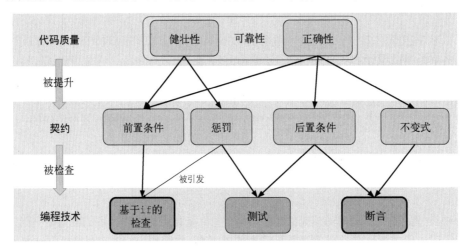

图 6-1　可靠性属性、基于契约的规范和编码技术之间的关系

在特别关键的代码中，用上一章中的一些技术来丰富测试可能有用。例如，可以设置不变式检查，以便任何时候都能以稳健模式运行系统。这样一来，如果一个错误的行为在测试中幸存下来，并在生产过程中被发现，就可以更容易地诊断和修复它。

小测验 1：一个方法契约的哪些部分与该方法的测试有关？

现代测试以可以快速和重复地执行不断演进的测试集为基础。这个自动化过程由库和框架支持，其中最流行的是 xUnit 系列，包括 Java 的 JUnit 和 .NET 语言的 NUnit。以防你不熟悉 JUnit，下一节将对它进行简单介绍。

6.1.3　JUnit

JUnit 是 Java 的标准单元测试框架，为编写和运行测试套件（test suite）提供了免费和开源的基础设施。接下来的测试是基于 JUnit 4.0 的，所以我先快速对这个框架进行概述。

JUnit 大量使用了 Java **注解**（annotation）。如果你不熟悉这个 Java 概念，可以在这里先了解一下。

Java 注解

注解是以@符号开头的标签，可以附加到方法的签名之前。大多数程序员都熟悉的注解是@Override，就像下面的代码片段一样。

```
public class Employee {
  private String name, salary;
  ...
  @Override
  public String toString() {
    return name + ", monthly salary " + salary;
  }
}
```

这里的@Override 标签向编译器发出信号，表明其描述的 toString 方法需要重写（override）。换句话说，程序员在指示编译器执行额外的检查：如果目标方法没有重写一个基类方法，则编译将失败。@Override 是一个没有参数的注解，其他注解可以有任意数量的参数（你很快会看到一个例子）。

实际上，注解是一种将元数据附加到程序元素的通用机制。除了方法之外，你还可以将它们应用到类、字段、局部变量、方法参数等。注解是被动的元素，它携带了关于程序元素的额外信息。它们可以被转换到字节码中，并在运行时使用反射进行读取。程序员可以很容易地定义自己的自定义注解，并编写工具来解释它们，以各种方式改变或增加程序的功能。

在 JUnit 中，每个测试都是一个方法，而一组相关的测试组成一个类。并非类中的所有方法都必须代表测试。你可以通过@Test 注解来指定一个方法代表一个测试。

```
@Test
public void testSomething() { ... }
```

如果某个测试可能抛出异常（这在测试稳健性时很常见），那么可以通过设置@Test 注解的 expected 属性（attribute）值来告诉 JUnit 你期望的异常类型。

```
@Test(expected = IllegalArgumentException.class)
public void testWrongInput() { ... }
```

C#的属性

属性（attribute）是 C#将元数据附加到程序元素的方法。它的工作原理类似于 Java 注解，但你可以用方括号而不是 at 符号（@）来区分。例如，Java 的@Deprecated 注解等同于 C#的[Obsolete]属性。

正如这些例子所示，测试方法并没有返回值。测试的成功与否是由一个适当的 JUnit 断言决定的，不要将其与 Java 的 assert 指令混淆。JUnit 断言是框架提供的静态方法之一，用于比较一个操作的预期结果和实际结果。每当断言失败时，就会抛出 AssertionError 异常，就像 Java

的 assert 指令一样。JUnit 将捕获这些异常，继续运行测试套件中的所有其他测试，并提交一份汇总每个测试结果的最终报告。

最常见的断言是下面这些来自 org.junit.Assert 类的 public static void 方法。

❑ assertTrue(String message, boolean condition)：如果条件为 true，则测试成功。这是最通用的 JUnit 断言，允许你插入任何返回值是 Boolean 的自定义检查。此方法（以下方法也一样）的 message 字符串将被附加到断言失败时抛出的异常中，并将在稍后被包含在最终报告中。

❑ assertFalse(String message, boolean condition)：与前一种情况相反，如果条件是 false，则测试成功。

❑ assertEquals(String message, Object expected, Object actual)：如果 expected 和 actual 都是 null，或者它们相等（根据 equals 方法），则测试成功。还有一些类似的断言接收基本类型 long、float 和 double，而不是 Object。然而，浮点类型的版本已经废弃[①]，取而代之的是下面的断言。

❑ assertEquals(String message, double expected, double actual, double delta)：如果 expected 和 actual 相差的值在 delta 以内，则测试成功。delta 是比较的容差。正如 5.3 节中讨论的那样，你不应该精确地比较浮点数，而是应该为舍入误差留有余地。稍后再谈这个问题。

你可以从命令行运行 JUnit，但更常见的做法是把它作为 IDE 的一部分来启动，这样就可以轻松地运行和可视化地分析测试了。

6.2   测试水容器（UnitTests）

是时候回到我们的水容器了。本节与其他大部分章节有些不同，因为你不会开发 Container 类的另一个版本，而是对其功能进行一系列测试。你可能会问：我们测试的是哪个版本的 Container？因为我们使用的是黑盒方法，所以并不针对 Container 的任何特定实现。相反，我们针对的目标是在第 1 章中建立的 API。这会带来一个好处：你将能够针对本书中所有符合该 API 的实现运行测试，这正是你在 6.2.4 节中要做的。如果你觉得需要有一个具体的实现，只要想想 Reference 版本就可以了。

可以从在线代码库中的 eis.chapter6.UnitTests 类中找到本节中测试的代码。

6.2.1   初始化测试

以下测试使用与普通客户端相同的 API。因此，我们无法直接检查对象的内部状态。getAmount 方法在本质上是唯一可以访问的反馈（顺便说一下，也是唯一有返回值的方法）。我们将在本章后面讨论这个限制。

---

① 不仅被正式废止，而且**总是失败**。

所有的测试都需要对一个或多个 Container 对象进行操作。与其在每个测试开始时创建这些容器，不如在类中添加一些容器字段，并在一个用 JUnit 注解@Before 标记的方法中初始化它们，从而避免一些代码重复。当用@Before 标记方法时，该方法将在每次测试之前被执行。我们把这样的对象称为多个测试共享的**测试夹具**（test fixture）。相应地，测试类的开头如下。

```
public class UnitTests {
    private Container a, b;    ❶ 测试夹具

    @Before                    ❷ 指示 JUnit 在每次测试前执行这个方法
    public void setUp() {
        a = new Container();
        b = new Container();
    }
```

为了完整起见，你可以使用注解@After 来标记希望在每个测试后执行的方法。如果测试夹具需要在结束时释放一些资源，这会很有用。此外，还可以将注解@BeforeClass 和@AfterClass 附加到希望在当前类的整个测试序列之前或之后执行一次的静态方法。你可能希望使用它们来设置和释放几个测试共享的、计算昂贵的夹具，例如数据库连接和通常的网络通道。

现在，你将设计第一个 Container 测试，检查构造函数是否按预期工作。因为构造函数没有输入，所以只需调用一次，并检查 API 允许你验证的唯一属性：新创建的容器是否为空。

```
@Test
public void testNewContainerIsEmpty() {
    assertTrue("new container is not empty", a.getAmount() == 0);
}
```

在这种情况下，可以精确比较两个浮点数，因为没有理由让这个类去逼近这个值。在前面的代码段中，我使用了 assertTrue，因为我认为它的可读性比等价的 assertEquals 更好。它看起来是这样的。

```
assertEquals("new container is not empty", 0, a.getAmount(), 0);
```

可读性良好的 Hamcrest 匹配器断言

在目前的例子中，我一直在使用基本的方法来编写 JUnit 断言。一个更好的选择是使用 JUnit 附带的库 Hamcrest。这个库允许你以一种可读性更好的方式表达被检查的条件，通过构建一个**匹配器**对象并将其传递给 assertThat 断言。

例如，下面的基础断言：

```
assertEquals("new container is not empty", 0, a.getAmount(), 0);
```

可以用 Hamcrest 断言重写为：

```
assertThat("new container is not empty", a.getAmount(), closer(0, 0));
```

除了可读性更好之外，Hamcrest 条件还可以在出现故障时提供更清晰的诊断信息。为了证明这种差异，假设一个空容器错误地从 0.1 个单位的水开始。基于 assertEquals 的第一

个断言失败并显示以下消息：

```
new container is not empty
expected:<0.0> but was:<0.1>
```

而使用 Hamcrest 的断言提供了更多细节：

```
new container is not empty
Expected: a numeric value within <0.0> of <0.0>
     but: <0.1> differed by <0.0> more than delta <0.0>
```

我将在 6.4 节的第二个示例中使用 Hamcrest 匹配器。

6.2.2   测试 `addWater`

接下来，我们将测试 `addWater` 方法的行为。它的输入包括其参数和容器的当前状态。因为这些输入参数的取值范围相当大，所以是时候引入一种系统的方法来选择你要发送给被测方法的输入值了。标准的黑盒技术叫作**输入领域建模**（input domain modeling）。

1. 输入领域建模

输入领域建模方法可以帮助你确定一组有限的值，来测试你的方法。它包括以下三个步骤。

(1) 识别少量相关的输入特征（characteristic）。特征用于将可能的值集划分为有限的（越少越好）类别，也称为块（block）。可以从输入类型或方法契约中提取相关的特征。例如，一个整型输入的共性特征是将其值分为三个块：负值、零和正值。

(2) 将特征组合成一个有限的组合集。例如，图 6-2 展示了 int 类型输入的两个特征。它们共同定义了六个可能的组合，不过其中一个是空的，因为零在传统上也被视为偶数。

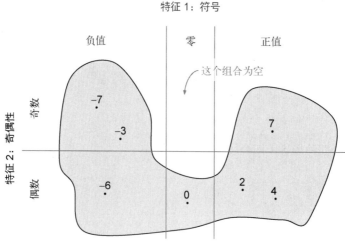

图 6-2   `int` 类型输入的两个特征：符号和奇偶性。它们共同将整数分成五组，因为
         "符号为零，奇数"的组合是自相矛盾的

（3）从每个组合中挑选一个输入值。这些值中的每一个都定义了一个测试。每个测试都会用所选输入值调用方法，并根据契约将其输出与预期输出进行比较。（注意，正确的输出可能是一个异常。）

我们现在将把这种技术应用于 `addWater`，并在稍后应用于 `connectTo`。

2. 选择特征

识别输入的相关特征的第一个方法是简单地观察数据类型。基本数据类型具有标准特征。

☐ 对于数值类型来说，零可以与其他值天然地区分开来，因为它有特殊的算术属性。

☐ 同样，API 经常会对正值和负值进行不同的处理，但负值通常不受欢迎。

☐ 你应该为每一个引用类型单独列出 `null` 值，因为它需要特殊的处理。

☐ 最后，字符串、数组和集合有一个特殊情况，那就是为空。

表 6-1 总结了这些基于类型特征的观察结果，但这只触及了表面。专家测试人员通常使用很多更有趣的标准特征。例如，字符串可以跨越 Unicode 字符的整个空间〔从技术上说是**代码点 code point**〕，而不太为人所知的字符和字母往往是错误的来源。

表 6-1　常见类型输入的标准特征，又称基于类型的特征

类　　型	特　　征	块
int/long	符号	{负值, 零, 正值}
float/double	符号和特殊值	{负值, 零, 正值, 无穷, NaN}
字符串	长度	{null, 空字符串, 非空字符串}
数组或集合	大小	{null, 空数组/集合, 非空数组/集合}

小测验 2：对于代表日期的数据类型，你会选择什么特征？

一个更有趣、更有成效的特征来源是被测方法的契约。你可以从它的前置条件和后置条件中挖掘输入的相关属性。以 `addWater` 这个契约为例。后置条件告诉我们，`addWater` 将添加的水分配给所有连接到这个容器的容器。这只适用于一个容器与这个容器相连的情况，所以作为第一个特征，我们把孤立的容器与相连的容器区分开来。这个特征称为 C1，将输入值分成两块：容器当前状态是孤立时的值，以及当前状态是与其他相连接时的值。

此外，前置条件规定，当方法参数是负值时，容器组中应该有足够的水来满足请求。这说明有一个特征可以区分四种场景（四个块），称为 C2。

（1）参数是正值。

（2）参数为零，因为数字零有特殊的算术属性，在测试中习惯将其单列出来。

（3）参数为负值，容器组内有足够的水（有效负值）。

（4）参数为负值，容器组里的水不够用（无效负值）。

表 6-2 总结了这两个特征。

表6-2 选择了两个特征来测试 addWater

名　　称	特　　征	块
C1	这个容器至少与另一个容器相连	{是, 否}
C2	参数和当前组中水量之间的关系	{正值, 零, 有效负值, 无效负值}

3. 选择块的组合

每个特征都将输入值分割成一小组的块。为了找到尽可能多的缺陷，测试一些或所有的块（不同的特征）组合是很有用的。在我们的例子中，特征的数量和其中块的数量都非常少，所以可以详尽地测试所有八个块的组合（括号中前者为 C1，后者为 C2）。

(1) (否, 正值)　　　　(5) (是, 正值)

(2) (否, 零)　　　　　(6) (是, 零)

(3) (否, 有效负值)　　(7) (是, 有效负值)

(4) (否, 无效负值)　　(8) (是, 无效负值)

不出所料，这种策略叫作**全组合覆盖**（all combinations coverage）。请注意，C1 和 C2 这两个特征是独立的，所以所有八个组合都是有意义的。在其他情况下，这种策略会产生过多的组合。下面介绍了一些替代策略，它们挑选的组合数量更为有限。

输入覆盖标准

研究者和实践者们提出了更多的输入覆盖标准，它们以某种方式限制了要进行的测试总数。以下是两个常用标准。

❑ **每项选择覆盖**：这个标准建议至少在一个测试中包含每个特征的每个块。

在 addWater 的情况中，有一个符合该标准的选择。

(1) (是, 零)

(2) (是, 正值)

(3) (是, 有效负值)

(4) (否, 无效负值)

可供选择的方案还有很多，都至少有四个测试，因为第二个特征 C2 有四个块。

❑ **基本选择覆盖**：根据这个标准，你应该选择一个基本的块组合，然后每次改变一个特征，覆盖该特征的所有可能值。在例子中，你可以选择：

(1) (是, 正值)

作为基础组合，因为它在某种意义上是最典型的。改变第一个特征的值，就会得到以下的组合。

(2) (否, 正值)

而改变基础组合中的第二个特征则会产生以下三种组合，从而完成选择。

(3) (是, 零)

(4) (是, 有效负值)

(5) (是, 无效负值)

小测验 3：如果你确定了三个独立的特征，有 n_1、n_2 和 n_3 这三个块，那么需要多少次测试才能达到全组合覆盖？每项选择覆盖和基本选择覆盖呢？

4. 选择实际值

输入领域建模方法的最后一步是为每个特征组合选择一组具体的值。继续 addWater 的测试过程，从下面的列表中考虑组合(7)。

(1) (否, 正值)　　　(5) (是, 正值)

(2) (否, 零)　　　　(6) (是, 零)

(3) (否, 有效负值)　**(7) (是, 有效负值)**

(4) (否, 无效负值)　(8) (是, 无效负值)

你在最后一步的目标是找出一个容器 c 和一个类型为 double 的 amount 值，下面的调用：

```
c.addWater(amount);
```

属于块组合(7)，即 C1 = 是且 C2 = 有效负值。简单地说，容器 c 至少要连接到另一个容器上，amount 应该是负值，而且 c 的组里要有足够的水来满足请求。使用容器的 API 来准备这个方案是非常简单的。你最终应该得到一个类似于下面的测试方法。

```
@Test
public void testAddValidNegativeToConnected() {
    a.connectTo(b);      ❶ 设置期望的场景
    a.addWater(10);
    a.addWater(-4);      ❷ 使用这行代码进行测试
    assertTrue("should be 3", a.getAmount() == 3);
}
```

5. 我们到底在测试什么

addWater 没有返回任何值，怎么知道它是否真的成功了？很简单，可以调用 getAmount，然后比较预期值和实际值。但怎么知道 getAmount 正确地报告了当前的 amount 值呢？我们不知道。更糟糕的是，怎么知道下面两行设置的测试场景是正确的呢？

```
a.connectTo(b);
a.addWater(10);
```

同样，我们也不能确定。

虽然前面的测试是针对 addWater 的，但是同时测试了 connectTo、getAmount 和 addWater！如果出了问题，那么无法知道这三个方法中的哪一个出了问题。在大多数情况下，可以期望 getAmount 是一个简单的 get 方法，所以更有可能是 addWater 或 connectTo 出错。然而，情况并非总是如此：在第 3 章的 Speed3 中，getAmount 的实现和 addWater 的实现一样复杂。两者都需要遍历一棵父指针树，直到它的根部，正如代码清单 6-1 中所回顾的那样。

代码清单 6-1　Speed3：`getAmount` 和 `addWater` 方法

```
public double getAmount() {
    Container root = findRootAndCompress();      ❶ 获取根，并扁平化路径

    return root.amount;                          ❷ 读取根的 amount
}

public void addWater(double amount) {
    Container root = findRootAndCompress();      ❸ 获取根，并扁平化路径

    root.amount += amount / root.size;           ❹ 向根添加水量
}
```

除非采用一种完全不同的方法，让测试直接访问容器的状态（通过开放字段的可见性或将测试放在 `Container` 类中），否则没有办法解决这个难题。这向白盒测试迈出了一大步，使测试成为特定于实现的，因此作用不大。我们将在专门讨论可测试性的 6.3 节中详细讨论这些观察。

代码清单 6-2 展示了在一个孤立的容器上进行四个 `addWater` 测试的代码（C1 = 否）。请注意，为了简单起见，我精确地比较了 `double`（对舍入误差没有容忍度），因为要放入的水一直在这个容器中，所以没有理由让 `addWater` 执行任何舍入。最后一个测试应该引发一个异常，因为我们故意违反了前置条件。可以使用 `@Test` 注解的 `expected` 参数来告诉 JUnit 预期会出现哪种异常。

代码清单 6-2　UnitTests：在一个孤立的容器上对 `addWater` 的四个测试

```
@Test
public void testAddPositiveToIsolated() {      ❶ C1 = 否，C2 = 正值
    a.addWater(1);
    assertTrue("should be 1.0", a.getAmount() == 1);
}
@Test
public void testAddZeroToIsolated() {          ❷ C1 = 否，C2 = 零
    a.addWater(0);
    assertTrue("should be 0", a.getAmount() == 0);
}
@Test
public void testAddValidNegativeToIsolated() {   ❸ C1 = 否，C2 = 有效负值
    a.addWater(10.5);
    a.addWater(-2.5);
    assertTrue("should be 8", a.getAmount() == 8);
}
@Test(expected = IllegalArgumentException.class)
public void testAddInvalidNegativeToIsolated() {    ❹ C1 = 否，C2 = 无效负值
    a.addWater(-1);
}
```

表 6-2 中的两个特征，即"容器隔离"和"当前组水量与参数传递的水量之间的关系"，是测试套件的一个很好的起点。但如果认为有必要进行更多的测试，当然可以添加其他特征。例如，

每次提供一个浮点值作为输入时，应该考虑这种类型支持的特殊值：正负无穷，以及非数值（NaN）。首先应该通过指定对这些特殊值的反应（大概是异常）来丰富 addWater 的契约。然后可以继续添加一个考虑到这些值的特征，产生更多的块组合和更多的测试。

6.2.3 测试 connectTo 方法

我们继续测试 connectTo 方法。这个方法的输入是其参数和被连接的两个容器的当前状态。唯一的前置条件是参数不能为空，所以这是你应该在分析中加入的一个属性，作为特征 C3。你可以重载 C3，还可以考虑到参数的另一个特殊值：this。之前我们在设计 connectTo 的契约时，并没有真正考虑到这种情况。现在，我们来完善这个契约，并规定试图将一个容器与自己连接起来的结果应该是一个 NOP[①]。

connectTo 方法的作用是将两组容器合并。因此，在合并操作之前，根据两个组的大小来区分不同的情况似乎是很自然的。组不能是空的：根据定义，一个孤立的容器形成了一个只有自己的组，所以我们将区分大小为 1 的组和较大的组。我们将用 2+ 来表示大小大于 1 的组。特征 C4 和 C5 用来捕捉这些组。注意 C5（其他组的大小）包括额外的值"无"，它适用于方法参数为空时，表示没有其他组存在。

最后，另一个特征 C6 检查这两组是否相同（即已经相连）。表 6-3 总结了已确定的特征。

表 6-3 测试 connectTo 所选择的特征

名　称	特　征	块
C3	参数值	{null, this, 其他}
C4	本组的大小	{1, 2+}
C5	其他组的大小	{无, 1, 2+}
C6	两组是否相连	{是, 否}

这一次，这些特征并非完全相互独立，因为并非所有组合都是行得通的。以下是一些制约因素。

❑ 当 connectTo 的参数为 null（C3 = null）时，没有其他组，所以 C5 = 无，C6 = 否。

❑ 如果试图将一个容器与自己连接起来（C3 = this），那么其他特征只有两种可能：(1, 1, 是)或(2+, 2+, 是)。

❑ 如果要连接两个不同的容器（C3 = 其他），而它们恰好已经被连接了（C6 = 是），那么它们公共的组大小不能是 1。

幸运的是，这些限制使有效组合的数量从 36 种减少到以下 9 种。

[①] NOP 代表无操作。它最初是作为一个助记符，表示什么也不做的机器代码指令。然后，它拓展到更普遍地表示为空操作。

(1) (其他, 1, 1, 否)　　(4) (其他, 2+, 2+, 否)　　(7) (this, 2+, 2+, 是)

(2) (其他, 2+, 1, 否)　　(5) (其他, 2+, 2+, 是)　　(8) (null, 1, 无, 否)

(3) (其他, 1, 2+, 否)　　(6) (this, 1, 1, 是)　　(9) (null, 2+, 无, 否)

我们将对这些组合中的每个进行一次测试，除了最后一个，因为区分组合(8)和组合(9)真的没有意义。在这两种情况下，预期的行为包括简单地抛出一个 NPE。你可以将这一观察结果概括为：如果一个特征的值违反了前置条件并因此导致了异常，那么通常只测试一次就足够了，而不是在所有可能的组合中测试。

不出所料，你遇到了我前面讨论的可观察性问题。connectTo 的主要作用是合并两个组，但 API 并没有提供任何手段来直接检查组。没有任何公有方法用于检查两个容器是否连接。事实上，返回关于容器状态信息的唯一方法是 getAmount。你可以检查 getAmount 返回的信息是否与两个组已经合并的信息一致，但测试没有办法确定组是否真的被合并了。

代码清单 6-3 提供了对应于 connectTo 测试组合(1)到组合(3)的测试代码。回想一下，所有的测试都可以使用前面定义的测试夹具：两个隔离的空容器 a 和 b。

代码清单 6-3　UnitTests：connectTo 的三个测试

```
@Test
public void testConnectOtherOneOne() {    ❶ C1 = 其他, C2 = 1, C3 = 1, C4 = 否
    a.connectTo(b);           ❷ 这行用来测试
    a.addWater(2);
    assertTrue("should be 1.0", a.getAmount() == 1);
}
@Test
public void testConnectOtherTwoOne() {    ❸ C1 = 其他, C2 = 2+, C3 = 1, C4 = 否
    Container c = new Container();
    a.connectTo(b);
    a.connectTo(c);           ❹ 这行用来测试
    a.addWater(3);
    assertTrue("should be 1.0", a.getAmount() == 1);
}
@Test
public void testConnectOtherOneTwo() {    ❺ C1 = 其他, C2 = 1, C3 = 2+, C4 = 否
    Container c = new Container();
    b.connectTo(c);
    a.connectTo(b);           ❻ 这行用来测试
    a.addWater(3);
    assertTrue("should be 1.0", a.getAmount() == 1);
}
```

6.2.4　运行测试

表 6-4 总结了我们设计的 17 个测试的结果。这些测试针对四个不同的实现：第 2 章中的 Reference 版本；第 3 章中的"快速"实现 Speed3 版本；以及第 5 章介绍的两个"稳健"的实现，分别是 Contracts 和 Invariants。

表 6-4 不同实现通过测试的数量。结果不取决于启用或禁用断言

	Reference	Speed3	Contracts	Invariants
构造函数	1/1	1/1	1/1	1/1
addWater	**6/8**	**6/8**	8/8	8/8
connectTo	8/8	8/8	8/8	8/8
失败的测试	C2 = 无效负值	C2 = 无效负值	—	—

前两个实现在两个 addWater 测试中失败了。在这两个测试中，我们试图去除比实际可用水量更多的水（C2 = 无效负值）。事实上，这些实现并没有检查这个条件，并且支持容器中的水量为负。

我们特意设计了另外两个实现来忠实地遵守契约，所以它们顺利通过了所有测试。可能值得注意的是，这些测试的通过并不依赖于是否启用断言，因为标准 if 语句始终检查前置条件。

6.2.5 衡量代码覆盖率

你可以使用 JaCoCo 工具来检查这些测试达到的代码覆盖率。JaCoCo 是一个开源的 Java 代码覆盖率框架，使用 Java 代理收集运行时信息。Java 代理就是在 JVM 中后台运行的一段代码，用来检查或修改程序的执行。该工具收集信息后，可以生成各种格式的报告，包括丰富的、可浏览的 HTML 页面。与 JUnit 类似，JaCoCo 也很好地集成在了最流行的 IDE 中，不过也可以从命令行运行。

JaCoCo 衡量各种类型的代码覆盖率标准。

❑ **指令覆盖率**：执行过字节码指令数的百分比。

❑ **行覆盖率**：执行的 Java 源代码行数的百分比。编译器可以将一行代码编译成若干字节码指令。如果至少有一条指令被执行，则认为此行被执行。因此，行覆盖率总是大于指令覆盖率。

❑ **分支覆盖率**：被执行的条件分支的百分比。这指的是 if 和 switch 语句。

你可以在 UnitTests.java[①] 文件中找到如何从命令行运行 JaCoCo 的说明，其中也包含了本章开发的测试。用 JaCoCo 运行测试后，你会得到一个覆盖率报告，其内容被总结在了表 6-5 中。它告诉你，你成功地执行了 Reference 和 Speed3 实现的所有字节码指令，这是个不错的结果。

表 6-5 各种实现的代码覆盖率。这里的"assert 开/关"指的是 Java 的 assert 语句，而不是 JUnit 断言

版 本	指 令	行	分 支
Reference	100%	100%	100%
Speed3	100%	100%	100%
Contracts（assert 关）	38%	50%	25%
Contracts（assert 开）	92%	100%	63%
Invariants（assert 关）	51%	56%	29%
Invariants（assert 开）	92%	100%	68%

① 可以从在线代码库的软件包 eis.chapter6 中找到这个文件。

顺便说一下，就算执行了所有的字节码指令，没有发现错误，也并不意味着没有错误存在。很可能是你提供的输入不足以暴露错误。例如，恶意编码者可以在 addWater 中编写一些代码，使其在添加 π（即 Math.PI）升水时崩溃。再多的黑盒测试都不太可能发现这一点。然而，详细的代码覆盖率分析会将这种情况标记为未覆盖，就有可能暴露陷阱。

对于 Contracts 和 Invariants，覆盖率在很大程度上取决于是否启用了 Java 的 assert 语句（通过 -ea 命令行选项）。在没有启用的情况下，测试只覆盖了大约 50% 的源代码行，字节码指令就更少了，因为没有运行与后置条件和不变式检查有关的代码。在启用断言的情况下，则可以达到 100% 的行覆盖率。之所以没有达到完整的指令和分支覆盖率，是因为所有的检查都通过了，"失败检查"分支没有执行。没有多少测试会改善这种情况，因为 SUT 实际上是正确的，所以测试无法达到这些分支。

小测验 4：如果你的程序包含 assert 指令，那么应该在启用还是禁用断言的情况下测试它？

6.3　可测试性（Testable）

要测试一个程序单元，需要能够为它提供输入（**可控性**），并观察这些输入的效果（**可观察性**）。此外，如果被测单元（UUT）依赖于其他单元（比如一个方法调用了另一个类的方法），而测试发现了一个缺陷，那么就不知道这个缺陷是属于 UUT 还是属于其依赖关系的。这就是为什么正确的单元测试要求你把 UUT 和它原来的依赖关系**隔离**开来。

下面几节扩展了这三个方面的测试，并改进了演进示例的可测试性。改进后的版本与 Reference 版本的结构相同。为了方便起见，这里复习一下其字段。

```
public class Container {
    private Set<Container> group;    ❶ 连接到此容器的其他容器
    private double amount;           ❷ 此容器中的水量
```

然而，可测试性是 API 的一个属性，所以改进后的版本会有一个稍微不同（实际上更丰富）的公有接口。

6.3.1　可控性

可控性指的是向 UUT 提供任意输入的难易程度。Container 类是高度可控的，因为它通过 API 直接从客户端接收输入。

可控性差的单元从文件、数据库、网络连接，甚至 GUI 中接收输入。在这些情况下，测试需要一个基础设施来模拟通信渠道的另一端。我不会讨论细节，因为它们会把我们从演进示例引向歧途，而且整本书都是专门讨论这个主题的。和往常一样，可以在 6.9 节找到一些建议。

小测验 5：假设在 Container 类中添加了一个静态方法，它可以从文件中重建一组容器对象（也就是**反序列化方法**）。添加这个方法会如何影响可测试性？

6.3.2 可观察性

第 1 章建立的水容器 API 以简单性为目标，但在可观察性方面的表现很差。

首先，方法 connectTo 和 addWater 没有任何返回值。可测试性促使所有方法返回一些值，以便从任何调用中获得某种形式的即时反馈。例如，connectTo 可能至少会返回一个布尔值，表示被连接的两个容器是否已经连接好了（如代码清单 6-4 所示），与 Collection 的 add 方法报告插入是否成功的方式类似。

代码清单 6-4　Testable：connectTo 方法（有删减）

```
public boolean connectTo(Container other) {
    if (group==other.group) return false;

    ...  ❶ 此处省略实际操作的代码（和 Reference 版本相同）

    return true;
}
```

更有趣的是，addWater 可能会返回本次添加后容器中的水量，如代码清单 6-5 所示。

代码清单 6-5　Testable：addWater 方法

```
public double addWater(double amount) {
    double amountPerContainer = amount / group.size();
    for (Container c: group) { c.amount += amountPerContainer; }
    return this.amount;
}
```

至于观察水容器的当前状态，getAmount 是唯一能提供容器状态反馈的方法。这是一个非常有限的视角，就像通过钥匙孔看房间。这些联系是完全被隐藏起来的，只能通过水在不同容器之间的分布方式来推断。更直接的方法是在 API 中添加更多的方法，暴露更多的信息，提高可测试性。例如，可以很自然地添加一个检查两个容器当前是否连接的方法，如代码清单 6-6 所示。这个检查在 Reference 版本中非常容易执行，因为连接的容器指向同一个组对象，从而有了下面的实现。

代码清单 6-6　Testable：额外的 isConnectedTo 方法

```
public boolean isConnectedTo(Container other) {
    return group == other.group;
}
```

事实上，在第 7 章中，你最终会添加许多这样的方法，只不过是为了另一个原因：可读性。

小测验 6：假设在 Container 类中添加了一个公有方法，（直接或间接）返回连接到这个容器的容器数量。新方法对可测试性有什么影响？

6.3.3　隔离：切断依赖关系

单元测试的思想是孤立地检查一个单元（如一个类）的行为。这样一来，失败的测试肯定对应着所测单元的缺陷，而不需要在不同的类中排查 bug。在这方面，容器的例子是一个理想的测试"单元"，因为它是被完全隔离的，除了标准的 JDK 之外，并不依赖于任何其他类。

不过在大多数现实世界的场景中，类之间是以复杂的方式相互连接的，导致测试和后续的缺陷诊断更加复杂。为了减轻这些问题，你可以使用 mock（模拟）和 stub（打桩）等技术，这涉及用假的依赖关系替换实际的依赖关系，这些假的依赖关系应该足够简单才能完成替换。像 Mockito 和 Powermock 这样的库可以帮助我们自动完成这样的任务。

在存在依赖性的情况下，提高可测试性的一个常见方法是采用**依赖注入**（dependency injection）。简单地说，如果被测类创建了另一种类型的对象（如 Container 创建 HashSet），那么依赖注入的做法建议让客户端从外部传递这种对象。

在我们的方案中，把 Reference 版本的当前构造函数：

```
public Container() {
   group = new HashSet<Container>();
   group.add(this);
}
```

替换为：

```
public Container(Set<Container> emptySet) {
   group = emptySet;
   group.add(this);
}
```

这个新的版本更容易测试，因为测试套件可以用一个简单的、可能是 Set 接口的假实现来替换 HashSet，确保测试发现的任何缺陷都来自 Container 中的代码，而不是来自 HashSet。但是在这个特定的情况下，这种做法是荒谬的，因为 HashSet 是 JDK 值得信赖的"基石"。这里只是用它作为一个例子来探索这种技术的利弊。

注入版的构造函数有两个严重的缺点。

❑ 它暴露了 Container 类的一个实现细节，违反了封装。它不仅向客户端展示了新的容器需要一个 set，甚至让客户端选择使用什么样的 set！如果你以后决定从 Reference 版本的基于 set 的表示方式转换到 Speed3 版本的基于树的表示方式，就需要修改 Speed3 版本的公有 API。这是依赖注入的一种常见问题：必须在提高可测试性和降低封装之间权衡。

❑ 它给调用者带来了沉重的负担：为每一个希望创建的新容器传递一个新的空 Set。客户端有很多方法可以破坏它，例如通过传递一个非空的 set 或将同一个 set 传递给多个容器。

第二个问题很容易改进。首先，可以检查客户端提供的 set 是否确实是空的，如果不是则放弃。其次，为了防止同一个空 set 被用于初始化多个容器，可以**复制** set 的参数，前提是客户端选择的实现支持克隆。

```
public Container(Set<Container> emptySet) {
  if (!emptySet.isEmpty())
      throw new IllegalArgumentException("The set is supposed to be empty!");
  group = (Set<Container>) emptySet.clone();
  group.add(this);
}
```

最后，反射允许写一个既能通过构造保证空、又能避免克隆的变体。你接收一个 Class 对象，并使用它来实例化一个新的空 set，如代码清单 6-7 所示。注意，可以使用泛型来确保由客户端提供的 Class 对象是 Set<Container>的一个实现。还有一个小问题：客户端选择的 set 实现必须提供一个没有参数的构造函数；否则，getDeclaredConstructor 方法会抛出一个异常。

代码清单 6-7 Testable：支持依赖注入的构造函数

```
public Container(Class<? extends Set<Container>{}> setType)
        throws ReflectiveOperationException {
  group = setType.getDeclaredConstructor()
                .newInstance();
  group.add(this);
}
```

在实践中，与其从头开始实现依赖注入，不如使用一个为此目的而构建的框架。下面给出了一些提示。

依赖注入框架

Java 企业版（现在称为 **Jakarta EE**）和一些 Java 框架［如 Google Guice（一个小型库）和 Spring（一个企业应用的大型框架）］都支持依赖注入。这些框架都提供了以下功能。

(1) 可以将一个方法或构造函数标记为需要依赖注入。通常可以通过注解来实现这一点。例如，Spring 使用@Autowired，而 Guice 和 JEE 使用@Inject。当指示一个框架来调用代码时，这种类型的交互也被称为**控制反转**（inversion of control）。

(2) 将具体的类绑定到将要注入的参数上。

(3) 在运行时，框架会负责实例化相应的具体类，并将其转移到相应的方法或构造函数中。

6.4 来点儿新鲜的

像往常一样，本节将把本章中介绍的技术应用到一个不同的例子中。这一次的例子将和第 5 章的例子"有界集数据结构"一样，因为本章是前一章的理想延续，而且像我们在前一章中所做的那样，建立明确的契约应该在任何测试工作之前进行。

对于水容器，我帮你设计了测试用例，然后介绍了可测试性问题，并讨论了 API 的相关改进。对于有界集，我会反其道而行之，更接近你在实践中会（或应该）做的事情。

❑ 首先，在设计（或改进）API 时考虑可测试性。

❑ 然后，设计一个测试套件。

回顾第 5 章，BoundedSet 是在构造时建立了固定容量的 set，具有以下功能。

❑ void add(T elem)：将指定的元素添加到这个有界集中。如果这使 set 的大小超过了它的容量，这个方法将从其中删除**最旧**的元素（最先插入的那个）。

增加一个已经属于 set 的元素会使其**更新**（也就是说，它使这个元素成为 set 中最新的一个）。

❑ boolean contains(T elem)：如果这个有界集包含指定元素，则返回 true。

在第 5 章中，我们决定用一个链表和一个 capacity 变量来表示有界集。

```
public class BoundedSet<T> {
    private final LinkedList<T> data;
    private final int capacity;
```

现在，我们来分析和增强 BoundedSet 的可测试性。

6.4.1   提高可测试性

可以看到，有界集的 API 可观察性很差，因为唯一提供其状态信息的方法是 contains。你无法知道其元素的插入顺序，甚至无法知道哪个元素是最旧的（下一个要被删除的元素）。事实上，连 set 的当前大小都无法知道。

正如 6.3.2 节解释的那样，第一个改进涉及给缺乏返回值的方法添加一个返回值。例如，可以给 add 添加一个类型为 T 的返回值，代表从 set 中删除的对象（如果有的话）。这种返回值类似于 Map.put(key, val) 返回之前与该键相关联的值的方式。

下面请看更新后的 add.put(key, val) 的契约。除了描述它的返回值之外，它还声明不接收 null 参数，否则 null 返回值就会产生歧义。

❑ T add(T elem)：将指定的元素添加到这个有界集中。如果这使 set 的大小超过了它的容量，那么这个方法将从其中删除**并返回**最旧的元素（最先插入的那个），否则返回 null。

添加一个已经属于 set 的元素会使其更新（也就是说，它使这个元素成为 set 中最新的一个）。

本方法**不接收** null 参数。

从 add 中获取一个值是一个很好的开始，但它**只允许在修改**有界集时查询它的状态。为了进一步提高可测试性，类应该给出与它外部行为相关的所有信息的访问权限（也就是客户端能感知的所有影响行为的信息）。在这种情况下，除了标准的 size 方法外，还应该有一种方法来检查元素的当前顺序，因为这个顺序会影响未来对 add 和 contains 的调用。让我们比较一些暴露元素顺序的方法。

(1) 使用以下的额外方法，给予客户端直接访问内部对象列表的权利。

```
public List<T> content() {
    return data;
}
```

也许不用我说，你就能看出这是非常糟糕的。你不希望客户端把内部实现搞得一团糟吧！

(2) 给客户端一个内部对象列表的**副本**。

```
public List<T> content() {
    return new ArrayList<>(data);
}
```

这比方案(1)要好，但效率低下（复制需要线性时间），而且允许调用者修改该列表。这毫无意义，而且容易出错。（调用者可能会误以为自己在修改有界集本身。）

(3) 给客户端一个内部对象列表的**不可修改视图**。不可修改视图是一个包装了原始列表的对象，同时禁用所有可以修改它的方法（比如 add 和 remove）。Collections 类的几个静态方法提供了标准集合的不可修改视图。在这种情况下，下面的一行代码就能完成任务。

```
public List<T> content() {
    return Collections.unmodifiableList(data);
}
```

与前面的解决方案相比，这个解决方案在各方面都更好一些：它的效率很高，因为不需要复制列表，而且不会带来任何风险，因为返回的对象是只读的。

唯一的缺点（也是目前三种解决方案的共同缺点）就是要使用一个非常有表现力的返回类型——List。此刻，这个想法很容易实现，因为内部表示本身就是一个列表。如果将来改变了对内部表示的想法，想切换到一个数组，那么这个 content 实现可能会变得非常复杂。下面的解决方案通过暴露一个更有限的内容视图来避免这个问题：一个迭代器，而不是一个列表。

(4) 向客户端提供一个关于内容的只读迭代器。回忆一下，迭代器可能会通过它的 remove 方法改变底层集合。必须确保已经禁用了返回的迭代器中的 remove 方法。同样可以使用一个不可修改视图来实现这个目标。

```
public class BoundedSet<T> implements Iterable<T> {
    ...
    public Iterator<T> iterator() {
        return Collections.unmodifiableList(data).iterator();
    }
}
```

下一节假设你选择了方案(3)（返回不可修改的列表视图的方法），因为这样可以最大限度地提高可测试性。

6.4.2　一个测试套件

让我们重点测试一下 add 方法，它是唯一修改有界集的方法。分析 add 的契约，可以确定三个与它行为有关的特征。

- C1：add 的参数是否为 null。如果是，那么我们希望得到一个 NPE 作为惩罚。
- C2：本次插入之前的有界集的大小。特别注意，如果有界集是满的，即大小等于它的容量，那么 add 的行为就会改变。也可以很方便地把有界集为空的情况单列出来，因为这种少见的场景往往容易出错。

❏ C3：在这次插入之前，add 的参数是否已经存在于有界集中。这一点是相关的，因为插入一个已经存在的元素并不会"驱逐"任何元素，即使 set 是满的。

表 6-6 总结了这些特征及其可能的值（又称块）。

表 6-6　测试有界集的方法 add 时选择的特征

名　　称	特　　征	块
C1	参数值	{null, 其他}
C2	插入之前 set 的大小	{空, 满, 其他}
C3	插入前参数是否已存在	{不存在, 已存在}

这些特征之间有以下两个约束，限定了有意义块组合的数量。

❏ 如果元素为 null（C1 = null），则该元素不可能存在（C3 ≠ 已存在）。

❏ 如果在本次插入之前，有界 Set 是空的（C2 = 空），则元素不会存在（C3 ≠ 已存在）。

由于这些约束，就剩下了以下八种组合（括号中前者为 C1，中间为 C2，后者为 C3）。

(1) (null, 空, 不存在)　　　(4) (其他, 空, 不存在)　　　(7) (其他, 满, 已存在)

(2) (null, 满, 不存在)　　　(5) (其他, 满, 不存在)　　　(8) (其他, 其他, 已存在)

(3) (null, 其他, 不存在)　　(6) (其他, 其他, 不存在)

正如本章前面所讨论的那样，可以将前三个组合合并成一个，因为这些情况出于同样的原因违反了前置条件：null 参数。因此，你最终会得到六个测试用例。

要在 JUnit 中实现测试用例，首先要初始化一个容量为 3 的有界集作为测试夹具。虽然容量非常有限，但足以支持有界集所有重要的行为。

```
public class BoundedSetTests {
    private BoundedSet<Integer> set;   ❶ 测试夹具

    @Before   ❷ 在每次测试前执行
    public void setUp() {
        set = new BoundedSet<>(3);
    }
}
```

接下来提供前三个测试的代码。这次使用以下 Hamcrest 匹配器来编写更可读的断言条件。

❏ is：一个直通匹配器。它不检查任何东西，放在那里只是为了让条件更可读。

❏ nullValue：这是 Hamcrest 对 null 的表示。

❏ contains：将一个 Iterable 与一组给定序列的值进行比较。如果它们以相同的顺序包含相同的元素（根据 equals），则匹配。

每个匹配器都是来自 org.hamcrest.Matchers 类的静态方法。你需要静态地导入它们，以便使用它们的非限定名。

在下面的测试中，请注意为可测试性而添加的 content 方法是如何与 contains 匹配器协作的。通过返回一个列表（一个 Iterable 也可以），它允许你比较某一时刻的整个元素序列和它的预期状态。

```
@Test(expected = NullPointerException.class)      ❶ C1 = null
public void testAddNull() {
    set.add(null);
}
@Test
public void testAddOnEmpty() {      ❷ C1 = 其他，C2 = 空
    Integer result = set.add(1);
    assertThat("Wrong return value",
               result, is(nullValue()));      ❸ 使用 Hamcrest 检查 null
    assertThat("Wrong set content",
               set.content(), contains(1));      ❹ 使用 Hamcrest 匹配器检查 Iterables
}
@Test
public void testAddAbsentOnNonFull() {      ❺ C1 = 其他，C2 = 其他，C3 = 不存在
    set.add(1);
    Integer result = set.add(2);      ❻ 这行用来测试
    assertThat("Wrong return value", result, is(nullValue()));
    assertThat("Wrong set content", set.content(), contains(1, 2));
}
```

前面的两个测试违反了一个人们经常提及的测试原则：**每个测试一个断言**。这个原则背后的思想是，单元测试应该是集中的，换句话说就是，每个测试都应该有单一的失败原因。和软件工程中的惯例一样，你应该有所保留地看待这样的原则。可以把每一个测试分成两个：一个检查 add 的返回值，另一个检查插入后的 set 的状态。然而，原来的测试非常简单，可能不值得多写几行代码，且断言中的错误信息已经足够说明失败的原因了。

6.5 真实世界的用例

如果你已经作为软件工程师工作了几年，那么完全有可能听到"我知道单元测试很有用，但是没有足够的时间写单元测试"或者"先把库写完，有时间的话再去写单元测试"这样的话。在第一种情况下，他们迟早会付出代价。第二种情况反映了过去的工作方式：大多数测试是在软件编写完成后创建的（所谓的瀑布模型）。让我们来看看一些能说明测试有用的例子。

❑ 你的团队在开发一个成功的中间件平台，管理层要求你的团队公开财务部门使用的一款应用程序的一些功能，以便通过 RESTful 服务计算工资。虽然你信任你的同事，但希望避免给未经授权的人加薪。为了确保服务的正确性，你决定创建一些测试。测试 RESTful 服务可能很麻烦，但幸运的是，有一些库可以帮助你为你的 API 创建干净的、解耦的测试。

❑ 将机器学习（ML）模型投入生产，通常意味着它会成为工作流程的一部分：可能是每天清晨运行的一个自动化 job，查询数据库并导出数据，为训练好的 ML 模型提供数据，以便对明天的销售情况做出预测。一名热情的、新入职的数据库工程师决定主动优化一些查询，但结果发现，这些改变会影响查询结果的格式，数据导出后工作流就会中断。在那次事件后，数据库开发团队决定编写一些单元测试，以确保查询导出的数据符合 ML 模型期望收到的数据，以便进行预测。

❑ 你是一名计算机科学博士，已经意识到是时候把你的研究变成产品了。你邀请了你最信任的同学，经过多轮交谈，决定成立一家创业公司。几年后，你还不是比尔·盖茨，但情况看起来不错，你的公司已经发展起来了，代码库也在增长。你很聪明地预见到了这种情况，你编写的自动化测试是开发团队的"安全网"。测试与代码库的其他部分同步发展。事实上，你在添加新功能之前就已经写好了测试。这就是测试驱动开发的基本思想：根据你期望达到的目标来编写一个方案，运行测试失败，然后回去修复代码使单元测试通过。

6.6   学以致用

练习 1
根据以下契约，设计并执行 `getDivisors` 方法的测试计划。
❑ **前置条件**：本方法接收一个整数 n 作为唯一参数。
❑ **后置条件**：本方法返回一个整型的 `List`，包含 n 的所有除数。对于 n==0，它返回空列表。对于 n 为负值的情况，它返回与其正值相同的列表。

例如，对于 `12` 和 `-12`，它都返回 `[1, 2, 3, 4, 6, 12]`。
❑ **惩罚**：无（所有整数都是有效的参数）。

练习 2
采用输入领域建模的方法，设计并执行 `String` 类中如下方法的测试计划。

```
public int indexOf(int ch, int fromIndex)
```

练习 3
(1) 使用输入领域模型方法，为方法 `interleaveLists` 设计并执行一个测试计划，该计划由以下契约定义（与第 5 章的练习 2 相同）。
❑ **前置条件**：该方法接收两个长度相同的列表作为参数。
❑ **后置条件**：该方法返回一个新的列表，交替返回两个列表中的所有元素。
❑ **惩罚**：如果至少有一个列表为 `null`，则该方法会抛出一个 `NullPointerException` 异常。如果两个列表的长度不同，则该方法将抛出一个 `IllegalArgumentException` 异常。
(2) 估算你的计划所达到的代码覆盖率，可以手动计算或使用代码覆盖率工具。

练习 4
提高泛型接口 `PopularityContest<T>` 的可测试性，该接口表示在 T 类型的（动态增大的）对象集中的一场"人气竞赛"。该接口包含以下方法。
❑ `void addContestant(T contestant)`：添加一个新的参赛者。添加重复的参赛者会被忽略。
❑ `void voteFor(T contestant)`：为指定参赛者投票。如果该参赛者不属于本次比赛，则抛出 `IllegalArgumentException`。

❑ T getMostVoted()：返回到目前为止获得最高票数的参赛者。如果这个比赛是空的（没有参赛者），那么它将抛出一个 IllegalStateException。

6.7　小结

❑ 输入领域模型方法可以帮助识别相关的测试输入。
❑ 可以用不同的方式组合不同参数的输入值，从而产生更多或更少的测试和不同的覆盖率水平。
❑ 可以根据测试套件的输入覆盖率和代码覆盖率来评估它。
❑ 可以通过从方法提供更多反馈来提高可测试性。
❑ 依赖注入有助于隔离被测试类，通过用更简单的替代物替换依赖对象来实现这一点。

6.8　小测验答案和练习答案

小测验 1

契约的**所有**部分都与测试有关。后置条件描述了该方法的预期效果，指示了测试将要检查的断言。你编写的大多数单元测试向被测方法发送有效输入，并检查输出是否符合后置条件。前置条件描述了有效输入的范围。最后，如本章所述，其他测试将发送无效输入，并检查该方法是否以契约中惩罚部分中所述的方式做出反应。

小测验 2

对于程序员和测试人员来说，日期是一个令人头疼的问题。即使无视国际差异，坚持使用公历，程序和测试也需要处理大量的违规行为。首先，一个月可能有 28 天、29 天、30 天或 31 天，其中 2 月尤其变化无常。表 6-7 总结了三种可能的特征。

表 6-7　"日期"数据类型的三个可能特征

名　称	特　征	块
C1	闰年	{是, 否}
C2	月的天数	{28, 29, 30, 31}
C3	月中的哪一天	{第一天, 中间某天, 最后一天}

小测验 3

❑ 所有组合覆盖率：$n_1 \times n_2 \times n_3$
❑ 每项选择覆盖率：$\max\{n_1, n_2, n_3\}$
❑ 基本选择覆盖率：$1 + (n_1 - 1) + (n_2 - 1) + (n_3 - 1) = n_1 + n_2 + n_3 - 2$

小测验 4

为什么不同时进行呢？首先在关闭断言的情况下进行测试，因为这就是软件在生产中的运行方式。如果任何测试失败了，就在开启断言的情况下再次运行。它们可能有助于确定缺陷。

小测验 5

增加一个反序列化方法会降低可测试性，因为新方法接收来自文件的复杂输入。

小测验 6

一般来说，只读方法有助于提高可测试性，因为它们相当安全（很难出错），并且提供了另一种观察对象状态的方法。因此，增加一个 `groupSize` 方法可以提高可测试性。

练习 1

你可以取第一个特征 C1 作为输入 n 的符号，就像基于类型的标准特征列表所示的那样（见表 6-1）。第二个特征 C2 可以来自后置条件，表示该方法返回的除数数量。这样就得到了以下四个块。

- **没有除数**：这种情况只适用于 $n=0$，契约规定输出必须是一个空列表。
- **一个除数**：这种情况只发生在 $n=1$ 和 $n=-1$ 的情况下。
- **两个除数**：这种情况发生在所有素数（包括相应的负数）上。
- **两个除数以上**：这适用于所有其他输入。

表 6-8 总结了这些特征。

表 6-8 `getDivisors` 的输入 n 的特征

名　称	特　征	块
C1	符号	{负值, 零, 正值}
C2	除数的数量	{零, 一个, 两个, 更多}

可以看出，这两个特征并不是独立的，因为 C1 = 0 只能与 C2 = 0 相配。因此只得到了七个有意义的组合，而不是 $3*4=12$ 个组合。我们可以毫不费力地应用全组合覆盖。下面是前两个测试，其他五个测试可以在在线代码库中的 `inheclass eis.chapter6.exercises.DivisorTests` 类中找到。

```
@Test
public void testZero() {          ❶ C1 = C2 = 0
   List<Integer> divisors = getDivisors(0);
   assertTrue("Divisors of zero should be the empty list",
            divisors.isEmpty());
}

@Test
public void testMinusOne() {      ❷ C1 = 负值, C2 = 一个
   List<Integer> divisors = getDivisors(-1);
   List<Integer> expected = List.of(1);
   assertEquals("Wrong divisors of -1", expected, divisors);
}
```

练习2

你可以把 indexOf 的 Javadoc 总结出来，并把它变成契约的形式，如下所示。

❏ 前置条件：无（所有的调用都是有效的）。

❏ 后置条件：从指定索引开始搜索，返回这个字符串中第一次出现指定字符的索引。如果该字符没有出现，则返回-1。

负的 fromIndex 被视为零。负的 ch 返回-1。

❏ 惩罚：无。

在选择好的特征时，除了基于类型的标准特征外，只有后置条件来作为指导。（如果你不记得了，可以回顾表 6-1。）可以从基于类型的标准特征中直接取出第一个特征 C1：字符串是否为空。第一个参数 ch 是一个整数，代表一个（Unicode）字符。你可以对它应用标准符号特征，也就是 C2。第二个参数 fromIndex 也是一个整数，应该小于这个字符串的长度 n。为了分割它的值，你需要引入一个特征 C3，将标准符号特征与 fromIndex 与 n 之间的关系结合起来，得到五种情况。

❏ fromIndex 为负值。

❏ fromIndex 为零，字符串为空（无效的零）。

❏ fromIndex 为零，字符串不为空（有效的零）。

❏ fromIndex 为正值，并且大于等于 n（无效的正值）。

❏ fromIndex 为正值，并且小于 n（有效的正值）。

最后，特征 C4 表示指定子字符串中是否存在该字符。表 6-9 总结了这些特征。

表 6-9 测试 indexOf 时选择的特征

名 称	特 征	块
C1	字符串是否为空	{空, 非空}
C2	ch 的符号	{负值, 零, 正值}
C3	fromIndex 的符号及其与字符串长度的相关性	{负值, 有效的零, 无效的零, 有效的正值, 无效的正值}
C4	字符是否在子字符串中	{存在, 不存在}

在 60 种可能的组合中，以下 27 种组合是一致的（我用*作为通配符）。

❏ (空, *, {负值, 无效的零, 无效的正值}, 不存在)（9 种组合）

❏ (非空, *, {负值, 有效的零, 无效的正值, 有效的正值}, 不存在)（12 种组合）

❏ (非空, {零, 正值}, {负值, 有效的零, 有效的正值}, 存在)（6 种组合）

假设你不想写 27 个测试，可以不使用全组合覆盖，而是使用本章介绍的一个更有限制性的策略。在这里，我将采用每项选择覆盖，并寻找一小部分组合，每个特征中的每个块至少出现一次。请注意，任何解决方案都至少包括五个组合，因为 C3 支持五块。下面是一个可能的解决方案。

(1) (非空, 正值, 有效的正值, 存在)

(2) (非空, 正值, 负值, 存在)

(3) (非空, 零, 无效的正值, 不存在)

(4) (非空, 负值, 有效的零, 不存在)

(5) (空, 正值, 无效的零, 不存在)

下面是第一个测试的 JUnit 实现。

```
public class IndexOfTests {
    private final static String TESTME = "test me";

    @Test
    public void testNominal() {
        int result = TESTME.indexOf((int)'t', 2);
        assertEquals("test with nominal arguments", 3, result);
    }
```

可以在代码库中找到其他的代码。

练习 3

(1) 前置条件表明，你可以在特征中包括两个属性：列表非 null，以及两个列表长度相同。此外，任意集合的一个特殊情况是为空。你可以将这些观察结果纳入表 6-10 中的三个特征中。

表6-10　测试 <code>interleaveLists</code> 时选择的特征

名　　称	特　　征	块
C1	第一个列表的类型	{null, 空, 非空}
C2	第二个列表的类型	{null, 空, 非空}
C3	两个列表是否长度相同	{是, 否}

C3 与 C1、C2 不是独立的，有些组合是不合理的。我把确实有意义的组合列出来。

(a) (null, 非空, 否)

(b) (非空, null, 否)

(c) (空, 空, 是)

(d) (空, 非空, 否)

(e) (非空, 空, 否)

(f) (非空, 非空, 否)

(g) (非空, 非空, 是)

你可能想知道为什么我跳过了(null, null, 否)，那是因为当一个特征违反前置条件时，只要把它和其他特征的名义值（也就是正常值）组合起来就可以了。顺便说一下，将该组合包括在内可能过于谨慎，但绝对没有错。注意，只有组合(c)和(g)满足前置条件。

因为只有七种组合，所以可以简单地测试所有的组合。下面是测试前三个组合的代码。

```
public class InterleaveTests {
    private List<Integer> a, b, result;    ❶ 夹具
```

```
@Before
public void setUp() {          ❷ 初始化夹具
    a = List.of(1, 2, 3);
    b = List.of(4, 5, 6);
    result = List.of(1, 4, 2, 5, 3, 6);
}

@Test(expected = NullPointerException.class)
public void testFirstNull() {          ❸ 测试(a): (null, 非空, 否)
    InterleaveLists.interleaveLists(null, b);
}

@Test(expected = NullPointerException.class)
public void testSecondNull() {          ❹ 测试(b): (非空, null, 否)
    InterleaveLists.interleaveLists(a, null);
}

@Test
public void testBothEmpty() {          ❺ 测试(c): (空, 空, 是)
    a = List.of();
    b = List.of();
    List<Integer> c = InterleaveLists.interleaveLists(a, b);
    assertTrue("should be empty", c.isEmpty());
}
```

可以在代码库中找到其余的内容。

(2) 首先，请注意，对于用来检查后置条件的支持方法，衡量覆盖率没有多大意义。因为我们希望保持后置条件，这意味着测试总会跳过 interleaveCheckPost 的某些行，所以执行该方法中的每一行并不是一个有用的目标。

我们将分析限制在 interleaveLists 的主体上，前面描述的七个测试实现了 100%的覆盖率。

练习 4

给定的接口很容易控制，但你可以增强其可观察性。就目前而言，getMostVoted 是访问对象内部状态的唯一一点，而且比较有限。你只能知道获得最多投票的参赛者是谁，但不知道任何参赛者获得的投票数。为了改善这种情况，可以先给另外两个方法配备返回值。

❑ boolean addContestant(T contestant)：如果参赛者还不是这个比赛的成员，则增加参赛者并返回 true。否则，它将保持比赛不变并返回 false。

❑ int voteFor(T contestant)：为指定的参赛者投票，并返回更新后的票数。如果该参赛者不属于本次比赛，则抛出 IllegalArgumentException。

新版本的 voteFor 是一个强大的测试工具，但它会把投票数和读取票数混为一谈。如果再加上一个获取投票数的只读方法，对测试也是很有用的。

❑ int getVotes(T contestant)：返回指定参赛者的当前票数。如果选手不属于这个比赛，就会抛出一个 IllegalArgumentException。

此外，`getVotes` 方法还提供了一个检查参赛者是否属于本次比赛的途径，而且不需要修改此方法。

6.9　扩展阅读

❑ G. J. Myers、C. Sandler 和 T. Badgett 的《软件测试的艺术》
这本书对测试和其他验证技术（如代码审查和检查）进行了全方位介绍。它将"久经考验"的原理介绍与敏捷测试方法的最新方法相结合。

❑ L. Koskela 的《有效的单元测试》
这本书提出了很多设计有效测试的实践建议，还提供了一个常见测试缺陷（也就是**测试坏味道**）的目录。

❑ S. Freeman 和 N. Pryce 的《测试驱动的面向对象软件开发》
这是一本面向过程的书，以一个真实的例子来说明测试驱动开发，其作者来自流行的 JMock 库。

❑ P. Ammann 和 J. Offutt 的《软件测试基础》
这本书以现代化的、紧凑的方式讲解了测试技术，特点是对各种风格的覆盖标准有统一的看法。

第 7 章

让代码说话：可读性

本章内容
- ❑ 编写可读的代码
- ❑ 使用 Javadoc 注释为契约生成文档
- ❑ 用自描述的代码代替实现注释

源代码有两种截然不同的用户：程序员和计算机。一方面，无论是混乱的代码，还是整洁、结构良好的代码，计算机都能很好地处理。另一方面，程序员对代码的可读性却非常敏感。甚至连代码中的空白和缩进（对计算机来说完全无关紧要）的使用是否合理，也能决定代码是易于理解还是晦涩难懂（参考附录 A 中的一个极端示例）。而且，代码的可读性还能提高可靠性，因为这往往不易于掩盖一些 bug，同时可以提高可维护性，因为更易于修改。

本章将介绍一些编写可读代码的现代编程原则。与其他章一样，本章不会全面介绍所有能提高可读性的技巧和窍门，而是重点介绍在小的代码单元中也能使用的重要编程技巧，并将其运用在我们的水容器示例中。

7.1 关于可读性的一些观点

编写可读的代码是一门被低估的艺术，学校很少教授，但它深深地影响了软件的可靠性、维护和演进。程序员通常学习用机器易于理解的代码来实现所需的功能。这个编码过程需要花费一些时间，并且要添加一层又一层的抽象来将功能分解成多个更小的单元。在 Java 语言中，这些抽象就是包、类和方法。如果整个系统足够大，则没有程序员能独自掌握整个代码库。一些开发人员会对某个功能有一个纵向的视角：从它的需求到具体实现，贯穿所有抽象层。另一些开发人员则可能会负责某一个层，并维护其 API。他们都需要经常阅读和理解其他同事编写的代码。

提高可读性的意思是：尽量减少一个熟练程序员理解一段代码所需的时间。更具体地说，一个不熟悉代码的人需要花多少时间才能有信心在不破坏其功能的情况下修改代码。可读性又被称为**可学习性**和**可理解性**。

小测验 1：还有哪些方面的代码质量会受可读性的影响？

如何编写可读的程序呢？早在 1974 年，当 C 语言诞生两周年的时候，这个问题就被认为是非常重要的，值得系统化地处理。于是就有了《编程格调》这本很有影响力的书。在该书中，Kernighan（著名的 C 语言专家）和 Plauger 从已出版的教科书中整理了许多小段程序，并将他们清晰且令人惊讶的新观点总结成了一系列具有编程风格的格言。第一个关于表达力的格言很好地总结了整个可读性问题：

简单直接地说出你的意思。

确实，可读性就意味着清晰地表达代码**意图**。统一建模语言（UML）的设计师之一 Grady Booch 提出了一个自然的类比：

整洁的代码读起来就像优美的散文。

要想创作出文笔优美的散文，并不能简单地遵循一套固定规则，而是需要花费多年的时间来练习写作，并阅读著名作家的优秀散文。幸运的是，与自然语言相比，计算机代码的表达能力十分有限，所以编写整洁的代码比创作优美的散文简单一些，至少更有条理。不过，掌握这项技能还需要多年的编程实践，这是阅读任何图书（或其中的某个章节）都无法替代的。本章将探讨一些提高代码可读性的基本方法，重点是那些可以应用到水容器示例中的技术。

在过去 20 年中，由于业界对重构（refactor）和编写整洁代码（clean code）的关注，可读性已成为敏捷开发中最重要的关注点之一。重构是指重组一个可运行的软件系统以改进其设计，使未来的改动更容易、更安全。它是轻量级开发流程的一个主要组成部分，有利于软件的快速开发和迭代完善。

即使你或你的公司并不完全认同整个敏捷开发理念，你也应该阅读相关的图书，了解什么是坏的代码（代码坏味道）、什么是好的代码（整洁的代码）以及如何将前者变成后者（重构）。具体建议参见 7.11 节。

如果能用一些实际的数据来衡量这些技巧的效果，为这些知名专家研究出的可读性技巧做一些补充，那就更好了。遗憾的是，可读性在本质上是主观的，很难用客观的方法来衡量。但研究人员依然提出了各种标准化的模型，试图用一组简单的数字指标来评估可读性，比如标识符的长度、表达式中出现的括号数量等。这项工作还在进行中，距离达成稳定的共识还有很远，所以我将专注于一些成熟的行业最佳实践，首先来快速浏览全球几个最大 IT 公司的编码风格。

7.1.1　企业编码风格规范

以下是一些全球最大的软件公司在网上公布的编码风格规范[①]。

- □ Sun 公司曾经提供了一个 "官方" 的 Java 编码风格规范，但自 1999 年以来一直没有更新。
- □ Google 有一个全公司的编码风格规范。

---

① 可以在本书主页（ituring.cn/book/2811）查看。——编者注

❑ Twitter 提供了一个常用的 Java 工具库，并附有代码风格规范。该规范的制定灵感明显来自于 Google 和 Oracle 的编码风格规范。

❑ Facebook 也通过其 Java 工具类库提供了风格规范。

这些规范的大部分内容和本章提到的基本原则一致，只是在一些具体细节和细微的样式问题上有差异。例如，思考如何编写源文件开头的多个 import 语句。以下是 Google 使用的代码风格。

```
import static com.google.common.base.Strings.isNullOrEmpty;
import static java.lang.Math.PI;

import java.util.LinkedList;
import javax.crypto.Cypher;
import javax.crypto.SealedObject;
```

针对相同的 import 语句，Twitter 推荐以下代码风格。

```
import java.util.LinkedList;

import javax.crypto.Cypher;
import javax.crypto.SealedObject;

import static com.google.common.base.Strings.isNullOrEmpty;

import static java.lang.Math.PI;
```

import 语句的顺序和空行的使用都有所不同。Oracle 和 Facebook 则可以接受任何风格的 import 语句。

编码风格规范在某种程度上可以让整个公司的代码库保持统一，也是新员工入职培训的一个很好补充，以便在为新员工分配实际任务之前给他们一些容易上手的任务。（此外，当遇到一些麻烦时，他们可以说："至少我遵循了编码风格规范！"）不过，对于你的长期职业成长来说，先阅读本章，然后花些时间阅读 7.11 节列出的讲述编码风格的图书，尤其是《代码整洁之道》和《代码大全》，会更有帮助。

7.1.2 可读性因素

可以将有助于提高可读性的因素分为两类。

❑ **结构性的**：可能会影响程序执行的特征，例如代码架构、API 的选择、控制流语句的选择，等等。可以进一步将这些特征分为三个级别。

  ■ **架构级别**：涉及多个类的特征。

  ■ **类级别**：涉及单个类但又超越单个方法边界的特征。

  ■ **方法级别**：涉及单个方法的特征。

❑ **外部的**：不影响程序执行的特征，例如注释、空白和变量的命名。

下面几节将简要回顾一下这两个类别的主要原则，然后引导你将这些原则应用于水容器示例中。

7.2   结构性的可读性特征

架构级别的特征指的是程序的高层结构：如何将程序切分为类，以及类之间产生的关系。一般来说，容易理解的架构应该由一些职责内聚的细粒度类组成（即**高内聚**），通过低复杂度的依赖关系网络联系在一起（即**低耦合**）。另一个提高可读性的技术是尽可能使用标准的设计模式。因为大多数开发者都知道它们，使用标准设计模式能激发读者的熟悉感，并向读者补充了上下文信息。

每一个小技巧的背后都有大量解释内容和注意事项。本书的指导精神是专注于小规模代码质量，不会深入研究这些架构级别的特征，但你可以阅读 7.11 节列出的图书来获取更多信息。表 7-1 总结了最常用的结构性特征和相应的最佳实践。

表 7-1   影响可读性的结构性代码特征

结构性的可读性		
级 别	特 性	改进方法
架构	类的职责	降低耦合性
	类之间的关系	提高内聚性
		架构模式（MVC 和 MVP 等）
		设计模式
		重构（提取类等）
类	控制流	使用最具体的循环类型
	表达式	表示出计算的顺序
	局部变量	切分复杂的表达式
	方法长度	重构（提取方法等）

类级别的特征与类的 API 和类中方法的组织结构有关。例如，一个黄金法则是：较长的方法更难以理解。如果一个方法超过 200 行，就不能在一个屏幕中完整显示。你无法看到方法开头的内容，则需要在编辑器中来回滚动，试图把不能在一屏中显示的内容记在脑子里。之所以把这个法则列在类级别特征中，是因为尽管问题产生于单个方法，但解决方案会影响不止一个方法：可以把一个长的方法拆分成多个短的方法来进行简化，推荐的方式是使用**提取方法**（Extract Method）重构原则，本章后面将进行介绍。

现在，让我们深入类的内部，讨论一些影响可读性的**方法级别特性**，包括控制流语句的选择、编写表达式的方式以及局部变量的使用。

7.2.1   控制流语句

一个有趣的小规模可读性问题是为给定场景选择最合适的循环结构。Java 提供了四种基本的循环类型：标准 for 循环、while 循环、do-while 循环和增强型 for 循环。显而易见，前三种循环是等价的，也就是说，可以很容易将其中一种转换为其他任意一种。例如，可以将退出检查（exit-checked）循环：

```
do {
    body
} while (condition);
```

转换为以下错误的入口检查（entry-checked）循环：

```
while (true) {
    body
    if (!condition) break;
}
```

这两段代码中的哪个可读性更好呢？我相信你会同意第一段更好。第二段代码只会让读者感到困惑，因为他们会迅速地意识到，有一个**更自然**的实现方式。在提高可读性时，你的工作就是避免这种感觉，让阅读体验尽可能流畅、顺滑。这就是**明确表达意图**的意义。

如果你必须实现一个循环，其条件必须在每次迭代后被检查，就像 do-while 循环一样，那么可以使用入口检查循环吗？因为有三个选项，所以我们来比较一下它们的表达能力。

❑ while 循环就像一个省略了初始化语句和更新语句的 for 循环。如果你的循环需要这些功能，而且它们足够紧凑，那么请使用 for 循环：它将帮助读者理解每个部分的作用。例如以下熟悉的 for 循环：

```
for (int i=0; i<n; i++){
    ...
}
```

比以下等价代码的可读性更好：

```
int i=0;
while (i<n) {
    ...
    i++;
}
```

❑ 增强型 for 循环是标准 for 循环的一种特殊形式，因为它只适用于数组和实现了 Iterable 接口的对象。此外，它没有为循环体提供索引或迭代器对象。

为了选择一个合适的循环结构，应该运用一个称为**最小权限原则**的通用规则，并选择符合需求的**最具体语句**。问一下自己，循环的对象是数组或实现了 Iterable 接口的集合吗？如果是，则使用增强型 for 循环。除了提供良好的可读性，它还能保证迭代不会越界。

循环是否有紧凑的初始化步骤和同样紧凑的更新步骤？如果有，则使用标准的 for 循环；否则，使用 while 循环。

说到循环，从 Java 8 开始，还可以选择使用 Stream 库来使用函数式的循环结构。例如，下面的代码会打印一个 set 中的所有对象。

7

```
Set<T> set = ...
set.stream().forEach(obj -> System.out.println(obj));
```

它比以下老式的增强型 for 循环更可读吗？

```
for (T obj: set) {
    System.out.println(obj);
}
```

可能不会。一个好的经验法则是，如果除了循环本身还有**其他**需求，比如以某种方式过滤或转换数据流的内容，则应该使用函数式 API。当想使用多个线程并发执行任务时，特别适合使用数据流。这种情况下，库会为你处理很多烦琐的细节。

可读性小技巧：选择最自然、最具体的循环类型来完成任务。

小测验 2：你会选择用什么样的循环来初始化一个由 n 个整数（从 0 到 $n-1$）组成的数组？

7.2.2　表达式和局部变量

表达式是任何编程语言的基本元素，本质上没有限制，可能会变得非常复杂。为了提高可读性，应该考虑将复杂的表达式拆分成更简单的子表达式，并为此引入额外的局部变量来保存它们的值。当然，还应该给这些新的局部变量起描述性的名字，说明相关子表达式的含义。（稍后会讨论变量命名的问题。）

Reference 版本中的 connectTo 方法在计算新连接建立后的每个容器中的水量时，已经采用了这种增强可读性的技巧。描述这个计算的最简捷的方法如以下代码所示。

```
public void connectTo(Container other) {
    ...
    double newAmount = (amount * group.size() +
                        other.amount * other.group.size()) /
                        (group.size() + other.group.size());
    ...
}
```

如你所见，即使将计算语句分成三行并保持对齐，产生的表达式依然很长，而且有些难以理解。因为结尾的圆括号与开头的圆括号相距甚远，所以读者可能会很费力，至少需要停顿一下，才能找到匹配的圆括号。group.size() 和 other.group.size() 的重复出现也会影响代码的可读性。

这就是为什么 Reference 版本引入了多达四个额外的变量，只是为了提高可读性。

```
public void connectTo(Container other) {
    ...
    int size1 = group.size(),
        size2 = other.group.size();
```

```
      double tot1 = amount * size1,
            tot2 = other.amount * size2,
            newAmount = (tot1 + tot2) / (size1 + size2);
    ...
  }
```

不用担心第二个可读性强的版本会降低性能。一般来说，引入几个额外局部变量的性能成本可以忽略不计，尤其是与可读性带来的好处相比。在我们这个特殊场景中，额外的变量节省了两次方法调用，其至可能让执行速度更快[①]。

Martin Fowler 正式提出了这一思想，收录在他所收集的**重构规则**之中。（更多信息请参考7.11 节。）与设计模式的工作方式类似，为了方便交流，每个重构原则都被赋予了一个标准的名称。这个规则的名字是**提取变量**（Extract Variable）。

可读性小技巧："提取变量"重构规则——将子表达式替换为一个新的局部变量，并使用描述性的名称。

7.3　外部可读性特征

可以使用三种外部特征来提高可读性：注释、命名和空白及缩进。表 7-2 总结了下面几节要介绍的相应最佳实践。

表 7-2　影响可读性的外部代码特征

外部的可理解性	
特　　征	改进的方法
注释	详细的文档注释，少量的实现注释
命名	描述性名称
空白及缩进	将空白作为标点符号；一致的缩进

7.3.1　注释

仅仅依靠代码本身并不能很好地描述代码的意图。有时必须使用自然语言来提供进一步的描述，或者对某个功能进行更全面的说明。区分以下两种注释是很有用的。

❑ **文档**或**规范**注释描述了一个方法或整个类的契约，目的是向潜在用户解释类的规则。可以把它们看作**公有**注释。你通常会用工具把这些注释从类中提取出来，并将其输出为一种方便的格式（比如 HTML），以便查阅。执行这种提取的 Java 工具是 Javadoc（本章后面会解释）。

---

① 事实上，可读版本的字节码比其他版本的字节码少了 3 字节。

❑ **实现**注释提供了关于类内部结构的说明。它们可能会解释一个字段的作用或一个棘手算法的代码意图。可以把它们看作**私有**注释。

在某种程度上，什么时候插入注释以及插入多少注释是有争议的，但现代编程趋势是鼓励编写文档注释，但控制编写实现注释。

这样做的原因是：API 优先于实现，通常比实现更稳定，并且是客户端为了正确提供服务所应该知道的类的唯一部分。因此，对于整个系统的健康发展来说，客户端要完全清楚每个类和方法的职责和契约，这一点特别重要。正如你在第 5 章中看到的，代码只能在一定程度上表达契约，其确切程度取决于所选择的编程语言。除此之外，还需要使用自然语言注释和其他形式的文档。

小测验 3：一个描述私有方法行为的注释属于规范注释还是实现注释？

相反，方法体经常变化，并且对客户端而言是隐藏的。因为它们经常变化，所以同样需要频繁地更新其中的注释，但是程序员经常忘记更新注释（或者忘记做对程序行为没有直接影响的任何其他操作）。你可能经历过这样的情况：你的任务是更新一段代码，以修复一个 bug 或实现一个新功能，但是时间比较紧迫。你很可能会专注于功能实现，专注于编写能够工作并通过测试的代码。除非你的公司采用严格的代码检查流程，否则流程上并没有对注释质量的进一步筛查。因此，你会自然而然地忽略注释，转而处理实现实际功能的代码。

如果有消息传出，某个代码库中的**一些**注释可能已过时了、并不可靠，那么**所有**的注释马上就会变成纯粹的无用信息，即使它们中的大多数实际上是好的和最新的。

可读性小技巧：减少实现注释，转而使用文档注释，并确保所有注释都是最新的。（代码审查可以帮助你。）

7.3.2   命名

Phil Karlton 有句名言是，计算机科学中只有两个难题：缓存失效和命名。第 4 章讨论了和缓存相关的问题，现在是时候面对第二个难题了。高级编程语言允许给程序元素分配任意的名称。在 Java 中，这些元素是包、类、方法和各种变量，包括字段。Java 语言给命名施加了一些限制（比如不能有空格）并提出了实践上的建议：它们应该相对较短。

我假设你已经熟悉了 Java 基于驼峰式（camel case）命名约定（许多语言都使用该命名约定，包括 C#和 C++）。下面的一般准则给出了在不同情况下建议使用的命名方式。

❑ 名字应该是描述性的，这样不熟悉代码的读者至少可以根据命名推测出元素的大致作用。这并不一定意味着名字必须很长。例如，在以下情况中，单字母的名字就可以了。

■ i 是数组索引的好名字，因为这是约定俗成的，因此是个清晰的好选择。

■ 出于同样的原因，x 是笛卡儿平面上横坐标的一个好名字。

■ a 和 b 适合用来命名简单比较器的两个参数。

```
Comparator<String> stringComparatorByLength =
    (a,b) -> Integer.compare(a.length(), b.length());
```

在此上下文中，读者不需要更多的描述性名字就能明白你的意图。（此外，注意比较器本身的名字很长。）

- 对于类型参数来说，T 是一个很好的名字（就像在类 LinkedList<T>中一样），不仅因为约定俗成，而且因为大多数类型参数都被称为 typeOfElements。

□ 类名应该是名词，方法名应该是动词。

□ 名字不应该使用非标准的缩写。

可读性小技巧：使用描述性的名字，避免缩写，并遵循公认的约定。

小测验 4：给 Employee 类中保存月薪的字段命名，用 salary、s、monthlySalary 和 employeeMonthlySalary 中的哪个更好？

7.3.3 空白及缩进

大多数编程语言，包括 Java，在代码的视觉布局方面十分自由。你可以在（几乎）任何地方分行，在符号周围自由地插入空白，并在任何地方插入空白行。你不应该利用这种自由度来表达艺术创造力（有相关的 ASCII 艺术），而应该为以后要阅读代码的程序员同事考虑，降低它们的理解负担。

正确的缩进是绝对必要的，但我相信你已经知道并实践了。在基本缩进的基础上再进一步，可以使用空白来对齐分行的两个部分。一个常见的场景是有多个参数的方法，比如以下 String 类的一个实例方法。

```
public boolean regionMatches(int toffset,
                             String other,
                             int ooffset,
                             int len)
```

可以把代码中的空行看作标点符号。如果把方法比作一个段落，那么空代码行就相当于一个句号，用以控制长度和内部一致性。当一个简单的逗号足够的时候，就不要用空行。你应该使用空行来明确地分隔不同概念的代码段，包括分隔不同方法或同一方法的不同部分。可以在 Reference 版本（见代码清单 7-3）和 Readable 版本（见代码清单 7-4）的 connectTo 方法中看到后者的例子。

可读性小技巧：在代码中使用空行，就像在一段文字中使用句尾的句号。

下一节将开发一个可读性经过优化的新版本容器类，称为 Readable。

7.4 可读的容器（Readable）

让我们基于 Reference 版本，使用以下技术来提高可读性。

❑ 给整个类及其公有方法添加标准格式的注释，以便可以很容易地转换成 HTML 文档。这是对 addWater 方法和 getAmount 方法所做的唯一改动，因为它们的方法主体足够简单，无须其他改动。

❑ 对 connectTo 方法的主体应用重构原则，以改进其结构性特征。

首先，熟悉 Java 文档注释的标准格式（Javadoc）很重要。

7.4.1 用 Javadoc 描述类的头部

Javadoc 是一个 Java 工具，可以从源文件中提取一些专门的注释（使用表 7-3 和表 7-4 中所示的标签），并将其渲染成格式良好的 HTML 格式，从而生成易于浏览的文档。Javadoc 最初用于生成大家熟悉的 Java API 在线文档，以及主流 IDE 实时提供的文档片段。

表 7-3   常用 Javadoc 标签

标　　签	含　　义
@author	类的作者（必需）
@version	类的版本（必需）
@return	描述一个方法的返回值
@param	描述一个方法的参数
@throws 或者@exception	描述抛出异常的条件
{@link ...}	生成指向另一个程序元素（类、方法等）的链接
{@code ...}	标记一个代码片段

表 7-4   Javadoc 兼容的常见 HTML 标签

标　　签	含　　义
<code>...</code>	标记一个代码片段
<p>	开始一个新段落
<i>...</i>	斜体
...	粗体

供 Javadoc 使用的注释必须以/**开头。大多数 HTML 标签可以使用，下面是一些例子。

❑ <p>：开始一个新段落。

❑ <i>...</i>：文字斜体。

❑ <code>...</code>：代码片段。

此外，Javadoc 还能识别多种额外的标签，它们都以@符号开头（不要与 Java 注解混淆）。例如，在描述整个类的注释中，应该插入自解释的@author 和@version 标签。这两个标签在类描述中应该是必需的，但如果缺少这两个标签，Javadoc 也不会报错。

C#文档注释

在 C#中，文档注释应该以/// （三斜杠）开头，并且可以包含多种 XML 标签。编译器自己会从源文件中提取这些注释，并将其存储在一个单独的 XML 文件中。然后 Visual Studio 使用该文件中的信息来丰富其上下文帮助功能，而程序员可以调用外部工具将注释输出为可读的格式，如 HTML。一个流行的开源解决方案是 DocFX 工具。除了 C#，它还支持多种其他语言，包括 Java。

本书不会单独介绍每个 Javadoc 标签，而是马上应用它们来实现 Container 类的可读性优化版本。在 Container 类源文件的头部，添加如代码清单 7-1 所示的介绍性注释，提供类的一般性描述。这样的注释也是介绍类中特定术语的合适位置，比如用 group 这个词来表示与当前容器相连的一组容器。

可以使用 HTML 标签<code>或 Javadoc 标签{@code ...}标记一段文本为代码片段。表 7-3 和表 7-4 总结了在注释中使用最多的 Javadoc 标签和 HTML 标签。

代码清单 7-1　Readable：类头

```
/**        ❶ Javadoc 注释的开头
 *   A <code>Container</code> represents a water container
 *   with virtually unlimited capacity.
 *   <p>        ❷ 大多数 HTML 标签可以使用
 *   Water can be added or removed.
 *   Two containers can be connected with a permanent pipe.
 *   When two containers are connected, directly or indirectly,
 *   they become communicating vessels, and water will distribute
 *   equally among all of them.
 *   <p>
 *   The set of all containers connected to this one is called the
 *   <i>group</i> of this container.
 *
 *   @author Marco Faella        ❸ 一个 Javadoc 标签
 *   @version 1.0        ❹ 另一个 Javadoc 标签
 */
public class Container {
    private Set<Container> group;
    private double amount;
```

7

图 7-1 展示了 Javadoc 用代码清单 7-1 中的注释生成的 HTML 页面。

Package eis.chapter7.readable

Class Container

java.lang.Object
　　eis.chapter7.readable.Container

```
public class Container
extends java.lang.Object
```

A `Container` represents a water container with virtually unlimited capacity.

Water can be added or removed. Two containers can be connected with a permanent pipe. When two containers are connected, directly or indirectly, they become communicating vessels, and water will **distribute equally** among all of them.

The set of all containers connected to this one is called the *group* of this container.

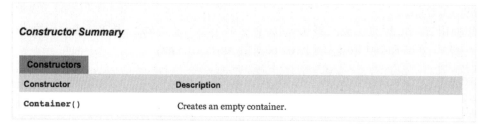

Constructor Summary

Constructors	
Constructor	**Description**
`Container()`	Creates an empty container.

图 7-1　使用 Javadoc 为 Readable 版本生成的 HTML 文档截图，包括一个类的描述和
　　　　一个构造函数列表

　　接下来的构造函数和 `getAmount` 方法非常简单，除了简短的文档注释外，不需要增强可读性（见代码清单 7-2）。使用 @return 标签来描述方法的返回值。

代码清单 7-2　Readable：构造函数和 `getAmount` 方法

```
/** Creates an empty container. */
public Container() {
    group = new HashSet<Container>();
    group.add(this);
}

/** Returns the amount of water currently held in this container.
 *
 * @return the amount of water currently held in this container
 */
public double getAmount() {
    return amount;
}
```

　　`getAmount` 方法注释中的冗余是由 Javadoc 显示信息的方式决定的。在该类的 HTML 页面中，每个方法都被展示了两次：一是在所有方法的总结中（见图 7-2）；二是在一个篇幅更长的部分中，每个方法都有详细的描述（见图 7-3）。注释中的第一句话会被包含在所有方法的总结中，所以不能省略。以 @return 开头的这一行只包含在方法的详细描述中。

Method Summary

Modifier and Type	Method	Description
All Methods	Instance Methods	Concrete Methods
void	**addWater**(double amount)	Adds water to this container.
void	**connectTo**(Container other)	Connects this container with another.
double	**getAmount**()	Returns the amount of water currently held in this container.
double	**groupAmount**()	Returns the total amount of water in the group of this container.
int	**groupSize**()	Returns the number of containers in the group of this container.
boolean	**isConnectedTo**(Container other)	Checks whether this container is connected to another one.

Methods inherited from class java.lang.Object

clone, equals, finalize, getClass, hashCode, notify, notifyAll, toString, wait, wait, wait

图 7-2　Javadoc 生成的 HTML 文档截图：Readable 版本的公有方法的总结

Method Detail

getAmount

```
public double getAmount()
```

Returns the amount of water currently held in this container.

Returns:

the amount of water currently held in this container

图 7-3　Javadoc 生成的 HTML 文档截图：getAmount 方法的详细说明

7.4.2　整理 connectTo 方法

现在我们将注意力转移到 connectTo 方法上，对其进行重构来提高可读性。为方便起见，首先回顾一下 Reference 版本中该方法的实现，如代码清单 7-3 所示。

代码清单 7-3　Reference：connectTo 方法

```
public void connectTo(Container other) {

    // 如果两个容器已经连接，则不做任何事情
    if (group==other.group) return;

    int size1 = group.size(),
```

```
        size2 = other.group.size();
double tot1 = amount * size1,
        tot2 = other.amount * size2,
        newAmount = (tot1 + tot2) / (size1 + size2);

    // 合并两个组
    group.addAll(other.group);
    // 更新要连接的所有容器的组
```
❶ 你可以将类似的注释替换为一个命名良好的支持方法

```
    for (Container c: other.group) { c.group = group; }
    // 更新所有新连接的容器
    for (Container c: group) { c.amount = newAmount; }
}
```

第 3 章已经指出了 Reference 版本实现的一个缺陷：它包含大量的方法内部注释，试图解释每一行代码。一些程序员很在意同事能否很好地理解自己的代码，会自然地添加这样的注释。然而，这并不是实现这一优秀目标的最有效方法。一个更好的选择是使用**提取方法**重构技术。

可读性小技巧："提取方法"重构规则——将连续的代码块提取到一个新的方法中，并使用描述性的名字。

我们可以在方法 connectTo 中充分地应用该技术。事实上，可以应用五次，并获得五个新的支持方法，以及一个新的、更易读的 connectTo 方法，如代码清单 7-4 所示。

代码清单 7-4　Readable：connectTo 方法

```
/** Connects this container with another.
 *
 *   @param other The container that will be connected to this one
 */
public void connectTo(Container other) {
    if (this.isConnectedTo(other))
        return;

    double newAmount = (groupAmount() + other.groupAmount()) /
                       (groupSize() + other.groupSize());
    mergeGroupWith(other.group);
    setAllAmountsTo(newAmount);
}
```

Javadoc 标签@param 注释了一个方法参数。它的后面是参数名和描述。与 Reference 版本相比，该方法要短得多，可读性也更强。如果你不相信，可以试着大声朗读方法体，就会意识到它几乎可以作为一段短文来理解。

我们通过引入五个恰当的支持方法来达到这种效果。事实上，Martin Fowler 认为长方法是一种代码坏味道，而提取方法是用于消除这种坏味道的重构技术。采用敏捷开发的说法，代码清单 7-4 中新版本的 connectTo 方法与 Reference 中的旧版本相差了五个"提取方法"。

添加注释只解释了一些代码，而提取方法既解释了代码，又**隐藏**了代码——把代码提取到一个单独的方法中。 这样一来，它将原方法中的抽象层次保持在一个更高、更统一的高度，避免了代码清单 7-3 中的高层 API 解释和低层实现之间烦琐地交错在一起。

用查询替换局部变量是另一种可以用在 `connectTo` 方法上的重构技术。

　　可读性小技巧："用查询替换局部变量"重构规则——将局部变量替换为调用一个计算其值的新方法。

可以将这种技术应用于局部变量 `newAmount`，它只被赋值一次，然后被用作 `setAllAmountsTo` 方法的参数。直接应用该技术会删除变量 `newAmount`，并将 `connectTo` 方法的最后两行替换为以下内容。

```
mergeGroupWith(other.group);
setAllAmountsTo(amountAfterMerge(other));
```

这里的 `amountAfterMerge` 是一个新的方法，负责计算合并后每个容器中的正确水量。然而，稍加思考就会发现，`amountAfterMerge` 方法需要跨过重重障碍来完成任务，因为在调用该方法时，各组已经被合并了。尤其是，`this.group` 已经指向了包含 `other.group` 所有元素的 `set`。

一个很好的折中方案是将计算新水量的表达式封装到一个新的方法中，但同时保留局部变量，这样就可以在合并组之前计算新水量了。

```
final double newAmount = amountAfterMerge(other);
mergeGroupWith(other.group);
setAllAmountsTo(newAmount);
```

总而言之，我不推荐这种重构，因为代码清单 7-4 中分配给 `newAmount` 的表达式可读性良好，不需要隐藏在一个单独的方法中。当它替换的表达式比较复杂或在整个类中多次出现时，"用查询替换局部变量"规则往往更有用。

现在来看看 Readable 版本中 `connectTo` 方法的五个新支持方法。在这五个方法中，有两个方法最好被声明为私有的，因为它们可能会让对象处于不一致的状态，所以不应该从类的外部调用。它们就是 `mergeGroupWith` 方法和 `setAllAmountsTo` 方法。

`mergeGroupWith` 方法合并两组容器，而不更新它们的水量。如果有人单独调用它，则很可能会让某些或所有容器的水量出错。这个方法只在所使用的具体上下文中才有意义：在 `connectTo` 方法的最后，紧接着调用 `setAllAmountsTo` 方法。事实上，它是否真的应该成为一个单独的方法是值得商榷的。一方面，让它单独存在，可以通过给它取一个好名字来说明它的用途，而不是像 Reference 版本中那样使用注释。另一方面，一个单独的方法可能在错误的上下文中被调用。因为本章要优化可读性，所以让其单独存在。类似的权衡也适用于 `setAllAmountsTo` 方法。

代码清单 7-5 展示了这两个方法的代码。

代码清单 7-5   Readable：connectTo 的两个新的私有支持方法

```
private void mergeGroupWith(Set<Container> otherGroup) {
    group.addAll(otherGroup);
    for (Container x: otherGroup) {
        x.group = group;
    }
}

private void setAllAmountsTo(double amount) {
    for (Container x: group) {
        x.amount = amount;
    }
}
```

　　私有方法被认为不值得使用 Javadoc 注释。它们只在类内部使用，所以很少有人觉得有必要详细了解它们。因此，添加注释的潜在好处不足以弥补其成本。

　　注释的成本并不限于编写注释的时间。就像任何其他源代码一样，它需要被维护，否则可能会过时。也就是说，注释和它说明的代码不同步。请记住：过时的注释比没有注释更糟糕！

　　用描述性的名字代替注释并不能避免这种特殊的风险。如果没有适当的编码规范和流程，那么最终还是可能会产生一些过时的名字，这和过时的注释一样糟糕。

　　其他三个新的支持方法都是无任何不良影响的只读功能，也可能被声明为公有的。这并不是说你应该轻率地决定将它们公开。在类中添加任何公有成员带来的后续维护成本远远大于添加相同的私有成员的成本。一个公有方法的额外成本包括：

　　❑ 适当的文档，以描述其契约；
　　❑ 前置条件检查，以应对与可能不正确的客户端的交互；
　　❑ 一整套测试，以保证其正确性。

　　在我们这个特殊的场景中，这些成本相当有限，因为这三个方法都只有简单的只读功能，没有任何前置条件可言①（见代码清单 7-6）。此外，这三个方法为客户提供了其他方式无法获得的信息。因此，它们显著地提高了类的可测试性，这一点已经在第 5 章中讨论了。

代码清单 7-6   Readable：connectTo 方法的三个新的公有支持方法

```
/** Checks whether this container is connected to another one.
 *
 *  @param other the container whose connection with this will be checked
 *  @return <code>true</code> if this container is connected
 *                            to <code>other</code>
 */
public boolean isConnectedTo(Container other) {
    return group == other.group;
}
```

---

① 准确地说，isConnectedTo 方法要求它的参数是非 null 的。这是一个微不足道的前提条件，不需要记录或主动检查它。违反它将引发一个 NPE，就像预期的那样。

```
/** Returns the number of containers in the group of this container.
 *
 *  @return the size of the group
 */
public int groupSize() {
    return group.size();
}

/** Returns the total amount of water in the group of this container.
 *
 *  @return the amount of water in the group
 */
public double groupAmount() {
    return amount * group.size();
}
```

顺便说一下，isConnectedTo 方法还提高了类的可测试性，因为它使以前所有实现中只能推测的东西变得可以直接测试。

实现 connectTo 功能的六个方法都非常短，其中最长的是 connectTo 方法本身，只有六行。简洁是整洁代码的主要原则之一。

7.4.3 整理 addWater 方法

最后，该优化 addWater 方法了。它的方法体和 Reference 版本中的完全一样。只是添加了 Javadoc 文档注释来更好地描述方法的契约，如代码清单 7-7 所示。

代码清单 7-7 Readable：addWater 方法

```
/** Adds water to this container.
 *  A negative <code>amount</code> indicates removal of water.
 *  In that case, there should be enough water in the group
 *  to satisfy the request.
 *
 *  @param amount the amount of water to be added
 */
public void addWater(double amount) {
    double amountPerContainer = amount / group.size();
    for (Container c: group) {
        c.amount += amountPerContainer;
    }
}
```

将此 Javadoc 注释中的方法描述与第 5 章介绍的 addWater 方法契约进行比较。

❑ **前置条件**：如果参数是负值，则组中要有足够的水量。

❑ **后置条件**：将添加的水平均分配给该组中的所有容器。

❑ **惩罚**：抛出 IllegalArgumentException。

注意，代码清单 7-7 中的注释并没有提到如果客户端违反了前置条件会有怎样的反应，即需要移除的水量大于实际存在的水量。这是因为该实现（和 Reference 版本一样）并没有检查前置条件，而是允许容器中的水量为负值。回顾图 7-2 可以看到使用 Javadoc 为这些注释生成的 HTML 页面。

如果 connect 方法的实现检查了前置条件，并且遵守契约，抛出 IllegalArgumentException 作为惩罚呢？Javadoc 风格规范和 *Effective Java* 一书都建议使用 @throws 或 @exception 标签（这两个标签是等价的）来说明方法可能抛出的非检查型异常。将下面这行代码加到方法注释里面就可以了。

```
@throws IllegalArgumentException
        if an attempt is made to remove more water than actually present
```

快速浏览一下官方的 Java API 文档，就会发现这确实是标准做法。举个例子，ArrayList 类的 get(int index) 方法返回列表中给定 index 位置的元素，该方法的文档注释说明了如果索引越界，则会抛出非检查型异常 IndexOutOfBoundsException。

小测验 5：假设一个公有方法如果检测到类的不变性被破坏了，就会抛出 AssertionError。你会在该方法的 Javadoc 中对此进行说明吗？

7.5   可读性的终极思考

本章与前几章有所不同，因为你可以很容易地把本章中的建议应用到大多数甚至所有真实场景中。尽管我在第 1 章中说过，可读性可能会与其他质量目标（如时间效率或空间效率）有冲突，但在大多数场景中，可读性应该占上风。当一款软件由于要修复 bug 或实现新功能而需要不断演进时，保持良好的可读性会让我们受益匪浅。

但是，不应该把代码的整洁性和算法的简洁性混为一谈。我并不提倡为了追求可读性而抛弃高效的算法，反而选择低效的算法。恰恰相反，应该选择最适合的算法来完成任务，然后努力编写最整洁的代码。整洁的代码当然优于为追求性能而采取的"奇技淫巧"，但软件工程的合理做法才是更高的追求。

只在少数场景下，可读性要么是一种奢侈，要么是需要刻意避免的。典型例子是时间紧张的编程挑战赛，比如编程马拉松或编程大赛。此时，参赛者需要以最快的速度写出代码。代码只要能工作就行，写完即可扔掉。任何延迟都是一种开销，也就不必考虑编码风格了。

另一个例子是，一些公司不希望其他任何人能分析其源代码，包括软件的合法用户。他们希望通过隐藏或混淆源代码来隐藏其算法或数据。此时，他们会很自然地放弃代码的可读性，刻意编写非常晦涩难懂的代码来完成工作。事实上，有一种名为**混淆器**（obfuscator）的特殊软件，用途正是将一个程序翻译成另一个功能相同但人类极难理解的程序。你可以混淆用任何编程语言开发的程序[①]，从机器代码到 Java 字节码或源代码。在网上搜索"Java 混淆器"就可以找到大量的开源和商业混淆工具。因为这类工具的存在，即使最敏感的公司也可以在开发过程中保持代码是整洁、可读的（有利于提高软件质量），然后在公开发布之前使用混淆工具把它们变得晦涩难懂。

---

① 有些语言本身就被设计成了不可读的，几乎不需要任何混淆。你知道其中有哪些语言吗？提示：B̶r̶a̶i̶n̶

7.6 来点儿新鲜的

本节将把编写可读代码的原则应用到一个不同的例子中。这是一个单独的方法,它接收一个 double 类型的二维数组,然后对其做一些事情。我故意把该方法的代码写得很随意,虽然算不上晦涩,但也不太可读。作为一个练习,在继续阅读之前,请试着理解它做了什么。

```
public static void f(double[][] a) {
    int i = 0, j = 0;
    while (i<a.length) {
        if (a[i].length != a.length)
            throw new IllegalArgumentException();
        i++;
    }
    i = 0;
    while (i<a.length) {
        j = 0;
        while (j<i) {
            double temp = a[i][j];
            a[i][j] = a[j][i];
            a[j][i] = temp;
            j++;
        }
        i++;
    }
}
```

你感觉到痛苦了吗? 那些 while 循环和毫无意义的变量名真的让人头昏脑涨。想象一下,用这样的风格编写整个程序有多么可怕吧!

或许你已经看出来了,这个谜一样的方法会**转置**(transpose)一个方阵,即交换其行与列。第一个 while 循环检查传入的矩阵是否是方形的(行数和列数相同)。由于 Java 二维数组表示的矩阵可能是不规则的(每一行的长度可能不同),就需要检查每一行的长度是否都与行数相同。下面是添加了注释的版本,帮助你理解代码的各个部分。

```
public static void f(double[][] a) {
    int i = 0, j = 0;
    while (i<a.length) {        ❶ 遍历每一行
        if (a[i].length != a.length) {    ❷ 如果该行的长度是"错误"的
            throw new IllegalArgumentException();
        i++;
    }
    i = 0;
    while (i<a.length) {        ❸ 遍历每一行
        j = 0;
        while (j<i) {        ❹ 遍历前 i 列
            double temp = a[i][j];    ❺ 交换 a[i][j] 和 a[j][i]
            a[i][j] = a[j][i];
            a[j][i] = temp;
            j++;
        }
```

```
        i++;
    }
}
```

现在使用本章介绍的原则来提高此方法的可读性。首先，开始部分检查矩阵是否为方阵的代码特别适合使用"提取方法"这个重构原则：它是具有明确契约定义的一个连贯操作。一旦将其提取到单独的方法中，就可能在其他地方使用它。因此我将它声明为公有的，并给它添加了完整的 Javadoc 注释。

由于检查是否为方阵的操作不会修改矩阵，因此可以在其主循环中使用增强型 for 循环。

```
/** Checks whether a matrix is square-shaped
 *
 * @param matrix a matrix
 * @return {@code true} if the given matrix is square
 */
public static boolean isSquare(double[][] matrix) {
    for (double[] row: matrix) {
        if (row.length != matrix.length) {
            return false;
        }
    }
    return true;
}
```

然后，转置矩阵的方法会调用 isSquare 方法，并使用两个直白的 for 循环来执行转置操作。这时候就不能使用增强型 for 循环了，因为需要行和列的索引来完成交换工作。

同时，还可以改进变量和方法本身的命名，让其更可读。可以保留 i 和 j 作为行和列的索引，因为它们是数组索引的标准命名。

```
/** Transposes a square matrix
 *
 * @param matrix a matrix
 * @throws IllegalArgumentException if the given matrix is not square
 */
public static void transpose(double[][] matrix) {
    if (!isSquare(matrix)) {
        throw new IllegalArgumentException(
                "Can't transpose a nonsquare matrix.");
    }
    for (int i=0; i<matrix.length; i++) {        ❶ 遍历每一行
        for (int j=0; j<i; j++) {                ❷ 遍历前 i 列
            double temp = matrix[i][j];          ❸ 交换 a[i][j] 和 a[j][i]
            matrix[i][j] = matrix[j][i];
            matrix[j][i] = temp;
        }
    }
}
```

7.7 真实世界的用例

你已经学习并实际应用了一些非常重要的提高代码可读性的原则。这里列举几个案例来帮助你理解提高代码可读性在真实世界中的重要性。

- ❏ 想象一下，你是一家小型初创公司的创始人之一，并且成功帮公司中标，要为一家天然气基础设施管理公司开发软件，项目目标是实施监管法律。一切看起来都很好：你拿到了一个好项目，而且意识到，由于法律很少改变，软件交付后，你们将能在维护合同存续期间继续享受劳动果实获取收益。你和同事们做出了一个战略性的决策，要尽可能快地交付解决方案，给客户留下深刻的印象。为此，你决定减少一些非必需的工作，比如提高代码可读性、维护文档、进行单元测试等。几年后，你的公司发展壮大，但原来的团队中有一半人离开了公司，而公司还和天然气运营商续签着合同。然后有一天，概率极小的事情发生了：法律法规发生了变化，需要修改软件以满足新的需求。这时你才意识到理解现有代码的工作原理比实现新需求更难。代码的可读性非常重要，是软件公司团队运作的决定性因素。

- ❏ 你是一个有热情、有才华的开发者，渴望为开源社区做出贡献。你有一个伟大的想法（至少你自己这么认为）：要在 GitHub 上分享代码，希望它能吸引贡献者，并最终被用于真正的项目中。你意识到可读性是吸引贡献者的关键因素，因为他们一开始对你的代码库并不熟悉，而且很可能不愿意询问相关的问题。

下面的例子显示了编程界对可读性的重视程度。

- ❏ 无论你使用哪种编程语言，都应该尽可能地让代码更可读。然而，对于某些编程语言而言，可读性是语言层面的一种设计特性。Python 是最流行的语言之一，可以说原因之一就是它天然的可读性。事实上，可读性公认十分重要，以至于语言设计者提出了旨在提高可读性的著名编码风格规范 PEP 8（Python 改进提案）。

- ❏ 我们再来谈谈 Python。（是的，本书主要使用 Java，但这些原则是通用的。）Python 是一种动态类型的语言，所以不必指定函数参数和返回值的类型。然而，PEP 484 在 Python 3.5 版本中引入了可选的**类型提示**，提供了一种声明这些类型的标准方法。这些提示对性能完全没有影响，也不提供运行时类型推断。它们的目的是提高可读性，支持更多的静态类型检查，从而提高了可靠性。

7.8 学以致用

练习 1
给定以下数据：

```
List<String> names;
double[] lengths;
```

你会使用哪种循环来完成以下任务？

(1) 打印列表中的所有名字。

(2) 从列表中删除所有长度大于 20 个字符的名字。

(3) 计算所有长度之和。

(4) 如果数组中包含一个值为零的长度，则将一个布尔类型的标志设为 true。

练习 2

你可能知道，String 类中的 charAt 方法返回字符串在给定索引处的字符。

```
public char charAt(int index)
```

为它编写 Javadoc 注释，描述该方法的契约，然后与官方文档进行比较。

练习 3

阅读以下方法。试图理解它是做什么的，并使它更易读。（不要忘记添加 Javadoc 方法注释。）在线代码库包含这个练习和下一个练习的源代码。

```
public static int f(String s, char c) {
    int i = 0, n = 0;
    boolean flag = true;
    while (flag) {
        if (s.charAt(i) == c)
            n++;
        if (i == s.length() -1)
            flag = false;
        else
            i++;
    }
    return n;
}
```

练习 4

以下方法来自 GitHub 仓库中的一个算法集合项目（1000 的 Star 数，4000 的 Fork 数）。该方法对一个图（byte 类型的邻接矩阵）执行**广度优先遍历**。你不用知道这个算法的细节也可以完成该练习。只需要知道如果有一条从节点 i 到节点 j 的边，则 a[i][j] 单元格的值为 1，否则为 0。

可以分两步来提高方法的可读性。首先，进行外表优化，包括变量名和注释。然后，进行结构性优化。所有的优化都不能修改方法的 API（参数类型）和显示行为（屏幕上的输出）。

```
/**
 * The BFS implemented in code to use.
 *
 * @param a Structure to perform the search on a graph, adjacency matrix etc.
 * @param vertices The vertices to use
 * @param source The source
 */
```

```java
public static void bfsImplement(byte [][] a,int vertices,int source){
                              // 传入邻接矩阵和顶点数量
    byte []b=new byte[vertices];      // 包含各顶点状态的标志容器
    Arrays.fill(b,(byte)-1);          // 初始化状态
    /*      状态码
            -1   =    已准备
            0    =    等待中
            1    =    已处理         */

Stack<Integer> st = new Stack<>();         // 操作性栈
st.push(source);                           // 赋值为 source
while(!st.isEmpty()){
    b[st.peek()]=(byte)0;                  // 赋值为“等待中”状态
    System.out.println(st.peek());
    int pop=st.peek();
    b[pop]=(byte)1;                // 赋值为“已处理”状态
    st.pop();                      // 移除队列的头部元素
    for(int i=0;i<vertices;i++){
        if(a[pop][i]!=0 && b[i]!=(byte)0 && b[i]!=(byte)1 ){
            st.push(i);
            b[i]=(byte)0;                     // 赋值为“等待中”状态
        }}}
}
```

7.9　小结

- 可读性是提高可靠性和可维护性的重要因素。
- 可以通过结构性优化和外表优化等方式提高可读性。
- 提高可读性是一个常见的重构目标。
- 自描述的代码优于实现注释。
- 应该以标准方式编写详细的、格式化的文档注释，使其易于阅读。

7.10　小测验答案和练习答案

小测验 1
可读性可以提高可维护性和可靠性，因为可读的代码更容易理解和安全地修改。

小测验 2
不能使用增强型 for 循环，因为需要一个索引来修改数组的元素。当需要显式地使用索引遍历整个数组时，最佳选择是标准的 for 循环。

小测验 3
描述私有方法行为的注释应该被视为实现注释。私有方法是不会被暴露给客户端的。

小测验 4

最合适的命名可能是 `monthlySalary`。`s` 和 `salary` 包含的信息太少，而 `employeeMonthly-Salary` 则包含了不必要的重复类名。

小测验 5

不应该为 `AssertionError` 添加注释，因为这种异常只会在发生内部错误时抛出。

练习 1

(1) 增强型 `for` 循环是第一个任务的理想选择。

```
for (String name: names) {
    System.out.println(name);
}
```

(2) 第二个任务使用迭代器。

```
Iterator<String> iterator = names.iterator();
while (iterator.hasNext()) {
    if (iterator.next().length() > 20) {
        iterator.remove();
    }
}
```

(3) 第三个任务也使用增强型 `for` 循环。

```
double totalLength = 0;
for (double length: lengths) {
    totalLength += length;
}
```

或者使用一行 Stream 风格的代码。

```
double totalLength = Arrays.stream(lengths).sum();
```

(4) 根据常识，当使用数据（数组的内容）决定是否需要退出时，使用 `while` 循环。我认为增强型 `for` 循环配合 `break` 语句也是合适的，因为这样能自动处理需要遍历整个数组的情况。

```
boolean containsZero = false;
for (double length: lengths) {
    if (length == 0) {
        containsZero = true;
        break;
    }
}
```

使用 Stream 库会更方便。

```
boolean containsZero = Arrays.stream(lengths).anyMatch(
                       length -> length == 0);
```

练习 2

以下是 OpenJDK 12 中 `String` 类 `charAt` 方法的 `Javadoc`（略有简化）。

```
/**
 * Returns the {@code char} value at the
 * specified index. An index ranges from {@code 0} to
 * {@code length() - 1}. The first {@code char} value of the sequence
 * is at index {@code 0}, the next at index {@code 1},
 * and so on, as for array indexing.
 *
 * @param       index    the index of the {@code char} value.
 * @return      the {@code char} value at the specified index of this string.
 *              The first {@code char} value is at index {@code 0}.
 * @exception   IndexOutOfBoundsException  if the {@code index}
 *              argument is negative or not less than the length of this
 *              string.
 */
```

练习 3

很容易发现，该方法只是简单地计算字符串中某个字符出现的次数。`while` 循环和 `flag` 都是无用的弯路，以下的解决方案用一个简单的 `for` 循环来代替它们。

```
/** Counts the number of occurrences of a character in a string.
 *
 * @param s a string
 * @param c a character
 * @return The number of occurrences of {@code c} in {@code s}
 */
public static int countOccurrences(String s, char c) {
    int count = 0;
    for (int i=0; i<s.length(); i++) {
        if (s.charAt(i) == c) {
            count++;
        }
    }
    return count;
}
```

还可以使用一行 Stream 风格的代码来实现该功能。

```
return (int) s.chars().filter(character -> character == c).count();
```

之所以将其转为 `int` 类型，是因为最后的 `count` 方法的返回值为 `long` 类型。为了让程序更稳健，还应该防止数据溢出。

练习 4

让我们直接看最终版本，包括外表和结构性的改进。首先，注意算法为每个节点维护了一个状态，可以是三个值之一：fresh（尚未遇到）、enqueued（已入栈但尚未处理）和 processed（已处理）。在最初的实现中，这些状态使用字节数组 b 来表示。第一个结构性的改进是使用枚举来表示节点的状态。不幸的是，不能在方法内部声明枚举，所以必须在类级别（方法之外）声明如下枚举。

```
private enum Status { FRESH, ENQUEUED, PROCESSED };
```

现在可以重构主方法，利用这个枚举改进变量名，删除实现注释，并优化空白和缩进。最终代码如下所示。

```java
/** Visits the node in a directed graph in breadth first order,
  * printing the index of each visited node.
  *
  * @param adjacent     the adjacency matrix
  * @param vertexCount  the number of vertices
  * @param sourceVertex the source vertex
  */
public static void breadthFirst(
                    byte[][] adjacent, int vertexCount, int sourceVertex) {
    Status[] status = new Status[vertexCount];
    Arrays.fill(status, Status.FRESH);

    Stack<Integer> stack = new Stack<>();
    stack.push(sourceVertex);

    while (!stack.isEmpty()) {
        int currentVertex = stack.pop();
        System.out.println(currentVertex);
        status[currentVertex] = Status.PROCESSED;
        for (int i=0; i<vertexCount; i++) {
            if (adjacent[currentVertex][i] != 0 && status[i] == Status.FRESH)
            {
                stack.push(i);
                status[i] = Status.ENQUEUED;
            }
        }
    }
}
```

以上方法中，我使用了 Stack 类，因为它不影响可读性，但是需要知道 Stack 类已经被 LinkedList 和 ArrayDeque 取代了。

7.11　扩展阅读

- R. C. Martin 的《代码整洁之道》

  由"敏捷软件开发宣言"的作者之一撰写，是一本详细而全面的编码风格指南。你可以阅读后续的《架构整洁之道》一书学习更高层次的架构设计知识。

- S. McConnell 的《代码大全》

  这是一本范围广泛、研究透彻、排版精美的编码实践手册，从变量合理命名讲到项目计划和团队管理。

❑ BrianW.Kernighan 和 P.J.Plauger 的《编程格调》

这可以说是第一本系统性地解决代码可读性问题的书。书中的示例使用了 Fortran 和 PL/I 语言。20 多年后，Kernighan 与 R.Pike 在《程序设计实践》的第 1 章中又讨论了同样的主题。

❑ Martin Fowler 的《重构：改善既有代码的设计》

这本经典图书普及并规范了重构的概念。可以在作者的同名网站上查看书中的重构规则目录。使用大部分主流 IDE，简单地点击一两下就能应用其中的许多规则。

❑ 高德纳的 *Literate Programming*

这本论文集提倡将编程作为一种类似于文学的艺术形式。

❑ "How to Write Doc Comments for the Javadoc Tool"

官方的 Javadoc 风格规范，可以在网上搜索并阅读。

7

第8章　多个厨师一锅饭：线程安全

本章内容
- ❑ 识别并避免死锁和竞争条件
- ❑ 使用显式锁
- ❑ 使用无锁同步
- ❑ 设计不可变类

本章的目标是编写**线程安全**（thread-safe）的类。如果类是线程安全的，则多个线程可以与该类的对象进行交互，无须显式地同步。也就是说，线程安全的类会自己处理同步问题。客户端可以自由地调用类的任何方法（甚至并发地调用同一个对象），而不会有任何负面影响。使用第 5 章介绍的契约式设计方法论，可以明确地定义什么是负面影响：违反后置条件或不变式。

诚然，线程安全并不像性能或可读性那样是被普遍关注的特性。然而，随着并行计算硬件的普及，线程安全越来越重要。与其他功能性缺陷相比，线程安全问题可能在更长时间内都难以被人察觉。一些同步问题只在某些特殊场景才会发生：执行时机和顺序刚好触发了竞争条件，从而破坏了一个对象的状态，或发生死锁而阻塞了整个程序。这就是你需要仔细阅读本章的另一个原因！

本章假设你已掌握了 Java 多线程的基础知识，比如创建线程和使用 `synchronized` 块实现互斥。可以考虑完成本章结尾的练习 1 来进行自测。它会帮你复习 `synchronized` 关键字的主要用法。

8.1　线程安全面临的挑战

线程安全的两个主要敌人是**竞争条件**（race condition）和**死锁**（deadlock）。一般来说，前者是因为缺乏同步，后者则是因为同步过多。当不同的线程并发请求两个操作时，可能导致至少一个操作违反后置条件，这就是竞争条件。如果并发操作共享对象而不进行同步，就很容易发生竞争条件。

假设多个线程访问下面类的同一个实例。

```
public class Counter {
    private int n;
    public void increment() { n++; }
    ...
}
```

如果两个线程同时调用 increment 方法，那么计数器可能只会自增一次，而不是两次[①]。这是因为 n++ 不是**原子**操作。它大致等价于以下三个原子操作。

(1) 将 n 的当前值复制到寄存器（对于寄存器机器）或栈（对于 JVM）。

(2) 将其加 1。

(3) 将 n 的新值更新回它所属的 Counter 对象。

如果两个线程同时执行第一步（或者在任何情况下，其中任何一个线程都没来得及执行第三步来保存更新后的新值），那么两个线程都将读取相同的旧值 n，将其加 1 并更新为相同的新值 n+1。也就是说，同一个值 n+1 被保存了两次。

你可以从在线代码库中获取 eis.chapter8.threads.Counter 类，然后运行并检查运行结果。它启动了五个线程，每个线程调用同一个对象的 increment 方法 1000 次。最后，程序打印计数器的值。我在自己的笔记本计算机上执行了三次，得到了如下结果。

```
4831
4933
3699
```

如你所见，在这种极端场景下，竞争条件极为常见。最后一次执行时，竞争条件导致超过 26% 的递增操作丢失。可能你已学会使用同步原语（如**互斥锁**或**监视器**）来避免竞争条件，这些原语使所有 increment 方法的调用**互斥**：如果一个线程正在调用某个 Counter 对象，那么其他线程调用同一对象时必须等待当前调用完成后才能进入方法。在 Java 中，synchronized 关键字是使用同步的基本形式。

另一个极端场景是，滥用同步可能会导致死锁，即两个或多个线程一直阻塞，相互循环等待对方。8.2 节有一个死锁的例子。

本章接下来会介绍如何使用底层同步原语（如 synchronized 块和显式锁）来识别和避免竞争条件与死锁。我会继续以水容器为例，讨论一些实用、有效的线程同步方法。事实证明，我们需要实现一种有趣、非标准的同步方式。

为了更全面地了解多线程问题和解决方案，应该复习一下所使用语言的基本**内存模型**规则。对于 Java，最好的参考资料仍然是 8.10 节提到的《Java 并发编程实践》一书。此外，还应该掌握所用语言提供的更高级的并发功能。

由于对线程的原生支持，Java 从一开始就在多线程支持方面遥遥领先。近年来，Java 通过引入图 8-1 中三个不同层次的抽象，不断提升对多线程的支持。

8

[①] 也有可能因为**可见性**问题，两个线程看到不同的计数器值。可见性和竞争条件无关。

- ❑ Executor Service（Java 5 引入）：包含一组少量的类和接口，用于创建适当数量的线程来执行用户定义的任务。可以阅读 `java.util.concurrent` 包中的 `ExecutorService` 接口和 `Executors` 类来了解详情。
- ❑ Fork/Join 框架（Java 7 引入）：将一个复杂计算切分到多个线程中执行（fork），并将多个线程的结果聚合为一个值（join）。可以阅读 `ForkJoinPool` 类来快速入门。
- ❑ 并行 Stream（Java 8 引入）：一个强大的库，提供了操作有序数据源的标准方式。可以阅读 `Stream` 类入门，但推荐 8.10 节中的图书来领略 Stream 库的许多精妙之处。

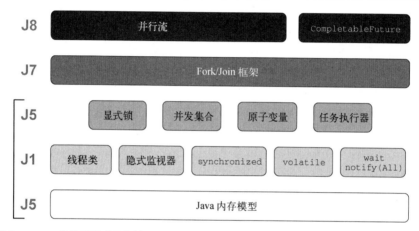

图 8-1　Java 多线程的主要层级，用最早引入（或固定，对 JMM 而言）其的 Java 版本进行标注。本章只涉及最下面的三个层级

8.1.1　并发级别

如果只需要关心线程安全，那么有一个简单的技术适用于所有场景和所有独立的类：使用一个全局锁来同步所有方法。在 Java 中，每个对象都隐式地包含一个锁，所以可以将 Container.class[①]对象的锁作为所有容器使用的全局锁。然后，可以将 Container 类中所有方法的方法体包装在一个同步块中，如下所示。

```
synchronized (Container.class) {
    ... ❶ 方法体
}
```

这样一来，对类的所有访问都是完全**串行**的。也就是说，即使不同的线程调用不同的对象，每次也只能执行一个方法。这种粗粒度的并发控制极其苛刻，完全抛弃了并发带来的性能提升。更糟糕的是，获取和释放锁会影响程序性能（甚至对于单线程程序而言也是如此）[②]。这种技术

---

① 这和该类的任何同步静态方法所使用的锁是一样的。

② 优化过的运行时环境可以使用一些技术来避免这些开销。例如，HotSpot 的偏向性锁可以识别大部分情况下，只有一个线程拥有锁的情况，并对这种情况进行优化。

称为**类级别并发**，是一个极端的并发级别。表 8-1 描述了它的特点。

表 8-1 类的常用并发策略，按照并发数排序（从低到高）。第二列表示允许同时进行的操作，
第三列表示实现该策略所需的锁

名 称	允许什么并发操作	需要多少锁
类级别	访问不同的类	每个类一个锁
对象级别	访问不同的对象	每个对象一个锁
方法级别	访问不同的方法	每个对象的每个方法一个锁
不控制并发	所有	不需要锁

理想情况下，我们希望在保证线程安全的同时，尽量提升并发性能。为此，分两步进行。

(1) **设计阶段**：弄清楚类能支持多少并发，也就是说，哪些方法或代码可以同时运行，不会出现竞争条件。实际场景中，这些代码操作的是不同的数据。

(2) **实现阶段**：添加同步原语，运行有效的同步操作，并串行执行无效的同步操作。

只要类的对象是被隔离的（不包含对彼此的引用，也不包含对其他类型共享对象的引用），多个方法就可以并行执行，因为它们作用于不同的对象。简单地在所有实例方法上使用 synchronized 就可以保证线程安全。这就是典型的**对象级别并发**，如下面的 POJO（Plain Old Java Object）类所示。

```
public class Employee {
   private String name;
   private Date hireDate;
   private int monthlySalary;
   ...
   public synchronized increaseSalary(int bonus) {
      monthlySalary += bonus;
   }
}
```

顺便说一下，如此简单的示例也有改进的空间：最佳实践推荐不要将整个方法声明为同步的，因为当客户端使用一个 Employee 作为监视器时，会发生冲突。使用一个私有字段作为监视器更稳健，但代码实现会略显烦琐，且空间性能较低。这样一来，需要同步就变成了一个类内部的实现细节问题，如下所示。

```
public class Employee {
   private String name;
   private Date hireDate;
   private int monthlySalary;
   private Object monitor = new Object();
   ...
   public increaseSalary(int bonus) {
      synchronized (monitor) {
         monthlySalary += bonus;
      }
   }
}
```

继续看表 8-1 的第三行，**方法级别并发**很不常见，这是有原因的。只有当所有方法相互独立时，它才有意义。同一个对象的两个方法要保持独立，就只能操作对象不同部分的状态。如果一个类的**所有**方法都是相互独立的，则说明类的内聚性太差，把应该属于不同类的信息放在了一起。在研究并发策略之前，最好把这个类拆分成多个类。

C#监视器

和 Java 一样，C#对象也有相关的监视器，可以使用如下语法来获取和释放监视器。

```
lock (object) {
    ...
}
```

可以使用如下**方法属性**（类似于 Java 注解）来声明整个方法是同步的。

```
[MethodImpl(
 MethodImplOptions.Synchronized)]
```

和 Java 不同的是，可以调用 `Monitor.Enter(object)` 和 `Monitor.Exit(object)` 方法来手动获取和释放一个对象的隐式监视器。

小测验 1：谁会关心一个类的并发策略呢？是它的用户还是实现者？

最后，**不控制并发**一般适用于无状态或不可变的类。在这两种情况下，多个线程的并发操作都是有效的。例如，比较器（即实现了 `Comparator` 接口的对象）通常是无状态的。它们可以在多个线程之间自由共享，而无须特别的保护措施。8.4 节将谈论不可变性。

我们的水容器采用了一个自定义的并发级别，介于类级别和对象级别之间。在下面的几节中，我们会花费更多精力来描述和实现它们。

8.1.2　水容器的并发策略

无论怎样实现容器，容器之间都需要以某种方式相互引用，否则它们就无法完成契约定义的功能。具体来说，`connectTo` 和 `addWater` 方法必须能够改变多个容器的状态。因此，要想保证线程安全，仅仅锁定当前对象是不够的。

`connectTo` 方法是最棘手的，因为它会修改两组容器，并最终将它们合并成一组。为了避免竞争条件，其他线程不应该访问要合并的两组容器中的任何一个容器。更准确地说，可以调用 `getAmount` 读取这样一个容器的状态，但绝对不能调用 `addWater` 方法或 `connectTo` 方法改变它，也就是说，要等待第一个 `connectTo` 方法执行完毕。

综上所述，`Container` 类的并发策略如下。

(1) 类必须是线程安全的。

(2) 如果容器 a 和 b 不属于同一组，那么 a 的任何方法调用可以和 b 的任何方法调用并发执行。

(3) 所有其他调用都需要同步。

只有策略(1)是 Container 类的用户需要关心的。它告诉用户可以在不同的线程中并发使用该类，不用担心同步问题。

策略(2)和策略(3)则是 Container 类的开发者关心的，它们明确了支持的并发级别。对比表 8-1，这个级别介于"类级别并发"和"对象级别并发"之间，因为它允许不同"对象组"之间的并发。本章的其余部分将用不同的方法，使用 Java 同步原语来实现这一目标，即 synchronized、volatile 和 ReentrantLock 类。

8.2　处理死锁

我们不基于 Reference 版本修改，而是使用第 3 章的 Speed1 版本。这个版本更高效，并且更适合用来演示线程安全。回忆一下 Speed1 版本的基本结构：每个容器都持有一个 group 对象的引用，group 对象保存了每个容器的水量和该组中的所有成员，代码如下所示。

```
public class Container {
    private Group group = new Group(this);

    private static class Group {
        double amountPerContainer;
        Set<Container> members;

        Group(Container c) {
            members = new HashSet<>();
            members.add(c);
        }
    }
}
```

从同步策略规范可以清楚地看出，组是容器类的同步单元。在实际场景中，connectTo 方法需要获取被合并的两个组的监视器。只要当一个方法需要一个以上的监视器时，就有可能造成死锁。死锁是指两个或多个线程被阻塞，每个线程都在等待获取另一个线程正持有的监视器。它们会永远等待下去。

发生死锁的最简单场景是：线程 1 试图获取监视器 A，再获取监视器 B，而线程 2 则以相反的顺序获取。如果不走运，就可能导致线程 1 成功获取了监视器 A，但线程 2 在线程 1 之前成功获取了监视器 B。这时，线程就会陷入死锁。以下的 connectTo 方法（代码实现很自然，却是错误的）很容易发生这种死锁的场景。

```
public void connectTo(Container other) {
    synchronized (group) {
        synchronized (other.group) {
            ...   ❶ 此处为实际操作
        }
    }
}
```

8

如果一个线程调用 `a.connectTo(b)`，而另一个线程同时调用 `b.connectTo(a)`，就有可能出现典型的死锁情况。一般来说，有两种方法可以避免这种死锁，且对类的客户端没有任何限制：**原子的锁序列**（atomic lock sequence）或**有序的锁序列**（ordered lock sequence）。

小测验 2：如果能保证每个线程每次只持有一个锁，还会发生死锁吗？

8.2.1　原子的锁序列

首先，将有可能产生死锁的多个获取锁操作原子化。这就需要使用一个额外的锁（称为 `globalLock`）来确保没有两个这样的"获取多个锁"可以同时执行。这样一来，一个"获取多个锁"的操作只在没有其他"获取多个锁"的操作正在进行时才能开始执行。如果一个"获取多个锁"的操作所需的锁被占用，它就会在持有全局锁的同时被阻塞，因此没有其他"获取多个锁"的操作可以执行，也就不会导致死锁。注意，即使是需要完全不同锁的"获取多个锁"操作，也必须等待，直到当前"获取多个锁"的操作完成。这是一种非常谨慎的方案，通过限制并发数来避免死锁。

在 Java 中，全局锁不能是隐式锁，因为根据设计，隐式锁释放的顺序必须与获取的顺序相反。所以，如果 `globalLock` 在监视器 A 之前被获取，则不能在监视器 A 之前被释放。换言之，下面这段代码是有问题的。

```
synchronized (globalLock) {
    synchronized (group) {
        synchronized (other.group) {
}   ❶ 我们想在此处释放 globalLock
            ...  ❷ 此处为实际操作
        }
    }
```

不用管有误导性的缩进，第一个右花括号处释放的是 `other.group`，而不是期望的 `globalLock`。Java API 中由 `ReentrantLock` 类提供的"显式锁"解决了这一限制。`ReentrantLock` 比隐式锁更灵活：尤其是因为，可以在任何时候调用它的 `lock` 和 `unlock` 方法来自由地获取和释放锁。在该方案中，我们给这个类添加一个显式锁。

```
private static final ReentrantLock globalLock = new ReentrantLock();
```

然后，使用全局锁来保护 `connectTo` 方法的开始部分，直到获取了两个隐式锁，如代码清单 8-1 所示。

代码清单 8-1　AtomicSequence：通过原子的锁序列来避免死锁
```
public void connectTo(Container other) {
    globalLock.lock();
    synchronized (group) {
        synchronized (other.group) {
            globalLock.unlock();
```

```
    ... ❶ 计算新的水量
    group.members.addAll(other.group.members);
    group.amountPerContainer = newAmount;
    for (Container x: other.group.members)
        x.group = group;
      }
    }
  }
```

因为任何时候都只有一个线程可以持有 `globalLock`，所以只有一个线程可以处于两个 `synchronized` 语句的中间，不会产生死锁。

小测验 3：如果从 `synchronized` 块内部抛出异常会怎样？如果抛出异常的线程持有一个 `ReentrantLock` 会怎样？

8.2.2 有序的锁序列

第二种避免死锁的方法更有效，那就是按照所有线程都知道的全局序列来对监视器进行排序，并确保所有线程都按照这个顺序来获取锁。可以通过给每个组分配唯一 ID 来创建这样一个全局序列。通过引入一个全局的（即静态）计数器来获得唯一 ID，这个计数器会为每个新的实例递增，并为每个新的对象提供 ID。

需要对访问这样的共享计数器进行正确的同步，否则竞争条件会影响两个并发的自增操作，导致两个组具有相同的 ID。最简单的解决方案是使用图 8-1 所示的一个原子变量类型 `AtomicInteger` 类，该类的对象是一个线程安全的可变整数。顾名思义，实例方法 `incrementAndGet` 非常适合线程安全地生成唯一的有序 ID。

代码清单 8-2 展示了 `Container` 类的开头部分，包括它的字段和嵌套类。它与 Speed1 版本非常相似，只是增加了唯一的组 ID。

代码清单 8-2 OrderedSequence：通过有序的锁序列来避免死锁

```
public class Container {
    private Group group = new Group(this);

    private static class Group {
        static final AtomicInteger nGroups =
            new  AtomicInteger();      ❶ 目前组的总数
        double amount;
        Set<Container> elems = new HashSet<>();
        int id = nGroups.incrementAndGet();      ❷ 自动生成递增 ID

        Group(Container c) {
        elems.add(c);
      }
    }
}
```

现在，每个新的 `Group` 对象都会获得唯一从 1 开始递增的 ID，就像数据库中的自增字段一样。如代码清单 8-3 所示，connectTo 方法将按照两个监视器 ID 的顺序来获取它们，从而避免了死锁。

标识哈希码

一个类似的技术是根据相应对象（我们的例子中是组）的 ID 哈希码来生成有序锁，也就是 Object 类的 hashCode 方法返回的哈希码。如果该方法已经被重写，仍然可以通过调用静态方法 System.identityHashCode() 来获取对象的原始哈希码。

这种方法可以节省一些内存并能少写几行代码，因为 ID 哈希码是任何对象的内置属性。但它并不是唯一的，因为两个对象有可能（虽然概率很小）拥有相同的哈希码。相反，递增 ID 被设计为唯一的，前提是该类型的对象数量小于 2^{32}。即便如此，也可以改用 AtomicLong 来生成 ID。

代码清单 8-3   OrderedSequence：connectTo 方法

```
public void connectTo(Container other) {
    if (group == other.group) return;
    Object firstMonitor, secondMonitor;
    if (group.id < other.group.id) {
        firstMonitor  = group;
        secondMonitor = other.group;
    } else {
        firstMonitor  = other.group;
        secondMonitor = group;
    }
    synchronized (firstMonitor) {
        synchronized (secondMonitor) {
            ...  ❶ 计算新的水量
            group.members.addAll(other.group.members);
            group.amountPerContainer = newAmount;
            for (Container x: other.group.members)
                x.group = group;
        }
    }
}
```

如果能够给需要锁定的对象分配唯一的 ID，就可以避免死锁。如果这些对象没有唯一的 ID，又不能修改它们的类实现，那么上一节介绍的全局锁技术可能是唯一的选择。

小测验 4：为什么有序锁技术能防止死锁呢？

8.2.3   一个隐藏的竞争条件

8.2.1 节和 8.2.2 节介绍的两种技术是避免死锁的常用方法，但在水容器示例中，还有不易察觉的竞争条件问题。问题在于并发的连接操作可能会更新作为监视器的两个组对象。因此，调用

connectTo 方法可能最终会获取一个已过时组的锁，而这个组不再包含任何容器。在这种情况下，connectTo 方法中的操作不会与该容器新组上的其他操作互斥。

在 8.2.2 节介绍的有序锁技术中，这个问题很明显。connectTo 方法的前几行比较两个组的 ID 并决定获取这两个监视器的顺序，但这个过程并不是同步的。因此，在当前线程有机会获取监视器之前，其中一个组可能已经变了。一个自然的解决方案是添加一个全局锁，来保护从方法开始到正确获取两个监视器的第一阶段。这将使代码接近另一个解决方案：原子的锁序列。但是一旦使用全局锁来同步第一阶段，整个顺序锁机制就失去意义了，因为全局锁就足够避免死锁！最终，你实现的正是"原子的锁序列"版本。但它就没有竞争条件了吗？

仔细分析或重点测试后，会发现并非如此。如图 8-2 所示，connectTo 方法仍然有可能获取错误的监视器，破坏所述的并发策略。确实，假设线程 1 开始执行 a.connectTo(b)，但在更新 b[1]的组之前，也就是在赋值语句 b.group = a.group 之前，就被抢占了。这种情况可能有很多原因，最简单的原因是其他一些线程被调度在同一个物理核上运行。毕竟，JVM 并不是孤立运行的。它与操作系统和大量的其他进程共享硬件资源。

此时，假设线程 2 运行 b.connectTo(c)。因为线程 1 持有 b.group 监视器，所以线程 2 会被阻塞在 synchronized (b.group) 上。当线程 1 释放它的时候，线程 2 会获取它，尽管那个监视器已经和任何组没有关系了，因为它属于一个过时的组对象，将被 GC 回收。线程 2 会产生一种"错觉"，以为自己持有 b 组的监视器，而实际上它持有的是一个过时的监视器。它的后续操作不会与当前 b 组的其他操作互斥。

图 8-2 描述了这种场景。下一节会解决该问题，并最终实现一个真正线程安全的水容器。

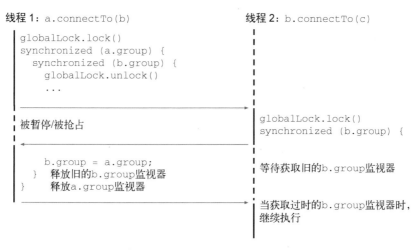

图 8-2 "原子的锁序列"版本的 connectTo 方法可能发生的竞争条件

8.3　线程安全的水容器（ThreadSafe）

要实现一个真正线程安全的水容器类，我们以 OrderedSequence 版本（代码清单 8-2 和代码清单 8-3）为基础，因为该版本没有死锁，并且允许完全并行地调用不同组中容器的方法。首先着手解决上一节描述的竞争条件。新的容器实现（称为 ThreadSafe 版本）与 OrderedSequence 版本包含相同的字段和嵌套类 Group，并且在连接两个容器时也不需要任何全局锁。但是，它可能会多次尝试获取正确的监视器，下一节将对此此进行解释。

8.3.1　同步 connectTo 方法

为了消除竞争条件，必须确保 connectTo 方法获取的是两个被连接容器的**当前组**的监视器。为了不牺牲过多的并发性能，需要将思维方式从经典的"基于锁的同步"转变为"无锁同步"方法。除非使用全局锁并完全放弃并发性能，否则永远无法保证一次就能获得正确的监视器。如代码清单 8-4 所示，需要多次尝试，直到确认获取的监视器是被连接容器的当前组的监视器。这就是为什么应该把 OrderedSequence 版本中的"有序的锁序列"代码放在一个潜在的无限循环中。

代码清单 8-4　ThreadSafe：connectTo 方法

```
public void connectTo(Container other) {
    while (true) {
        Object firstMonitor, secondMonitor;
        if (group.id < other.group.id) {
            firstMonitor  = group;
            secondMonitor = other.group;
        } else {
            firstMonitor  = other.group;
            secondMonitor = group;
        }
        synchronized (firstMonitor) {    ❶ 尝试获取监视器
            synchronized (secondMonitor) {
                if (group == other.group) return;
                if ((firstMonitor == group && secondMonitor == other.group) ||
                    (secondMonitor == group && firstMonitor == other.group)) {
                    ...    ❷ 此处为实际的操作
                    return;
                }
            }
        }
        ❸ 如果获取的两个监视器至少有一个是过时的，就重试
    }
}
```

每次循环会尝试获取两个选定的监视器，目的只是立即检查它们是否是当前的，即它们各自的容器是否仍然指向自己的组。如果是，则执行正常的组合并操作（代码清单 8-4 中省略了）。否则，释放两个监视器，并通过读取两个被连接容器的 group 字段再次尝试。这被称为一种"乐观"的同步方法：假设没有其他线程在操作这两个容器。如果假设不成立，则重试一次。

无锁同步

"不断尝试操作一个共享对象，直到没有竞争"的模式让人联想到无锁同步中常见的"比较和交换"（CAS）技术。CAS是一条CPU指令，有三个参数：src、dst和old。该指令的作用是，当dst的当前值等于old时，交换内存地址中src和dst的值。可以用它来安全地更新一个共享变量，不需要互斥锁。

为此，先读取共享变量（dst），并将其值放在一个局部变量（old）中。然后，计算共享变量的新值，通常基于它的旧值，并将其存储在另一个局部变量（src）中。最后，用上面的参数调用CAS，只有当另一个线程在此期间没有修改共享变量时，CAS操作才会更新共享变量。如果CAS返回失败，则会重试整个操作。如此循环执行，如下面的伪代码所示。

```
do {
    old = dst
    src = 某个新的值，通常基于 old 的值
} while (cas(src, dst, old) == failed)
```

我们采取的是一种混合方案，使用无锁技术确保获取正确的监视器，而其他的合并操作则使用经典的锁来进行保护。

8.3.2　同步 addWater 和 getAmount 方法

接下来看看另外两个方法：addWater 和 getAmount。addWater 方法表现出的结构与 connectTo 方法类似。事实上，即使在获取单个组的监视器时，另一个线程也可能在这期间更新了该容器的组。

原因是，即使进入最简单的同步块也不是原子操作。为了详细分析原因，需要深入 Java 代码，研究一下与此相关的字节码。

JVM 架构

与大多数基于寄存器的真实微处理器不同，JVM 是一个虚拟的机器，为每个方法的调用（即每个调用帧）提供一个操作数栈和一系列局部变量。刚进入一个方法时，操作数栈为空，局部变量包含当前方法的实际参数值。当执行实例方法时，第一个局部变量为 this。算术和逻辑运算从操作数栈中获取参数，并将结果返回操作数栈。此外，JVM 是有对象意识的，即访问字段、调用方法和其他面向对象操作直接对应于特定的字节码指令。

可以使用 JDK 自带的 javap 命令行工具将类文件的内容可视化为人类可读的格式。通过运行 javap -c classname 可以查看一个类中所有方法的字节码。

例如，假设 addWater 方法的开头如下所示。

```
public void addWater(double amount){
    Synchronized (group){    ❶
        ...
    }
}
```

第二行代码被翻译成以下字节码。

```
1: aload_0          将第一个局部变量（this）压入栈
2: getfield #5      将顶部元素弹出栈，并将其 group 字段压入栈
3: dup              复制栈顶元素
4: astore_2         将栈顶元素保存为局部变量 #2
5: monitorenter     将顶部元素弹出栈，并获取其监视器
```

　　如你所见，一个看似原子性的获取锁操作其实被转化成了多个字节码指令，最后一条指令才会真正获取监视器。如果另一个线程在字节码的第二行和第五行之间改变了这个容器的组，那么当前线程就会获取一个过时组的监视器，其后续的操作就不会与该容器的新组的其他操作互斥。在这种情况下，罪魁祸首一定是并发调用了 connectTo 方法，因为它是唯一能修改组引用的方法。

　　因此，必须多次尝试，直到确定获得的监视器属于当前容器的组，如代码清单 8-5 所示。

代码清单 8-5　ThreadSafe：addWater 方法

```
public void addWater(double amount) {
    while (true) {
        Object monitor = group;
        synchronized (monitor) {          ❶ 尝试获取监视器
            if (monitor == group) {       ❷ 确保监视器是最新的
                double amountPerContainer = amount / group.elems.size();
                group.amount += amountPerContainer;
                return;
            }
        }
        ❸ 如果监视器过时了，则重试
    }
}
```

　　最后，请阅读代码清单 8-6。getAmount 方法是一个简单的 getter，所以你可能会思考是否真的需要对它进行任何同步。毕竟，它只是简单地读取一个原始类型的值。在最坏的情况下，它可能会读取一个刚刚被修改的、过时的值。是这样吗？错了。根据 Java 内存模型规范，即使只读取一次 double 类型的值，这也不是一个原子操作。也就是说，读取 64 位（double 类型占用64 位）的操作可能会被分成两个读取 32 位的操作，而这两个读操作可能会与另一个线程的写操作交错进行。如果没有同步块，则可能最终读取到一个荒谬的值，其高 32 位是新的，而低 32 位是旧的，或者恰恰相反。顺便说一下，给 amount 字段添加 volatile 修饰符也可以解决这个问题，因为它能使读操作成为原子性的。

代码清单 8-6　ThreadSafe：getAmount 方法

```
public double getAmount() {
    synchronized (group) {
        return group.amount;
    }
}
```

对于 getAmount 方法，不需要担心访问的组被更新了，因为这只会返回一个稍微过时的值，

而不是错误的值。在多线程环境中，即使目前最新的值也可能随时被更新而变得过时。考虑到这一事实，无须花额外的精力来保证从当前组中读取的水量是最新的，这毫无意义。

将这种情况与 addWater 方法进行比较。如果用 addWater 方法更新一个过时的组，则会导致状态不一致，因为可能会向一个和任何容器都不关联的组添加水。添加的水会消失，并且会违反该方法的后置条件。

8.4　不可变性（Immutable）

线程不安全的根本原因是，一个线程向共享内存写数据，而其他线程也向同一内存位置读或写。实现线程安全有一个完全不同的方法，那就是确保所有的共享对象都是不可变的，保证前面的场景不可能发生，因为在一个对象被初始化和共享后，没有线程可以修改它。不幸的是，这种方法并不太适合我们在第 1 章定义的 API。如果在同一个容器上调用两次 getAmount 方法并返回不同的值，则意味着容器的状态是可变的。在 Java 中，对象默认是可变的，尽管 Java 语言有一些核心的类是不可变的，比如 String 和 Integer。事实上，这些标准类确保了所有的 Java 程序员都对不可变对象有一定的经验，并且知道可以基于它们来构建程序。

> **C#中的不可变性**
>
> 在 C#中，要创建一个不可变类，可以将类所有的字段都声明为 readonly，并确保所有引用的对象也是不可变类。
>
> 和 Java 的字符串一样，C#的字符串也是不可变的。只是 C#提供了一个选项，通过 unsafe 关键字来绕过不可变性。另一个不可变类的例子是 System.DateTime。

复习一下，如果一个类的所有字段都是 final 的，并且它持有的所有引用都指向其他不可变类，那么这个类就是不可变的[①]。可变类的方法可以改变当前对象的状态，而不可变类的方法会创建并返回一个相同类型的、包含所需内容的**新**对象。

让我们快速回顾一下该原则在标准 String 类和 Integer 类中的应用。这些类没有提供修改其状态的方法。然而，为了方便程序员编写代码，编译时的机制巧妙地隐藏了这种不可变性。比如针对一个 String s 和一个 Integer n，可以编写如下代码。

```
s += " and others";
n++;
```

你可能知道，尽管和表面上看起来不一样，但是上面两行代码并没有修改 s 和 n 所指向的对象，而是创建了新的对象来替换旧对象。例如，编译器将看似简单的字符串连拼操作变成了下面这个复杂的过程，甚至涉及另一个完全不同的类。

[①] 准确地说，即使类的所有字段都不是 final 的，这个类也可以是不可变的，但 final 关键字确保了它一定是不可变的。这也是 final 和效果为 final 的变量之间的区别，后者的特性与类内部的可见性问题有关。

8

```
StringBuilder temp = StringBuilder();
temp.append(s);
temp.append(" and others");
s = temp.toString();
```

同理，如果对 Integer 类型的对象执行自增操作，那么编译器会生成这些字节码：将值拆箱（unbox）、自增，然后调用一个静态工厂方法再次包装它[①]。该过程如下面的 Java 代码所示。

```
int value = n.intValue();         ❶ 拆箱
n = Integer.valueOf(value + 1);   ❷ 重新包装
```

回到我们的真实目的，本章讨论不可变类，因为它们天然是线程安全的。多个线程可以在同一个对象上调用方法，且这些调用不会相互影响，原因很简单：它们不能向同一块内存写数据。特别是，如果一个方法应该返回一个复杂的值，那么它会创建并返回一个新的对象，而新对象在返回之前对其他线程是不可见的。

小测验 5：为什么不可变类天然是线程安全的？

不可变性和函数式语言

在其他编程范式（如函数式编程）中，不可变性是默认的选择，有时甚至是唯一的选择。例如，在 OCaml 中，所有的变量都是不可变的，除非使用 mutable 修饰。这样做的好处是，程序成了一个巨大的（或小的）表达式，且迭代被递归所取代。请注意，递归是可变的，即在递归的不同层次，递归函数的参数被赋予不同的值。

JVM 语言 Scala 和 Kotlin 也偏重函数式编程风格和不可变性：默认情况下，变量是不可变的，但可以使用 var 关键字声明可变的变量。

8.4.1　API

让我们打破第 1 章中定义的 API 的限制，为不可变版本的容器重新定义公有接口，提供与可变版本相同的服务。如果容器是不可变的，那么 addWater 方法必须返回一个具有新水量的新容器，但这还不够。如果当前容器与其他容器相连，那么所有其他容器也必须被替换为具有新水量的新对象。想象一下，如果调用 addWater 方法，返回和当前容器连接的所有被更新的容器会多么麻烦。我们需要对 API 进行大量的重构。

这里的思想是基于更广的视角来设计 API，操作的主要对象变成了一个容器"系统"。每个系统都会创建固定数量的 n 个容器，索引为从 0 到 $n - 1$，并且本身是不可改变的。一个操作即便只会修改单个容器的状态，也必须"显得"返回了一个新的容器系统。新对象与旧对象在内部是否共享数据是关于具体实现的问题，将在后面讨论。

---

① 与构造函数相比，工厂方法不会强制返回一个新对象。事实上，valueOf 方法会缓存 −128 到 127 范围内的所有整数。

作为第一次尝试，起草一个包含 `ContainerSystem` 类和 `Container` 类的 API。下面的代码段展示了如何创建一个包含 10 个容器的系统，然后向第 6 个容器中添加 42 升水。因为这些对象是不可变的，所以添加水的操作会返回一个新的容器系统。

```
ContainerSystem s1 = new ContainerSystem(10);   ❶ 创建一个包含 10 个容器的新系统
Container c = s1.getContainer(5);               ❷ 第 6 个容器
ContainerSystem s2 = s1.addWater(c, 42);        ❸ 一个新的系统，其中容器 c 的水量为 42 个单位
```

这种"一个可变操作返回一个新对象"的行为称为**持久化**（persistent）数据结构。这个名字意味着，客户端可以获取这种数据结构所有的历史版本。例如，在上面的代码片段中，从系统 s1 获取了系统 s2 之后，s1 仍然可用。相反，如果一个数据结构在原地被修改后，不保存历史状态，那么这种情况叫作**瞬时**（ephemeral）数据结构。这也是经典命令式（imperative）数据结构的默认行为。因为持久化数据结构提供了更丰富的功能，所以其时间性能和空间性能普遍低于瞬时数据结构也就不足为奇了。

回到新的 API，注意容器 c 是不可变的，并且属于系统 s1。这就提出了一个重要的设计选择：c 是否也是 s2 的一个有效容器？也就是说，能不能执行 `s2.addWater(c, 7)` 这样的操作？如果不能，那么 API 使用起来就会非常麻烦。对任何容器的每次修改都会生成一个新的系统，并让当前所有的容器对象无效。如果能，则可以在任何容器系统中用 c 代表"索引为 5 的容器"。换句话说，c 成为索引的一个轻量级别名。这两种情况都不是特别令人满意。让我们完全摆脱 `Container` 类（就像第 4 章中的 Memory3 版本和 Memory4 版本），使用原始的整数 ID 来标识容器吧。

以下代码创建了一个包含 10 个容器的系统，并向第 6 个容器中添加水。

```
ContainerSystem s1 = new ContainerSystem(10);
ContainerSystem s2 = s1.addWater(5, 42);   ❶ 向索引为 5（第 6 个）的容器添加 42 升水
```

要是需要第 11 个容器，但又不想从头开始创建一个新系统，该怎么办？可以给 `ContainerSystem` 类添加一个实例方法来返回一个包含新容器的新系统。

```
ContainerSystem s3 = s2.addContainer();   ❷ 添加了第 11 个容器
```

自然地，`connectTo` 方法（在这个场景中名为 connect）必须接收两个容器 ID，并返回一个全新的容器系统。

```
s3 = s3.connect(5, 6);              ❸ 连接容器 5 和容器 6
double amount = s3.getAmount(5);    ❹ 水量为 21.0
```

总结一下，最终有以下几种方法。

```
public class ContainerSystem {
    public ContainerSystem(int containerCount)
    public ContainerSystem addContainer()
    public int containerCount()      ❺ 系统中的容器数量

    public ContainerSystem connect(int containerID1, int containerID2)
```

8

```
    public double getAmount(int containerID)
    public ContainerSystem addWater(int containerID, double amount)
}
```

8.4.2　实现

要将一个可变类转变为不可变类，可以使用下面的**写时复制**（copy-on-write）技术。

(1) 不可变容器系统包含和可变容器系统相同的数据。这些数据在可变容器的实现中分布在所有容器中。

(2) 每个可变操作（`addWater` 和 `connectTo` 方法）都会创建并返回一个新的系统，其中包含整个数据结构的副本（修改之后的）。

这是把一个可变类转变为不可变类的最简单方法，但通常不是最高效的。一个更好的方案是，当对旧对象执行可变操作时，尽可能复用它，而不是完全复制一个。在水容器示例中，可以思考实现一个"智能"的、按需复制容器的不可变系统。也就是说，只需复制一个可变操作（例如调用 `addWater` 方法）实际影响的容器组，并复用所有其他容器，直到 `addWater` 或 `connectTo` 方法修改了它们。

持久化数据结构

设计高效的不可变数据结构是一个热门研究领域，目标是既享受不可变性带来的好处，又拥有媲美可变数据结构的性能，尤其是与函数式语言结合的时候。

一些第三方库提供了"智能"的 Java 持久化集合，如果修改这些集合，则修改后的副本会共享原始集合的一些数据。与普通的"写时复制"技术相比，这既节省了时间，又节省了空间。相关示例包括 PCollections 和 Cyclops。

原则上，可以将简单的"写时复制"技术应用于前几章探讨的任何一种解决方案，从而得到同样多的不可变版本水容器，每一个都实现了 8.4.1 节中定义的不可变 API。实际上，截至目前出现的大多数可变水容器实现，一旦使用"写时复制"技术改造为不可变的，就没什么意义了。思考一下第 3 章中性能最好的可变实现：使用父指针树的 Speed3 版本。该实现的价值与其可变性密切相关：它的更新和查询性能很好。如果每次调用 `connectTo` 方法都要复制所有的树（是的，即所谓的树集），就会完全丧失更新性能，因为每个 `connectTo` 方法都需要线性时间。这时，不妨先使用一个更简单的数据结构。

事实上，可以基于 Memory3 版本来实现一个不可变的水容器。Memory3 版本的底层数据结构是两个数组，复制起来简单高效。`connectTo` 方法仍然需要线性时间，但用两行简单的代码就可以复制所有数据。另外，复制两块连续的内存比复制一些相互链接的树更快，尽管渐近复杂度相同。

首先，回顾一下 Memory3 版本使用的数据结构。

❏ `group` 数组：索引是容器 ID，对应元素为容器的组 ID。

❏ amount 数组：索引是组 ID，对应元素为该组中每个容器的水量。

ContainerSystem 类的每个实例都包含这两个数组。将它们声明为 final 比较好，以此来"提示"它们是不可变的。当然，将数组声明为 final 并不妨碍修改它的内容。这就是为什么 final 修饰符只是"提醒"你需要实现一种更强的不可变性。

在 Memory3 版本中，可以尽可能地精简 amount 数组：当连接两个容器时，它们的组会被合并，这时应该从 amount 数组中删除一个单元格，因为少了一个组。本节并不特别关心内存使用率，可以简单地让两个数组保持相同的长度，都等于容器的数量。

ContainerSystem 类只有一个公有构造函数，它创建一个容器系统，包含给定数量、孤立的空容器。为此，构造函数给每个容器分配一个组，第 i 个组的 ID 是 i。

给定一个容器 ID，getAmount 方法先访问 group 数组来获取该容器的组 ID，然后访问 amount 数组来获取该组的水量，如代码清单 8-7 所示。

代码清单 8-7 Immutable：字段、构造函数和 getAmount 方法

```
public class ContainerSystem {
    private final int group[];          ❶ 索引为容器 ID，对应元素为容器的组 ID
    private final double amount[];       ❷ 索引为组 ID，对应元素为组中容器的水量

    public ContainerSystem(int containerCount) {
        group = new int[containerCount];
        amount = new double[containerCount];
        for (int i=0; i<containerCount; i++) {
            group[i] = i;      ❸ 第 i 个容器的组 ID 是 i
        }
    }

    public double getAmount(int containerID) {
        final int groupID = group[containerID];
        return amount[groupID];
    }
}
```

getAmount 方法很简单（和 Memory3 版本中的方法非常相似），因为它是只读的。接下来，让我们思考第一个可变方法：addContainer。该方法向旧系统中添加一个新容器，并返回一个新系统（包含新添加的容器）。因为这两个数组被声明为 final，所以必须在一个构造函数中初始化它们。之后，其他可变方法（addWater 和 connect 方法）还会用到该构造函数，所以如果给它添加以下两个参数，就会很方便。

❏ 被复制的已有系统。

❏ 新系统的容器数量。addContainer 方法将该参数设置为旧系统的容器数量加 1，来增加一个新容器，而其他的可变方法依然设置为旧系统的容器数量。

代码清单 8-8 展示了 addContainer 方法和它的支持构造函数。

代码清单 8-8 Immutable：addContainer 方法和支持构造函数

```
public ContainerSystem addContainer() {
    final int containerCount = group.length;
    ContainerSystem result =
```

```
    new ContainerSystem(this, containerCount + 1);    ❶ 调用私有构造函数
  result.group[containerCount] = containerCount;
  return result;
}
private ContainerSystem(ContainerSystem old, int length) {
  group = Arrays.copyOf(old.group, length);    ❷ 一个复制数组的高效方法
  amount = Arrays.copyOf(old.amount, length);
}
```

接下来，addWater 方法也需要创建一个全新的容器系统，并更新水量。除非没有水要添加，否则它会调用代码清单 8-8 中的私有构造函数，然后更新相应组中的水量，如代码清单 8-9 所示。

代码清单 8-9   Immutable：addWater 方法

```
public ContainerSystem addWater(int containerID, double amount) {
  if (amount == 0)    ❶ 不用创建新系统
    Return this;

  ContainerSystem result =
    new ContainerSystem(this, group.length);    ❷ 调用私有构造函数
  int groupID = group[containerID],
    groupSize = groupSize(groupID);
  result.amount[groupID] += amount / groupSize;
  return result;
}
```

最后，connect 方法也会调用私有构造函数来创建一个新的容器系统，并合并两个容器的组来连接它们。可以在在线代码库中找到它的源代码。

8.5　来点儿新鲜的

本节将使用本章前面在水容器示例中介绍的技术，实现一个不同的应用。你将设计一个 Repository<T> 类，表示一个固定大小的容器，它将元素存储在有索引的单元格中，就像数组一样。Repository 类需要提供一个能交换两个单元格内容的方法。在本章中，你的用户自然希望这个类是线程安全的，使得多个线程可以轻松地共享和操作 Repository 实例。

详细来说，这个类必须提供以下构造函数和方法。

❑ public Repository(int n)：创建一个包含 n 个单元格的 Repository 实例，元素的初始值为 null。

❑ public T set(int i, T elem)：将第 i 个单元格的值更新为 elem，并返回旧的值（或 null）。

❑ public void swap(int i, int j)：交换第 i 和 j 个单元格的值。

如前所述，在实现 Repository 类本身之前，需要明确它的并发策略。回想一下，并发策略规定了哪些操作能够并行执行，哪些是互斥的。

由于不同的 Repository 实例不共享任何数据，为了保证线程安全，最简单的并发策略是**对象级别**并发策略：每个 Repository 实例有一个锁，所有方法都通过这个锁进行同步。如果

大量线程同时使用同一个 Repository 实例，那么这个策略可能导致性能很差，因为在同一个 Repository 实例上的所有操作（即使是对不同索引的操作）都必须获得同一个锁。

有一个更为宽松、性能更好的并发策略：禁止并发访问同一个索引，并允许所有其他操作并发执行。具体说明如下。

❑ 相同索引上的 set 操作必须是串行的。

❑ 两个对 swap 方法的调用如果共享一个以上相同的索引，则必须是串行的。

❑ 调用 swap(i, j) 的和调用索引 i 或 j 的 set 方法必须是串行的。

❑ 所有其他操作都允许并行。

这个策略需要为 Repository 实例中的每个单元格加锁，包括空单元格（值为 null）。因此，该类需要为每个单元格多声明一个对象，作为其监视器。可以将元素和监视器存储在两个 ArrayList 实例中。

```java
public class Repository<T> {
    private final List<T> elements;
    private final List<Object> monitors;

    public Repository(int size) {
        elements = new ArrayList<>(size);
        monitors = new ArrayList<>(size);
        for (int i=0; i<size; i++) {
            elements.add(null);        ❶ 调用 get 和 set 方法前，必须初始化元素列表
            monitors.add(new Object());
        }
    }
```

set 方法获取被更新单元格的监视器。

```java
    public T set(int i, T elem) {
        synchronized (monitors.get(i)) {
            return elements.set(i, elem);
        }
    }
}
```

swap 方法按照索引从小到大的顺序获取两个单元格的监视器，从而避免死锁。

```java
    public void swap(int i, int j) {
        if (i == j) return;
        if (i > j)  {    ❷ 确保 i 是更小的索引
            int temp = i;
            i = j;
            j = temp;
        }
        synchronized (monitors.get(i)) { {    ❸ 按照索引从大到小的顺序获取监视器
            synchronized (monitors.get(j)) {
                elements.set(i, elements.set(j, elements.get(i)));
                ❹ 该行代码利用了一个技巧：List.set 方法返回当前索引处的旧值
            }
        }
    }
```

注意，通过这种方式，可以允许不同的线程通过使用不同的索引，同时读取甚至修改同一个 `ArrayList` 实例。但是，`ArrayList` 类不是线程安全的。那这段代码有问题吗？如果仔细阅读 `ArrayList` 类的文档，就会发现调用者只需要串行执行**结构化修改操作**（比如调用 `add` 方法）就不会有线程安全问题。而且，在不同索引上并发调用 `get` 方法和 `set` 方法也不会有问题。

8.6　真实世界的用例

本章讨论了如何让水容器变成线程安全的，以便客户端在多线程环境中与其交互，而无须客户端代码显式地处理同步问题。但是，为什么要花这么多精力来重构代码以保证其线程安全呢？单线程版本不是也工作得很好吗？为了回答这个问题，来看看如下案例，并发性在其中不仅有益而且至关重要。

❑ 你喜欢国际象棋，同时是个天才程序员。出于兴趣和练习编程的目的，你决定用 Java 编写一个可以人机对弈的计算机程序。在玩了几局之后，你意识到程序非常棒（谦虚不是你的特点），想与别人分享。你决定把程序变成一项服务，这样计算机可以和多个用户对弈。你有两种方式来支持多人比赛：要么把用户放在一个队列中，串行处理交互；要么利用并发性，同时处理与多个玩家的交互。第二种方式可以充分利用并行硬件的能力，如多核机器。

❑ 应用程序、操作系统、网络设备、数据库（换句话说，几乎所有正在运行的计算机服务）都会生成日志。它们生成日志文件并不是为了好玩：管理良好的组织会对日志进行批处理或实时分析，以降低风险。基本的分析流程包括解析日志文件，识别重要的模式或异常，以及生成汇总统计、报告和告警。一个能高效处理大量日志文件的常用模式是**映射-归约**（Map-Reduce）。你可能已经猜到了，该模式包括两个步骤：映射和归约。映射使日志分析系统能够并发处理独立的日志数据块（通常是在分布式网络的多台机器上），并生成中间结果。归约步骤收集结果，并计算出最终的聚合结果。本章开头提到的 Fork/Join 框架就是该思想的一个变种，是为单机多核架构量身定做的。

❑ 如果你在英国生活过，可能明白足球在英国非常受欢迎。事实上，在周日的下午，人们可以分为两类：喝啤酒的和不喝啤酒的。足球运动员和未成年人是不喝啤酒的（希望如此）。在意识到人们对体育的热爱后，你决定创建一个体育新闻平台，实时地将新闻推送给订阅者。实时消息将产生数据流，并将它们放在一个"容器"数据结构中，订阅客户端将从"容器"中获取数据来通知订阅者。线程安全的新闻"容器"允许数据生产者和消费者在多个线程中运行。这样，你的客户能比邻居更早地为他们喜爱的球队举杯庆祝。

❑ 与世隔绝的程序很难有大的用途。真实场景中的程序会经常等待一些外部资源（如文件或网络连接）的输入/输出操作。多线程技术允许面向用户的程序在等待此类外围设备耗时操作时，依然保持响应。例如，如果一个网络浏览器是单线程的，当它从网络下载文件时，用户就不能进行任何交互操作了。你能猜猜这个网络浏览器会有多少用户吗？最多一个：它的创造者。

8.7 学以致用

练习 1

以下是 Thread 类的一个子类，它将整型数组的所有元素加 1。如你所见，这个类的所有实例都共享同一个数组。

```
class MyThread extends Thread {
    private static int[] array = ...   ❶ 一些初始值

    public void run() {
        _____1_____   ❷ 一个占位符
        for (int i=0; i<array.length; i++) {
            _____2_____
            array[i]++;
            _____3_____
        }
        _____4_____
    }
}
```

一个程序创建了 MyThread 类的**两个**实例，并用它们启动两个并发的线程，期望将每个数组元素加 2。以下哪些选项可以让程序正确执行，不会发生竞争条件？（可多选。）

(a) 1 = "synchronized (this) {"   4 = "}"

(b) 1 = "synchronized {"   4 = "}"

(c) 1 = "synchronized (array){"   4 = "}"

(d) 2 = "synchronized (this) {"   3 = "}"

(e) 2 = "synchronized (array) {"   3 = "}"

(f) 2 = "synchronized (array[i]) {"   3 = "}"

练习 2

设计一个线程安全的 AtomicPair 类，它包含两个对象，并提供以下方法。

```
public class AtomicPair<S,T> {
    public void setBoth(S first, T second);
    public S getFirst();
    public T getSecond();
}
```

实现这样的并发策略：调用 setBoth 方法是一个原子操作。也就是说，如果一个线程调用了 setBoth(a, b)，那么后续任意调用 getFirst 和 getSecond 方法都会得到两个最新的值。

练习 3

在一个简单的社交网络中，每个用户都拥有一组好友，并且好友关系是对称的。类的实现如下。

8

```
public class SocialUser {
    private final String name;
    private final Set<SocialUser> friends = new HashSet<>();

    public SocialUser(String name) {
        this.name = name;
    }
    public synchronized void befriend(SocialUser other) {
        friends.add(other);
        synchronized (other) {
            other.friends.add(this);
        }
    }
    public synchronized boolean isFriend(SocialUser other) {
        return friends.contains(other);
    }
}
```

不幸的是，当多个线程同时建立好友关系时，系统有可能会停止运行，必须重启。你能找出原因吗？能重构 SocialUser 类来解决这个问题吗？

练习 4

思考下面的可变类 Time，它以小时、分和秒为单位表示一天中的时间。

❑ public void addNoWrapping(Time delta)：给这个时间增加一段时间，最大可达零点前一秒（23：59：59）。

❑ public void addAndWrapAround(Time delta)：给这个时间增加一段时间，会突破零点。

❑ public void subtractNoWrapping(Time delta)：从这个时间中减去一段时间，最小可达 00：00：00。

❑ public void subtractAndWrapAround(Time delta)：从这个时间中减去一段时间，可以根据需要突破零点。

将这个 API 转换为**不可变**版本并实现它。

8.8　小结

❑ 定义合理的"并发策略"是实现线程安全的重要前提。
❑ 线程安全的主要敌人是竞争条件和死锁。
❑ 可以通过全局锁或有序锁来避免死锁。
❑ 与隐式锁不同，能以任何顺序获取和释放显式锁。
❑ 不可变性是实现线程安全的另一种思路。

8.9　小测验答案和练习答案

小测验 1

类的用户应该只需要关心它是不是线程安全的。更细节的并发策略是类的实现者需要关心的。然而，在实际场景中，用户为了评估类的性能，很可能也会对并发策略感兴趣。

小测验 2

如果锁是**可重入的**（reentrant），也就是说线程可以重复获取它已经拥有的锁，就不会造成死锁。在 Java 中，隐式锁和显式锁都是可重入的。在其他框架（比如 Posix）中，互斥锁可能是**不可重入的**（non-reentrant），如果线程试图重复获取它已经拥有的不可重入锁，就会陷入死锁。

小测验 3

如果从 synchronized 块内部抛出异常，监视器就会自动释放锁。另外，ReentrantLock 则需要显式地释放。这就是为什么它的 unlock 操作通常被放在 try...catch 块的 finally 部分，就是为了确保锁在所有情况下都能释放。

小测验 4

有序锁技术之所以能防止死锁，是因为它按照固定的全局顺序来获取锁，可以防止循环获取锁。

小测验 5

不可变类是天然线程安全的，因为其对象是只读的，多个线程的并发读操作不会造成线程安全问题。创建新对象的方法可能会使用可变的局部变量，但因为它们分配在栈上，不会和其他线程共享。

练习 1

正确的选项是(c)和(e)。这两个选项都保证了，如果一个线程正在执行 array[i]++，则另一个线程不能执行同样的操作，即使是在不同的 i 上。此外，(c)将程序完全串行化了：一个 for 循环完全执行完毕才能执行下一个 for 循环。

选项(a)和(d)不提供任何互斥功能，因为两个线程在两个不同的监视器上同步。选项(b)和(f)会导致编译失败，因为同步块需要指定一个对象作为监视器（而 array[i]并不是一个对象）。

练习 2

为了实现并发策略，只需在三个方法中都使用同步块，并且使用同一个监视器作为锁。如本章所述，在私有对象上同步比在 this 上同步更好，即使后者支持用一个更时髦的方法修饰符来替换同步块。

```
public class AtomicPair<S,T> {
    private S first;
    private T second;
```

```
private final Object lock = new Object();    ❶ 提供一个私有的监视器

public void setBoth(S first, T second) {
    synchronized (lock) {
        this.first = first;
        this.second = second;
    }
}
public S getFirst() {
    synchronized (lock) {
        return first;
    }
}
...    ❷ getSecond 方法类似
}
```

同步块中包含一个 return 语句可能看起来很奇怪，但出于**互斥**和**可见性**方面的原因，这是必需的。首先，你不希望在 setBoth 方法执行到一半的时候执行 getFirst 和 getSecond 方法。其次，如果没有同步块，将无法保证调用 getFirst 方法的线程看到 first 的最新值。顺便说一下，将 first 和 second 都声明为 volatile 可以解决第二个问题（可见性），但不能解决第一个问题（互斥）。

练习 3

针对 SocialUser 类的两个对象 a 和 b，如果一个线程调用 a.befriend(b)，而另一个线程同时调用 b.befriend(a)，则 SocialUser 类可能会发生死锁。为了避免这种风险，可以使用有序锁技术，首先给每个对象分配唯一的 id。

```
public class SocialUserNoDeadlock {
    private final String name;
    private final Set<SocialUserNoDeadlock> friends = new HashSet<>();
    private final int id;
    private static final AtomicInteger instanceCounter = new AtomicInteger();

    public SocialUserNoDeadlock(String name) {
        this.name = name;
        this.id = instanceCounter.incrementAndGet();
    }
```

然后，befriend 方法按照 id 从小到大的顺序来获取两个锁，从而避免死锁。

```
public void befriend(SocialUserNoDeadlock other) {
    Object firstMonitor, secondMonitor;
    if (id < other.id) {
        firstMonitor = this;
        secondMonitor = other;
    } else {
        firstMonitor = other;
        secondMonitor = this;
    }
    synchronized (firstMonitor) {
```

```
    synchronized (secondMonitor) {
        friends.add(other);
        other.friends.add(this);
    }
  }
}
```

练习 4

为了将可变 API 转换为不可变 API，每个可变方法要返回类的一个新的对象。将所有字段声明为 `final` 也是个好主意。剩下的就是简单的算术计算，需要处理秒到分和分到小时的溢出。

```
public class Time {
    private final int hours, minutes, seconds;

    public Time addNoWrapping(Time delta) {
        int s = seconds, m = minutes, h = hours;
        s += delta.seconds;
        if (s > 59) {      ❶ 秒溢出：转为分
            s -= 60;
            m++;
        }
        m += delta.minutes;
        if (m > 59) {      ❷ 分溢出：转为小时
            m -= 60;
            h++;
        }
        h += delta.hours;
        if (h > 23) {      ❸ 小时溢出：转为最大时间
            h = 23;
            m = 59;
            s = 59;
        }
        return new Time(h, m, s);      ❹ 返回新对象
    }
}
```

可以在在线代码库中找到这个类的其余部分。请注意，标准的 Java 类 `java.time.LocalTime` 与这个 `Time` 类提供了类似的功能。

8.10 扩展阅读

❑ B. Goetz、T. Peierls、Joshua Bloch、J. Bowbeer、D. Holmes 和 D. Lea 的《Java 并发编程实践》
Java 并发编程的必读之作。它将严谨的技术和优美的风格巧妙地结合在一起，讨论了所有的并发问题。遗憾的是，在撰写本书时，它还没有更新从 JDK 7 开始引入的高级并发功能。（请参考下一本书。）

❑ R.-G. Urma、M. Fusco 和 A. Mycroft 的《Java 实战》[①]

全面介绍了数据流，其中有一章专门介绍使用 Stream 库和 Fork/Join 框架实现并行计算。

❑ Joshua Bloch 的 *Effective Java*

按照惯例，每一章都试图推荐不同的书，但这本书例外，因为它包含了太多关于不同主题的好建议。该书第 11 章全部是关于并发性的，特别是第 17 条讨论了不可变性。

❑ R. J. Anderson 和 H. Woll 的 "Wait-Free Parallel Algorithms for the Union-Find Problem"

本章中线程安全的水容器类是基于 Speed1 版本实现的，后者不是演示线程安全的好例子。这篇论文展示了如何基于更高效的 Speed3（父指针树）版本实现一个线程安全的水容器。此外，它是无等待的（wait-free）。它使用比较和交换（compare-and-swap）指令代替锁来实现线程安全。

❑ Chris Okasaki 的 *Purely Functional Data Structures*

这本书的作者将自己的博士论文延伸为了关于持久性数据结构的深入论述，包括 ML 和 Haskell 的例子。

---

① 该书第 2 版已由人民邮电出版社出版，详见 ituring.cn/book/2659。——编者注

第 9 章

请重复利用：可复用性

本章内容
- 将一些代码泛化到更多情况中
- 使用泛型来编写可复用的类
- 在数据流上使用和自定义可变的收集器

前面的章节开发了一些解决特定问题的具体类。现在，假设需要将这些解决方案推广到更广泛的其他各种问题上。理想情况下，我们应该分辨出问题的本质特征，将本质特性与不重要的东西加以区分，并为具有相同本质结构的所有问题制定一个解决方案。不幸的是，分辨出本质特征并没有那么容易。大致来说，应该尽量保留核心结构，也就是在其他情况下也可能有用的部分。

本章假定你已经熟悉了泛型（generic），包括有界类型参数（bounded type parameter）。

9.1 确立边界

在面向对象（OO）编程出现的最初几十年里，可复用性被认为是其范式的卖点之一。它当时的承诺是，只需要编写小的、可复用的组件，并将它们与现成的可复用组件组合起来。经过大约 50 年的实践（第一种 OO 语言是 1967 年的 Simula），该承诺有一部分被证实了，还有一部分则偏离了目标。

程序员总是使用现成的可复用组件，一般是库和框架。今天的开发工作很大一部分集中在网络应用上，这些应用从一套包装成框架的标准服务中受益匪浅。然而，一旦越过框架的界限，进入特定的应用程序编码工作，可复用性很快就会被忽视，被更紧迫的功能问题和非功能问题（如正确性、性能和发布时间等）挤到一边。

本章将开发一个行为有些像水容器的对象库，并时刻考虑通用性。开发库时通常要考虑的问题是：它应该通用到什么程度？是否需要将其从水容器扩展到油容器，甚至扩展到可连接星球、包含贸易路线和人口数量的星系间网络？为了指导你做出选择，让我们考虑一下你可能想用通用框架解决的几个场景，以及一个你可能不想解决的场景，因为这会导致过度通用。

场景 1：使用你的 `Container` 库的市自来水公司报告说，总水量显示每年的差异高达 0.000 000 1 升。

9

可以将这种不幸的不一致归结为浮点运算的舍入误差。要解决这些问题，需要用分子和分母非常大的有理数来表示水量（比如，两个 BigInteger 对象）。

支持这一变化相对简单：业务逻辑保持不变，但用类型变量 T 代替水量字段的类型，并要求 T 实现一个接口，提供相应的算术运算。

场景 2：一个社交网络希望跟踪所有相关帖子的总点赞数。如果两篇文章吸引了同一用户的评论，则认为这两篇文章是相关的。

乍一看，场景 2 似乎与水容器没有什么关系，直到你意识到可以把每个帖子当作一个容器。当两个帖子收到同一个人的评论时，就相当于被连接了起来。场景中调用的不是 addWater，而是给帖子添加一个或多个赞的方法。最后，你需要一个方法来代替 getAmount，返回连接到这个帖子的所有帖子收到的点赞总数。

说到底，此方案和水容器没有太大区别：在这两种场景下，对象之间都可以永久连接，真正重要的是直接或间接相连的对象。此外，在这两种场景下，对象都有一个可以在本地读取或更新的属性，但更新的效果取决于这些相连项的组。

此外，更新本地属性的具体方式和它影响全局属性的方式有些不同。在下面几节中，你会看到如何在一个契约下协调它们。但首先再看一个扩展场景。

场景 3：一个移动电话运营商需要管理其天线网络。该公司可以将天线永久地连接在一起，想知道从每个给定天线到另一个天线需要穿越多少个直接连接（也就是最短路径的长度）。

在这个场景下，仍然可以将项永久相连。但是主要关注的属性（天线之间的连接距离）与两个给定项相关，其值取决于两个项之间存在哪些**直接**连接。特别是，这个属性的值在一组连接的天线之间是不能共享的。因此，这种场景需要完全不同的方式来表示和管理连接。支持这种场景将使代码变得过于通用，以至于根据具体场景进行自定义所需的工作量比从头开始编写一个特定的解决方案所需的还多。

基于这些描述，你将开发一个通用的水容器实现。能适用于场景 1 和场景 2，但不适用于场景 3。

9.2　通用框架

首先，用一个接口来固化通用容器的基本特征。

(1) 通用容器拥有某个类型为 V 的属性（代表值，value）。客户端可以在容器上读取或更新该属性，但更新的实际效果取决于连接的容器组。具体到水容器来说，它将是 V = Double。

(2) 客户端可以将通用容器永久地连接到彼此。

从概念上讲，这两个特征是独立的，所以可以用两个不同的接口（比如 Attribute 和 Connectable）来表示。然而，因为最终会一直一起使用它们，所以我们把这两个特征放在一个叫 ContainerLike 的接口中。

有一个类型为 V 的属性（特征(1)）相当于给这个接口配备两个方法，如下所示。

```
public interface ContainerLike<V> {
    V get()                    ❶ getAmount 的通用版本
    void update(V value)       ❷ addWater 的通用版本
    ...
}
```

更新的效果取决于所连接的容器组，但这在 API 中并没有展示出来。将一个通用容器连接到另一个通用容器时（特征(2)），选择合适的方法签名是比较棘手的。理想情况下，我们希望通用容器可以连接到其他**同类型**的通用容器，但是不能在 Java 接口中完全实现这个需求。在编程语言的理论中，这就是著名的**二元方法**（binary method）问题。

二元方法

二元方法是类的一个方法，它接收同一个类的另一个对象作为参数，比如水容器的 connectTo 方法。常见的例子包括对象判等和对象比较（用于排序）的方法。在 Java 中，它们对应于 Object 类的 equals 方法和 Comparable 接口的 compareTo 方法。像 Java 和 C# 这样常见 OO 语言的类型系统无法表达这样的约束，即给定类或接口的所有子类必须有一个指定形式的二元方法。也就是说，不能写下面这样的代码。

```
public interface Comparable {
    int compareTo(thisType other);
}
```

其中的 thisType 是一个假想的关键字，代表实现这个接口的类。

因此，Java 对上述方法采用了两种不同的解决方案。

- equals 的参数只是简单地被声明为 Object。子类需要在运行时检查参数是否为合适的类型。
- 语言设计者通过泛型解决了 Comparable 的情况。接口配备了一个类型参数 T，compareTo 的参数被声明为 T 类型。这种解决方案增加了类型的安全性，但允许了预期外的误用，比如众所周知的：

```
class Apple implements Comparable<Orange> { ... }
```

在 C# 中，情况差不多，解决方式也差不多，只是支持判等的方式有两种：一种是来自 Object 类的带参数 Object 的 Equals 方法，另一种是 IEquatable<T>接口。

我们来研究一下 connectTo 的签名的两种解决方案。

- void connectTo(Object other)：类似于 Object::equals 的签名。使用这个签名，你只是放弃了类型安全，但没法让编译器以任何方式帮助你。connectTo 方法需要检查其参数的动态类型，然后对它做向下类型转换，之后才可以使用。

9

❑ void connectTo(ContainerLike<V> other)：你从编译器那里得到了一些帮助，但
还不够。在这个签名中，connectTo 可以接收任何其他的通用容器，前提是这些容器恰
好有一个与这个通用容器相同类型的属性。为了执行工作，connectTo 仍然需要把它的
参数转换为具体的对象，以暴露对容器连接的表示。

小测验 1：在 Employee 类中插入一个 public boolean equals(Employee e)方法
是个好主意吗？为什么？

一个更好的替代方案模仿了 Java 为 Comparable 选择的解决方案：引入一个额外的类型参
数 T，代表通用容器可以连接到的对象类型，并希望该参数能以适当的方式使用。我们不能要求
T 是实现接口的同一个类，但是可以要求它是实现同一个接口的（可能是不同的）类（见代码清
单 9-1）。

代码清单 9-1　ContainerLike：容器的泛型接口

```
public interface ContainerLike<V, T extends ContainerLike<V,T>{}> {
    V get();
    void update(V val);
    void connectTo(T other);
}
```

ContainerLike 预期用法的实现如下。

```
class MyContainer implements ContainerLike<Something, MyContainer> { ... }
```

就像 Comparable 的预期用法一样。

```
class Employee implements Comparable<Employee> { ... }
```

如果一个类遵守该范式（即将 T 设置为自己），那么它的 connectTo 方法将不需要执行向
下类型转换，因为它将接收一个对象作为参数，而该对象已经是与“this”相同的类型，也正
是方法要合并组所需要的。

Java 中的泛型实现

在 Java 中，泛型是通过**擦除**（erasure）来实现的，这意味着编译器使用类型参数来执行
更有表现力的类型检查，然后把它们扔掉。类型参数不包含在字节码中，JVM 也不支持它们。

这种实现策略限制了泛型的能力。例如，你不能用 new T() 来实例化一个类型参数，也
不能用 exp instanceof T 来比较一个表达式的运行时类型和一个类型参数。

C#和 C++中的泛型实现

与 Java 相反，C++和 C#是通过具体化（reification）来实现泛型的，这意味着像 List<String>
这样的泛型类的每个具体版本都会在编译时（C++）或运行时（C#）被转换为具体的类。同一
类的不同版本可能共享代码，也可能不共享代码，这取决于类型参数以及编译器和运行时环境
的智能程度。

这种实现选择允许你在常规类型可以工作的大多数地方使用类型参数，但可能会带来开销，无论是在（对象）代码重复方面，还是在维护运行时类型信息所需的资源方面。

小测验 2：如果 T 是一个类型参数，那么在 Java 中可以分配一个 T 类型的数组吗？那么 C#中呢？

9.2.1 属性 API

接下来，在 update 中更新属性值时，特别是在 connectTo 连接通用容器时，需要引入一个接口来表示这个属性的行为。

为了划定想要支持的通用程度，做如下假设。

(1) 当在本地更新属性时，只能根据当前组的值和新的本地值计算新组的值。换句话说，组的值必须包含足够的信息来执行所需的更新。

(2) 当合并两个组时，可以只根据两个旧组的值来获得新组的值。

将假设(1)和假设(2)与本章开头提出的两个通用场景进行比较。场景 1 没有问题，因为它是基本水容器的简单变种。在场景 2 中，要关注的属性是所有相关帖子累积的总点赞数，也就是它们的"组值"。本地更新该属性意味着为某个帖子点赞。因此，根据假设(1)，组值会以相同的数量增加。

让我们检查一下假设(2)是否成立。当两组帖子连接在一起时（也就是说，当对第一组帖子发表评论的用户对第二组中的某个帖子发表评论时），可以通过将两个组值相加来合并它们。你不需要更多信息来计算新的组值，所以这证实了假设(2)。

有了上述假设，让我们来大致描述一下定义所有容器都有的属性行为 API。为了避免对本地值和组值的混淆，我们把组值称为组**摘要**（summary）。首先，应该区分本地值的类型 V 和组摘要的类型 S。在某些情况下，它们是相同的。例如，在场景 2 中，这两种类型都是 Integer，因为它们代表的是点赞数。在水容器的场景中，它们反而会变成不同的类型，正如 9.5 节中解释的那样。

现在，引入接口 Attribute<V, S>提供容器履行契约义务所需的操作（前面描述过的特征(1)和特征(2)）。

❏ 新的通用容器需要初始化它的组摘要（seed 方法）。

❏ 通用容器的 get 方法需要一个方法来将它的摘要解包为类型为 V 的本地值（report 方法）。

❏ 通用容器的 update 方法需要更新它的摘要（update 方法）。

❏ connectTo 方法需要一个合并两个组值的方法（merge 方法）。

你最终会得到一个类似于代码清单 9-2 所示的接口，而表 9-1 总结了通用容器方法和 Attribute 接口方法之间的依赖关系。

9

代码清单 9-2   Attribute：容器属性的通用接口

```
public interface Attribute<V,S> {
    S seed();                                    ❶ 提供初始的摘要
    void update(S summary, V value);             ❷ 用一个值更新一个摘要
    S merge(S summary1, S summary2);             ❸ 合并两个摘要
    V report(S summary);                         ❹ 解包一个摘要
}
```

表 9-1   通用容器的方法与 Attribute 接口的方法之间的关系

通用容器的方法	属性的方法
constructor	seed
get	report
update	update
connectTo	merge

　　注意 Attribute 对象本身是无状态的：它不包含属性值。这是为了让通用容器在一个单独的 S（用于组摘要）或 V（用于缓存的本地值）类型的对象中保存数据。

　　Attribute 接口与 Java 8 中引入的、将流操作的结果收集在一个结果中的接口有一定的相似之处。下一节借机简单介绍一下流和可变收集器。

9.2.2   可变收集器

　　流为集合提供了一个补充，为一系列顺序操作提供了一个灵活的可组合框架。这里将快速介绍该框架，然后重点介绍与水容器示例相关的一个特定特：**可变收集器**（mutable collector）。要想更全面地了解该框架，请查看 9.12 节列出的资源。

　　可以使用 stream 方法将标准集合转成流。流对象支持各种**中间**（intermediate）和**终端**（terminal）操作。中间操作将一个流转成另一个相同类型或不同类型的流。终端操作会产生一些不是流的输出。一个最简单的终端操作是 forEach，它对流的每个元素执行一个代码片段。让 listOfStrings 名副其实，下面的代码片段打印了列表中的所有字符串。

```
listOfStrings.stream().forEach(s -> System.out.println(s));
```

　　forEach 的参数是 Consumer 类型的对象。因为后者是一个函数接口，可以使用方便的 lambda 表达式语法来实例化它。让我们添加一个中间操作，只打印长于 10 个字符的字符串。

```
listOfStrings.stream().filter(s -> s.length() > 10)
                      .forEach(s -> System.out.println(s));
```

　　有时，你想把一个流操作序列的结果收集到一个新的集合中。可以使用终端操作 collect 来实现这一目标，接收一个可变收集器（Collector 类型的对象）。Collectors 类的静态工厂方法提供了常见的收集器。例如，下面的代码片段将过滤后的字符串收集到一个列表中。

```
List<String> longStrings =
        listOfStrings.stream().filter(s -> s.length() > 10)
                              .collect(Collectors.toList());
```

其他标准的收集器允许将结果放入一个 Set 或 Map 中。可以通过实现 Collector 接口来创建自己的收集器。为了理解 Collector 接口的各个部分，请考虑一下，如果想把一个普通的旧集合汇总成单一的可变结果，会怎么做呢？会有某种摘要（summary）对象，用一些默认值初始化，然后对集合中的每个元素进行更新。在扫描完所有元素后，我们可能想把摘要转换成不同的类型，称为结果类型。

```
Collection<V> collection = ...
Summary summary = new Summary();      ❶ 初始摘要
for (V value: collection) {
    summary.update(value);            ❷ 使用 value 更新摘要
}
Result result = summary.toResult();   ❸ 把摘要转换为结果
```

Collector 接口抽象了这三个步骤，再加上另一个**并行**收集器需要的步骤。如果将所有值的遍历工作分配给多个线程（也就是说，每个线程负责这些值的一个子集），则每个线程都需要建立自己的摘要，最终需要**合并**这些摘要，才能产生最终的结果。这个合并操作是收集器中的第四个也是最后一部分。

S 表示摘要的类型，R 表示最终结果的类型，你可能会期望 Collector 接口包含以下这样的方法。

```
S supply();                             ❶ 初始摘要
void accumulate(S summary, V value);    ❷ 使用 value 更新摘要
S combine(S summary1, S summary2);      ❸ 合并两个摘要
R finish(S summary);                    ❹ 把摘要转换为结果
```

注意，这个虚构的收集器和前面介绍的用于抽象容器水位值的 Attribute 接口之间非常相似。然而，实际的 Collector 接口通过让每个方法返回一个执行相应功能的对象，多引入了一个间接层。这与流框架的其他部分及其灵感来源的函数式编程风格是一致的。四个方法的返回类型都是**函数接口**，也就是只有一个抽象方法的接口。表 9-2 描述了这四个接口的特点。

表 9-2　可变收集器使用的函数接口。它们是 `java.util.function` 包中的 40 多个函数接口中的几个

接　口	抽象方法类型	作　用
Supplier<S>	void → S	提供初始的摘要
BiConsumer<S, V>	(S, V) → void	使用一个值来更新摘要
BinaryOperator<S>	(S, S) → S	合并两个摘要
Function<S, R>	S → R	把摘要转换为结果

第五个方法用来说明这个收集器是否具备两个标准特点。
- **并发**：这个收集器是否支持多线程并发执行？
- **有序**：这个收集器是否保留了元素的顺序？

一个名为 Characteristics 的内部枚举提供了这些特点对应的标志。综上所述，可以得到以下方法。

```
public interface Collector<V,S,R> {
    Supplier<S> supplier();              ❶ 初始摘要
    BiConsumer<S,V> accumulator();       ❷ 使用一个值来更新摘要
    BinaryOperator<S> combiner();        ❸ 合并两个摘要
    Function<S,R> finisher();            ❹ 把摘要转换为结果
    Set<Characteristics> characteristics();  ❺ 是否支持并发、有序等
}
```

这种对函数接口的使用让收集器可以很容易地与 lambda 表达式和方法引用进行互操作，而后者是实现函数接口的两种便利方式。下面将介绍方法引用，并指导你实现一个具体的字符串收集器。

小测验 3：收集器的 combiner 方法的作用是什么？你什么时候会用到它？

一个例子：字符串拼接

让我们用一个例子来进行总结：一个自定义的收集器，它使用 StringBuilder 作为临时摘要，将一个字符串序列拼接成单个字符串。因为 StringBuilder 不是线程安全的，所以这个收集器不支持并发[①]。另外，它保留了字符串的顺序，因为它是按顺序将字符串拼接起来的。这种设计很方便，因为这些正是收集器的默认特点，所以可以从 characteristics 方法中返回一个空 set。

现在，如果没有 lambda 表达式和方法引用，那么你将不得不忍受用大量的匿名类来定义收集器。事实上，你需要五个匿名类：一个用于收集器本身的外部类和四个用于实例化相应函数接口的内部类。这里介绍第一个方法。

```
Collector<String,StringBuilder,String> concatenator =
    new Collector<>() {   ❶ 外部匿名类
        @Override
        public Supplier<StringBuilder> supplier() {   ❷ 提供初始摘要
            return new Supplier<>() {   ❸ 第一个内部匿名类
                @Override
                public StringBuilder get() {
                    return new StringBuilder();
                }
            };
        }
        ...   ❹ 重写收集器的其他四个方法
    };
```

方法引用

Java 8 中添加了方法引用。作为一种新的表达式类型，它使用双冒号（::）将现有的方法或构造函数转化为函数接口的实例。方法引用最简单的形式就是将一个实例方法改写为一个合适的接口。例如：

```
ToIntFunction<Object> hasher = Object::hashCode;
```

---

① 要做一个并发收集器，可以用 StringBuffer 代替 StringBuilder，或者添加显式同步。

其中 ToIntFunction<T> 是一个函数接口，它的唯一方法是：

int applyAsInt(T item)

方法引用也可以引用一个特定对象的方法。

Consumer<String> printer = System.out::println;

也可以将方法引用应用到静态方法和构造函数上。

有了方法引用，前面的片段就变得简单多了。可以通过对 StringBuilder 的构造函数的引用来提供 Supplier，编译器可以把构造函数包装成一个类型为 Supplier<StringBuilder> 的对象。

```
Collector<String,StringBuilder,String> concatenator = new Collector<>() {
    @Override
    public Supplier<StringBuilder> supplier() {
        return StringBuilder::new;    ❶ 构造函数的引用
    }
    ...    ❷ 重写收集器的其他四个方法
};
```

更妙的是，Collector 类提供了一个静态方法 of，甚至不用提供外层匿名类，就能得到下面这个方便的解决方案。这里使用方法引用提供了接口的所有四个主要方法。

```
Collector<String,StringBuilder,String> concatenator =
    Collector.of(StringBuilder::new,    ❶ Supplier(引用到一个构造函数)

                StringBuilder::append,    ❷ 更新函数
                StringBuilder::append,    ❸ 合并函数（另一个 append 方法）

                StringBuilder::toString);    ❹ 结束函数
```

方法引用不允许指定所引用方法的签名，只允许指定它的名字。编译器从方法引用所在的上下文中推断签名。这样的上下文必须能确定一个特定的函数接口。例如，在前面的代码段中，update 的函数引用被解析为 StringBuilder 中的以下方法。

public StringBuilder append(String s)

因为上下文调用的是 BiConsumer<StringBuilder, String>。你可能已经注意到了这里是不匹配的：append 有返回值，而 BiConsumer 返回 void。编译器很乐意让你侥幸成功，就像你能调用一个有返回值的方法并忽略这个值一样。表 9-3 总结了这个兼容规则。

表 9-3　比较 **StringBuilder::append** 方法和函数接口 **BiConsumer** 的签名和类型。**SB** 是 **StringBuilder** 的简称

	方　　法	目标函数接口
签名	SB append(String s)	BiConsumer<SB, String>
类型	(SB, String) → SB	(SB, String) → void

小提示：可以将一个非 void 方法的引用分配给一个 void 函数接口。

转到代码片段中合并函数的方法引用，它的上下文需要 BinaryOperator<StringBuilder>，也就是一个接收两个 StringBuilder（包括 this）并返回另一个 StringBuilder 的方法。来自 StringBuilder 类的另一个 append 方法可以填补这个角色。

```
public StringBuilder append(CharSequence seq)
```

这种情况也需要转换，因为方法 append 接收一个 CharSequence，而目标函数接口期望的是 StringBuilder。这种转换是可行的，因为 CharSequence 是 StringBuilder 的父类。表 9-4 总结了这种情况。

表 9-4   比较 **StringBuilder::append** 方法和函数接口 **BinaryOperator** 的签名和类型。
SB 是 **StringBuilder** 的简称

	方　　法	目标函数接口
签名	SB append(CharSequence seq)	BinaryOperator<SB>
类型	(SB, CharSequence) → SB	(SB,SB) → SB

小提示：可以将一个接收 T 类型参数的方法引用分配给一个函数接口，该接口的方法期望 T 的一个子类型。

顺便说一下，JDK 包含一个与这个 concatenator 非常相似的收集器，它是静态方法 Collectors.joining()返回的对象。

小测验 4：能否将方法引用赋值给 Object 类型的变量？

9.2.3   将 **Attribute** 适配到函数接口

可以为 Attribute 配备与 Collector 中相同类型的适配器：一个静态方法，它接收四个函数接口，并将其转化为 Attribute 类型的对象。有了这个方法，客户端就可以使用四个 lambda 表达式或方法引用来创建 Attribute 的具体实现，就像刚才用字符串拼接器所做的那样。

这个适配器方法形式如下。

```
public static <V,S> Attribute<V,S> of(Supplier<S> supplier,
                                      BiConsumer<S,V> updater,
                                      BinaryOperator<S> combiner,
                                      Function<S,V> finisher) {
    return new Attribute<>() {      ❶ 匿名类
        @Override
        public S seed() {
            return supplier.get();
        }
        @Override
```

```
      public void update(S summary, V value) {
          updater.accept(summary, value);
      }
      @Override
      public S merge(S summary1, S summary2) {
          return combiner.apply(summary1, summary2);
      }
      @Override
      public V report(S summary) {
          return finisher.apply(summary);
      }
   };    ❷ 匿名类结束
}
```

9.3　一个通用容器的实现

现在可以设计一个 `ContainerLike` 的通用实现，它可以管理连接和组，同时将属性的行为委托给一个类型为 `Attribute` 的对象。一个很好的选择（也是一个很好的练习）就是基于第 3 章的 Speed3 版本来实现，因为它表现出了最好的整体性能。

首先，回顾一下基于父指针树的 Speed3 版本的基本结构。每个容器都是树的一个节点，只有根容器知道水量和组的大小。容器有三个字段，其中两个字段只与根容器相关。

❑ 这个组所拥有的水量（如果这个容器是根容器）。

❑ 这个组的大小（如果这个容器是根容器）。

❑ 父容器（或者自循环，如果这个容器是根容器）。

其实，这就是 Speed3 版本的开头部分。

```
public class Container {
   private Container parent = this;    ❶ 一开始，每个容器都是树的根
   private double amount;
   private int size = 1;
```

通用版本称为 `UnionFindNode`，它用一个类型为 S 的对象和一个类型为 `Atrribute` 的对象来代替 `amount` 字段，其中前者存放组摘要，后者存放操作摘要和值的方法。`UnionFindNode` 版本的字段和构造函数如代码清单 9-3 所示。

代码清单 9-3　UnionFindNode：字段和构造函数

```
public class UnionFindNode<V,S>
    implements ContainerLike<V,UnionFindNode<V,S>{}> {

   private UnionFindNode<V,S> parent = this;    ❶ 一开始，每个节点都是根
   private int groupSize = 1;

   private final Attribute<V,S> attribute;    ❷ 包括操作属性的方法
   private S summary;

   public UnionFindNode(Attribute<V,S> dom) {
```

```
        attribute = dom;
        summary = dom.seed();
    }
```

get 和 update 方法识别其树的根（与 Speed3 版本中相同），然后调用相应的属性方法来解包摘要或根据新的值更新摘要，如代码清单 9-4 所示。私有的支持方法 findRootAndCompress 负责找到根容器，并将通往根容器的路径扁平化，以加快未来的调用速度。

代码清单 9-4　UnionFindNode：get 和 update 方法

```
public V get() {      ❶ 返回当前属性的值
    UnionFindNode<V,S> root = findRootAndCompress();
    return attribute.report(root.summary);
}
public void update(V value) {    ❷ 更新属性
    UnionFindNode<V,S> root = findRootAndCompress();
    attribute.update(root.summary, value);
}
```

最后，connectTo 方法强制执行第 3 章中解释的按大小链接策略，并调用 Attribute 的 merge 方法来合并被连接的两个组的摘要。正如承诺的那样，connectTo 不需要对其参数进行任何转换，这要归功于你之前选择的表达式签名（见代码清单 9-5）。

代码清单 9-5　UnionFindNode：connectTo 方法

```
public void connectTo(UnionFindNode<V,S> other) {
    UnionFindNode<V,S> root1 = findRootAndCompress(),
                       root2 = other.findRootAndCompress();
    if (root1 == root2) return;
    int size1 = root1.groupSize, size2 = root2.groupSize;
        ❶ 合并两个摘要
    S newSummary = attribute.merge(root1.summary, root2.summary);

    if (size1 <= size2) {    ❷ 按大小链接策略
        root1.parent    = root2;
        root2.summary   = newSummary;
        root2.groupSize += size1;
    } else {
        root2.parent    = root1;
        root1.summary   = newSummary;
        root1.groupSize += size2;
    }
}
```

图 9-1 总结了目前为止介绍的三个类。它们共同构成了一个生成类似容器行为的通用框架。

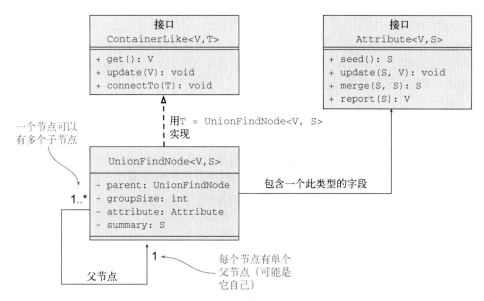

图 9-1 通用水容器框架的 UML 类图

9.4 通用的考虑

让我们暂时把目光从这一长串代码上移开,思考将一组给定功能**泛化**到更广泛的上下文中的通用过程。在这个过程开始之前,需要一个泛化代码或规范的明确动机。泛化解决方案的动机可能源于你想让它成为一个优雅的框架,或者仅仅是为了挑战自己。如果你是为了好玩或学习一门新语言而编程,这些理由就足够了。但在工作中,最好有与业务相关的动机,把好而具体的解决方案变成可能会更慢、更复杂、更难维护的通用框架。归纳起来,面向业务的优秀动机有以下几种。

- ❑ 通用解决方案本身可能是一种产品。你和你的同事/经理认为,组织可以独立地发布通用解决方案作为库或框架,供其他组织使用。
- ❑ 通用解决方案可以满足产品中的不同功能。也许通用解决方案可以取代和统一产品中各个单独的特定解决方案。
- ❑ 通用解决方案可以支持产品**未来**的发展。你应该小心处理这种动机。正如之前提到的,程序员和设计师往往会过度设计和过度泛化软件。极限编程中的格言"你不需要它"关注并质疑了这种倾向。

一旦确定了明确的动机,就应该根据你的动机,建立一个或多个额外的应用场景(也就是用例),这些场景是当前的实现或规范没有涵盖但应该涵盖的。这就是我在本章开头所做的——提出了两个目标场景和一个超出通用范围的场景。

这些用例会引导你开发一个通用的 API,通常包括一个或多个接口。在水容器的示例中,我们按照这种方式开发了 ContainerLike 和 Attribute 这两个接口。

9

如果一开始就有一个具体的实现，那么现在可以把它套用到你在上一步设计的泛型接口上。当从 Speed3 版本（来自第 3 章）的具体 Container 类开始并将其转换为通用类 UnionFindNode 时，你就是这么做的。现在你需要一些额外的代码（希望不要太多）来使用新的通用框架来复原之前的功能。这就是下一节的目标。

9.5 复原水容器（Generic）

本节将展示如何使用上一节中开发的通用实现来复原水容器的具体实现，以及它们的具体水位属性。结果是一个行为与 Speed3 版本非常相似的类，区别只是增加了几个抽象层次。这就是通用实现的代价，好处则是可以很容易地适应各种条件。

9.5.1 更新用例

具体实现的用例将与本书其他地方使用的用例相似，但不完全相同。唯一的区别在于两个方法的名字：得到的不是具体的 getAmount 和 addWater 方法，而是 ContainerLike 接口提供的通用名 get 和 update。因此，标准用例的前几行就变成了以下这样。

```
Container a = new Container();
Container b = new Container();
Container c = new Container();
Container d = new Container();

a.update(12.0);     ❶ update 类似于 addWater
d.update(8.0);
a.connectTo(b);
      ❷ get 类似于 getAmount
System.out.println(a.get()+" "+b.get()+" "+c.get()+" "+d.get());
```

上面代码片段的期望输出与原用例相同。

```
6.0 6.0 0.0 8.0
```

9.5.2 设计具体的属性

每个基于 UnionFindNode 的具体 Container 类都需要确定类型 V 和 S，并提供一个类型为 Attribute<V, S>的对象。对于水容器来说，V = Double，因为这是水量的天然类型。乍一看，似乎 S = Double 类型的摘要也可以。毕竟，组摘要不应该只是组中水的总量吗？你可能会说，那么可以通过将组的总水量除以组的大小来计算每个容器的水量，而组的大小将存储在根节点的 groupSize 字段中。然而，Attribute 对象并不能访问它所属的 UnionFindNode 对象！因此，它无法访问其 groupSize 字段。你不得不复制组大小信息，并在摘要里面存储一个单独的副本。由于解决方案的通用性，又要付出一笔代价。

你需要一个自定义的类来扮演组摘要的角色，而不是简单地使用 S = Double。我们称该类为 ContainerSummary。每个摘要都存放着组的总水量和组的大小。除了自然的双参数构造函数，还会添加一个默认构造函数，如代码清单 9-6 所示。这样一来，以后就可以用方法引用（好吧，"构造函数引用"会更准确）来引用它，并填充 Attribute 接口的"种子"操作了。

代码清单 9-6 ContainerSummary：字段和构造函数

```
class ContainerSummary {
    private double amount;
    private int groupSize;

    public ContainerSummary(double amount, int groupSize) {
        this.amount = amount;
        this.groupSize = groupSize;
    }
    public ContainerSummary() {    ❶ 默认构造函数
        this(0, 1);    ❷ 调用其他构造函数，水量为 0，组中有一个容器
    }
```

接下来，代码清单 9-7 包含了提供其余属性操作的三个方法。

代码清单 9-7 ContainerSummary：摘要操作方法

```
    ❶ 相当于 addWater
public void update(double increment) {
    this.amount += increment;
}
    ❷ 将两个容器连接时使用

public ContainerSummary merge(ContainerSummary other) {
    return new ContainerSummary(amount + other.amount,
                                groupSize + other.groupSize);
}
    ❸ 返回每个容器的水量
public double getAmount() {
    return amount / groupSize;
}
```

最后，可以使用来自 Attribute 接口的静态方法 of 和四个方法引用来实例化 UnionFindNode 需要的 Attribute 对象。ContainerSummary 中的方法使用的基本类型 Double 和 Attribute 期望的包装类型 Double 之间不太匹配。但不用担心：自动包装（拆箱）确保你可以使用涉及基本类型的方法引用，即使上下文调用的是包装类型。

然后可以把这个 Attribute 对象当作类常量，也就是一个 final 静态字段，并暴露给客户端，如代码清单 9-8 所示。

代码清单 9-8 ContainerSummary：Atrribute 字段

```
public static final Attribute<Double,ContainerSummary> ops =
    Attribute.of(ContainerSummary::new,    ❶ 引用到默认构造函数
                 ContainerSummary::update,
                 ContainerSummary::merge,
                 ContainerSummary::getAmount);
```

9

图 9-2 是关于 `ContainerSummary` 及其与 `Attribute` 之间关系的 UML 类图。注意 `ContainerSummary` 的构造函数和三个方法是如何对应接口的四个方法的。

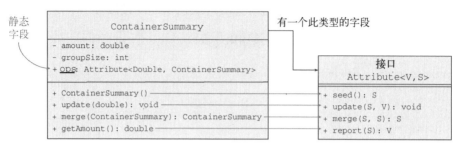

图 9-2   `ContainerSummary` 及其与 `Attribute` 之间关系的 UML 类图。在 `ContainerSummary` 相应的方法中，方法 `update`、`merge` 和 `report` 的第一个参数被绑定到了 `this`

9.5.3   定义具体的水容器类

定义了具体的摘要及其支持方法，通过扩展 `UnionFindNode` 并将适当的 `Attribute` 对象传递给它的构造函数，只需三行代码就可以复原水容器的正常行为，如代码清单 9-9 所示。

代码清单 9-9   Generic：三行代码的水容器

```
public class Container extends UnionFindNode<Double,ContainerSummary> {
    public Container() {
        super(ContainerSummary.ops);
    }
}
```

这相当整洁，但确实有一些 Java 泛型的限制。仔细想想，所有的 `UnionFindNode` 都必须持有对同一个 `Attribute` 对象的引用，这是一种空间浪费。如果使用具体化（reified）泛型而不是擦除（erased）泛型，那么这个引用可以是 `UnionFindNode<Double, ContainerSummary>` 的一个**静态字段**。这样一来，该类型的所有节点将共享一个引用，该引用指向负责操作摘要的对象。

顺便说一下，代码清单 9-9 是本书中实现水容器类功能的最短版本，甚至比附录 B 中为了简洁而进行了明确优化的版本还要短！当然，本节中的版本"作弊"了，因为我们把所有的功能都移到了通用框架中。如果算上所有的代码（类 `UnionFindNode` 和 `ContainerSummary`，以及接口 `ContainerLike` 和 `Attribute`），通用版本其实是本书中**最长**的版本！

9.6   社交网络的帖子

为了见证解决方案的通用性，我们设计另一个版本的具体容器。这次针对的是本章开头提出的场景 2：社交网络中的帖子，它们由共同的评论者连接，要计算总点赞数。事实上，这个场景比水容器更简单。这一次，组摘要只需要保存组中帖子累积的点赞数即可，不需要知道组的大小。

因此，摘要只是一个整型的包装器（见代码清单 9-10）。

代码清单 9-10　`PostSummary`：字段和构造函数

```
class PostSummary {
    private int likeCount;

    public PostSummary(int likeCount) {
        this.likeCount = likeCount;
    }
    public PostSummary() {}    ❶ 稍后允许一个方法引用
```

默认的构造函数实现了 `Attribute` 的"种子"操作。代码清单 9-11 展示的方法提供了其他三个操作。可以再次使用静态方法 `of` 将这四个操作打包到 `Attribute` 类型的对象中。

代码清单 9-11　`PostSummary`：方法和静态字段

```
    public void update(int likes) {
        likeCount += likes;
    }
    public PostSummary merge(PostSummary summary) {
        return new PostSummary(likeCount + summary.likeCount);
    }
    public int getCount() {
        return likeCount;
    }
    public static final Attribute<Integer,PostSummary> ops =
        Attribute.of(PostSummary::new,    ❶ 引用到默认构造函数
                     PostSummary::update,
                     PostSummary::merge,
                     PostSummary::getCount);
}
```

就像上一节中对水容器所做的那样，可以用代码清单 9-12 中的三行代码来实例化代表社交网络帖子的类。

代码清单 9-12　`Post`：用通用框架计算点赞数

```
public class Post extends UnionFindNode<Integer,PostSummary> {
    public Post() {
        super(PostSummary.ops);
    }
}
```

9.7　来点儿新鲜的

最后这个例子不是单一的类，而是一个带有 GUI（图形用户界面）的独立应用程序。这是一个在更大范围内应用本书所述原理的机会。你可以从在线代码库中[①]找到一个简单的 GUI 应用程

---

① 基准版的绘图应用在 `eis.chapter9.plot` 包中，而通用版在 `eis.chapter9.generic.plot` 中。

序，它能绘制一条**抛物线**（也就是一条曲线），其公式为：

$$y = ax^2 + bx + c$$

你可以看到如图 9-3 中的截图。最上面的面板绘制了该函数对于固定范围内 x 值的图像，中间的面板列出了五个固定 x 值的函数值，底部的面板允许用户改变三个参数 a、b 和 c 的值。

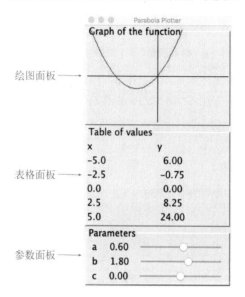

图 9-3   绘图程序的截图

基准版本的实现由四个类组成——每个面板一个，还有一个 Main 类将它们连接在一起。它只能绘制抛物线，而且有两个缺陷。

❑ **代码重复**：TablePanel 和 PlotPanel 都包含在给定点上计算抛物线的代码。最好将这些代码放在一个地方。

❑ **点对点的通信方案**：当通过移动滑块来改变一个参数时，响应事件的代码（也就是**控制器**）会要求所有面板重新绘制。这并不太糟糕，但想象一下这个应用程序的完整版本，会有大量小组件以不同的方式改变界面。如果保持这种通信方案，那么需要让所有小组件都知道所有可视化功能的面板（也就是**视图**）。图 9-4 描述了这个架构中的典型事件流。

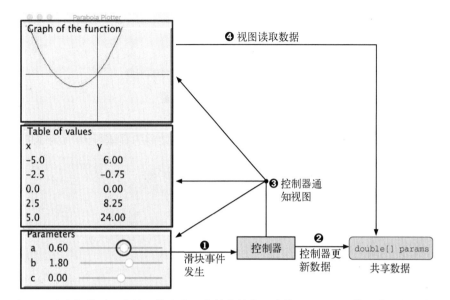

图 9-4 基准版绘图程序的通信方案。参数存储在一个普通 double 数组中，为所有组
件共享。在这个方案中，每个控制器必须知道所有的视图

我们泛化这个应用程序，使它可以用任意个多参数绘制任意参数函数，即方程曲线：

$$y = f(a_1, \cdots, a_n, x)$$

其中 $a_1, \cdots, a_n$ 是参数。要说明的是，我并不是说要接受上面的函数定义文本，这需要一个解析
器。泛化应用程序只是为了能够尽可能减少程序员的工作，获得切换到不同类型函数的能力。
程序应该自动使 GUI 适应它所显示的函数类型。例如，底部面板中滑块的数量必须等于参数的
数量。我们还将随之解决前面列出的两个设计缺陷。

9.7.1 参数函数的接口

泛化过程的第一步是确定一个代表参数函数的接口，称为**参数函数**（parametric function）。
为了使应用程序能够完全适应特定的参数函数，该接口必须包括以下服务。

- ❏ 提供参数的数量。
- ❏ 提供每个参数的名字，这允许你自定义参数面板中的标签 a、b 和 c。
- ❏ 获取和设置每个参数的值。
- ❏ 对于当前给定参数的值，对函数进行计算。这个功能解决了前面讨论的代码重复问题。
  该参数函数将是唯一负责计算函数值的地方。

为了将这些功能翻译成 Java 代码，必须将参数从 0 到 $n - 1$ 进行编号，得到如下接口。

```
public interface ParametricFunction {
    int getNParams();        ❶ 返回参数数量
```

9

```
    String getParamName(int i);     ❷ 返回第 i 个参数的名字

    double getParam(int i);     ❸ 返回第 i 个参数的值

    void setParam(int i, double val);     ❹ 设置第 i 个参数的值

    double eval(double x);     ❺ 返回给定 x 时这个函数的值
}
```

现在，用一个实现了这个接口的 Parabola 类来复原之前的具体行为。（为了简单起见，跳过了前置条件检查。）

```
public class Parabola implements ParametricFunction {
    private final static int N = 3;    ❶ 三个参数
    private final static String[] name = { "a", "b", "c" };
    private double[] a = new double[N];

    public int getNParams()          { return N; }
    public String getParamName(int i) { return name[i]; }
    public double getParam(int i)     { return a[i]; }
    public void setParam(int i, double val) { a[i] = val; }
    public double eval(double x)      { return a[0]*x*x + a[1]*x + a[2]; }
}
```

可以想象，定义一个不同的参数函数有多么容易。例如，假设你想绘制双曲线，公式为：

$$y = \frac{a}{x} = f(a, x)$$

可以用下面的类来完成。

```
public class Hyperbola implements ParametricFunction {
    private final static int N = 1;    ❶ 一个参数
    private final static String[] name = { "a" };
    private double[] a = new double[1];

    public int getNParams()          { return N; }
    public String getParamName(int i) { return name[i]; }
    public double getParam(int i)     { return a[i]; }
    public void setParam(int i, double val) { a[i] = val; }
    public double eval(double x)      { return a[0] / x; }
}
```

如果比较一下 Parabola 和 Hyperbola，会立即注意到它们共享了很多代码。唯一的实质性区别在于它们对 eval 的实现，也就是具体函数实际被定义的地方。这表明，可能需要一个插入在接口和具体类之间的抽象类，来承担这些类的大部分功能。

抽象类叫作 AbstractFunction，可以负责存储和管理参数，甚至提供标准的参数名（字母 a 和 b 等）。这个抽象类基本上负责处理所有的事情，只有计算函数值的 eval 依然保持抽象。下面是抽象类的一个可能实现。（为了简单起见，再次省略了一些检查。）

```
public abstract class AbstractFunction implements ParametricFunction {
   private final int n;
   protected final double[] a;    ❶ 为了高效，子类可以访问

   public AbstractFunction(int n) {    ❷ 子类的构造函数
      this.n = n;
      this.a = new double[n];
   }

   public int getNParams()        { return n; }
   public String getParamName(int i) {
      final int firstLetter = 97;    ❸ 字母 a 的 ASCII 码
      return Character.toString(firstLetter + i);
   }
   public double getParam(int i) { return a[i]; }
   public void setParam(int i, double val) { a[i] = val; }
}
```

抽象类简化了具体函数的定义。例如，以下是利用 AbstractFunction 时 Hyperbola 的样子。

```
public class Hyperbola extends AbstractFunction {
   public Hyperbola() { super(1); }
   public double eval(double x) { return a[0] / x; }
}
```

9.7.2　一个通信模式

你可以利用这次重构的机会，同时改进程序的通信方案。现在你有了一个中心对象，也就是参数函数，它拥有相关的数据（参数），并提供要显示的信息（函数值）。这是应用著名的**模型-视图-控制器**（MVC）架构模式的理想场景。

模型-视图-控制器

模型-视图-控制器是于 20 世纪 70 年代提出的一种 GUI 桌面程序的架构模式。它建议将软件组件分为三类。

❑ **模型**（model）：持有与应用程序相关的数据的组件。

❑ **视图**（view）：向用户展示数据的组件。

❑ **控制器**（controller）：响应用户输入的组件。

在这个模式的本意中，控制器不应该直接与视图交互。当收到用户命令（比如点击按钮）时，控制器就会通知或修改模型。模型则负责通知那些需要更新的视图。

自诞生以来，MVC 模式已经被应用到了各种场景，特别是 Web 应用程序框架。它还衍生出了"模型-视图-适配器"和"模型-视图-表示器"等变体。

在绘图应用的上下文中，参数函数是模型类，三个面板是视图，而响应滑块的事件处理程序

9

是控制器。设计重构后的应用，要遵守 MVC 原本意图的通信方案。

- 当程序启动时，三个视图将自己注册为模型的观察者。模型（参数函数）持有对它们的引用。

  为了避免不相关的功能使 ParametricFunction 接口混乱，可以将持有这些引用和发送通知的责任分配给代码库中的一个单独的类 ObservableFunction。它封装了一个参数函数并添加了这些功能[①]。

- 当用户在 GUI 的参数面板上移动滑块时，控制器会更新模型中相应参数的值。控制器不采取任何其他动作。

- 每当收到更新参数值的调用 setParam 时，模型就会通知所有已注册的视图：模型中有东西发生了变化。

下面是 ObservableFunction 类的主要部分。首先，它包装了一个 ParametricFunction 对象，同时实现了这个接口。它还以 ActionListener 列表的形式来跟踪其观察者。ActionListener 是 Java AWT 窗口工具包中的一个标准接口，其唯一的方法是 void actionPerformed (ActionEvent e)。ActionEvent 参数要携带被通知的事件的信息。你将支持单一类型的事件：用户正在更改函数的一个参数值。这就是为什么你可以为所有的通知使用一个虚拟（dummy）事件对象。下面是 ObservableFunction 类的开头。

```
public class ObservableFunction implements ParametricFunction {
    private final ParametricFunction f;   ❶ 内部参数函数
    private final List<ActionListener> listeners = new ArrayList<>();
    private final ActionEvent dummyEvent =
        new ActionEvent(this, ActionEvent.ACTION_FIRST, "update");

    public ObservableFunction(ParametricFunction f) { this.f = f; }
```

ObservableFunction 的核心职责是在调用 setParam 时通知所有观察者。

```
public void setParam(int i, double val) {
    f.setParam(i, val);
    for (ActionListener listener: listeners) {   ❶ 通知观察者
        listener.actionPerformed(dummyEvent);    ❷ 没有携带实际信息的虚拟事件
    }
}
```

所有其他方法都会被传递到内部的 ParametricFunction 对象。例如，这里是 getParam 的实现。

```
public double getParam(int i) {   ❶ 传入内部函数
    return f.getParam(i);
}
```

图 9-5 描述了这个新的通信方案。因为单一的对象（模型）负责通知所有视图，所以能将以

---

① 这个机制是装饰器设计模式的一个例子。

前版本的三个视图拆分成更多视图。例如，可以将 y 这一列中的五个标签分别视为视图，而不是将整个 TablePanel 视为一个视图。这样的话，当用户更新参数时，就只需要重绘这一小部分就可以了。

这种通信方案比基线版本的绘图程序所使用的更加稳健。添加新的视图或控制器更容易。要激活一个新视图，只需将模型传递给它，并将其注册为另一个模型观察者即可。你不需要修改任何控制器。对称地，可以在不改变视图组件的情况下，向 GUI 中添加新的控制器（即新的交互式小部件）。

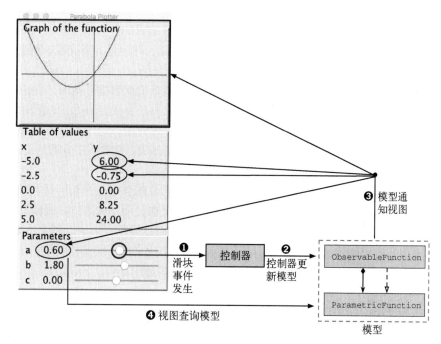

图 9-5　重构后的绘图程序的通信方案。根据 MVC，控制器仅通过模型与视图交互。ObservableFunction 和 ParametricFunction 之间的箭头表示前者实现了后者，而且 ObservableFunction 包含对内部 ParametricFunction 的引用

9.8　真实世界的用例

正如你在本章中所看到的，泛型是一个非常强大的特性，可以定义类型安全的数据结构，从而使用不同的数据类型。类型在这里成了参数（泛型也被称为**参数多态**），可以推迟到声明的时候再进行定义。类型参数化提高了代码的可复用性，因为可以避免对不同的数据类型重复编写相同的算法。为了具体说明，我将进一步介绍一些例子。

❑ 泛型最重要的用处之一可能是数据容器：向量（vector）、列表（list）、set、树（tree）、队列（queue）、栈（stack），等等。你能找出这些容器的一个重要的共同原则吗？它们不知

9

道自己所处理的对象类型，只负责对象的组织：如果你从栈中弹出一个对象，那么容器并不关心弹出的对象的类型。

☐ 正如你在上一章中所看到的，多线程一直是 Java 语言的主要特性之一，并且随着新版本的发布而不断演进。不过，在演进过程中，最突出的是语言设计者在 Java 1.5 中为语言引入泛型时增加的并发工具。从早期开始，就可以通过实现 Runnable 接口来表示一个线程任务。该接口有一个 run 方法，它不接收任何参数，也没有返回值。因此，只能用于那些不从线程中得到任何结果值的情况。此外，较新的 Callable 接口是一个返回参数化类型的泛型接口。要执行一个任务，必须向 ExecutorService 提交一个实现了 Callable 的对象来启动任务。你能猜到执行器服务返回的是什么类型吗？是另一个参数化的类型 Future。Future<T>类型带有期望的语义，即一旦计算完成，就会得到一些 T 类型的结果。

☐ 在第一个例子中，我讨论了数据结构如何使用泛型来组织数据。然而，你也经常会将泛型用于持有（参数化类型的）**单个**元素的容器。AtomicReference<T>是一个单元素容器的例子，可以在需要执行原子且线程安全的操作时使用。它可以在不同线程之间共享对象，而不必使用同步。另一个例子是 Optional<T>类，它取代了返回 null 值的需要，在本章的练习 3 中有介绍。

☐ 在生产代码库中，通常使用数据访问对象（DAO），它提供了一个访问持久层（如关系型数据库）的接口。DAO 的目的是提供对持久层的操作，而不向客户端暴露其内部实现。想象一下，写一个 DAO 来在数据库上执行一些 CRUD 操作：创建、删除、更新、查找，等等。你可能想使用这个 DAO 来持久化领域模型中定义的不同实体类型。使用泛型可以对 DAO 进行参数化，并对不同的实体类型使用这些通用操作。

9.9 学以致用

练习 1

回想一下，Java 的泛型是通过**擦除**实现的，而 C#的泛型是通过**具体化**来实现的。因此，表 9-5 展示的涉及类型参数 T 的三条指令在 C#中有效，但在 Java 中无效。在这三种情况下，Java 的变通方法是什么？换句话说，有什么其他方法可以达到类似的效果？

表 9-5　与 C#相比，Java 泛型对可以用类型参数 T 做什么有一些限制。注意在 C#中，第一行中的例子需要加上类型约束 where T: new() 才能正常工作

指令类型	在 Java 中是不正确的	在 C#中是正确的
创建对象	new T()	new T()
创建数组	new T[10]	new T[10]
运行时检查类型	exp instanceof T	exp is T

练习 2

使用泛型 UnionFindNode 的基础架构，设计本章开头讨论的场景 1 的解决方案：任意精度有理数水位的水容器（数学意义上的有理数）。

提示：不要重新发明轮子。可以使用已有的任意精度有理数类，网上可以找到几个现成的。

练习 3

设计一个处理 E 类型通用事件的 Schedule<E>类，其中 E 必须是如下接口的一个子类型。

```
public interface Event {
    void start();
    void stop();
}
```

Schedule<E>类必须提供以下方法。

- ❑ public void addEvent(E event, LocalTime startTime, LocalTime stop Time)：将一个事件添加到这个计划器（schedule）中，并指定其开始和停止时间。如果该事件与此计划器的另一个事件重叠，则这个方法将抛出一个 IllegalArgumentException。如果此计划器已经被启动了（launch 方法），则此方法会抛出一个 IllegalStateException。

- ❑ public void launch()：从调用这个方法的那一刻起，这个计划器就负责在正确的时间调用其事件的 start（启动）和 stop（停止）方法。在启动之后，不能再向此计划器添加任何事件。

- ❑ public Optional<E> currentEvent()：返回当前活动的事件（如果有的话）。如果没有，一个现代做法是返回 Optional，而不是返回一个 null 值。Optional<E>可以包含一个 E 类型的对象，也可以是空的。如果客户端已经启动了这个计划器，但此时并没有活动事件，这个方法就会返回一个空的 Optional。如果客户端还没有启动计划器，这个方法就会抛出一个 IllegalStateException。

此外，还要实现一个具体的事件类，比如 HTTPEvent，它的启动和停止动作会发送 HTTP GET 消息到指定的 URL。

练习 4

编写一个方法，接收一个对象集合，并根据等价谓词（equivalence predicate）对其中的对象进行分区。

```
public static <T> Set<Set<T>{}> partition(
    Collection<? extends T> c,
    BiPredicate<? super T, ? super T> equivalence)
```

BiPredicate<U, V>是一个标准的函数接口，其唯一的方法是 boolean test(U u, V v)。可以假设等价谓词满足等价关系的规则：自反性（reflexivity）、对称性（symmetry）和传递性（transitivity），就像 Object 中的 equals 方法一样。

例如，假设你想根据字符串的长度进行分组。可以将相应的等价关系定义为下面的 BiPredicate。

9

```
BiPredicate<String,String> sameLength = (a, b) -> a.length() == b.length();
```

然后可以在一组字符串上调用 partition 方法。

```
Set<String> names = Set.of("Walter", "Skyler", "Hank", "Mike", "Saul");
Set<Set<String>{}> groups = partition(names, sameLength);
System.out.println(groups);
```

结果是，根据其长度，这五个字符串被分为了两组。

```
[[Walter, Skyler], [Saul, Mike, Hank]]
```

提示：这个练习比你想象得更接近水容器。

9.10　总结

- 现代编程将强大的可复用框架与于应用程序专用的代码相结合。
- 泛型有助于编写可复用的组件。
- 与特定的具体解决方案相比，可复用组件可能会产生额外的成本。
- Java 8 中的流大量使用了泛型，提供了一个高度可配置的数据处理框架。
- 泛化软件首先要定义一组目标场景。
- 可复用的软件组件往往围绕着一组关键接口。
- 原生的模型–视图–控制器架构规定了带有图形用户界面的桌面应用程序的职责和通信协议。

9.11　小测验答案和练习答案

小测验 1

在 Employee 类中插入 public boolean equals(Employee e) 方法不是一个好主意。首先请注意，你是在重载（overload）而不是重写（override）来自 Object 的 equals 方法。因此，Employee 最终会有两个不同的判等方法：一个是基于身份的方法，继承自 Object；另一个可能是基于内容的方法，有更具体的参数类型。当比较两个雇员时，你可能最终会调用其中一个方法，这取决于第二个雇员的静态类型。

```
Employee alex = ..., beth = ...;
alex.equals(beth);            ❶ 基于内容的比较
alex.equals((Object) beth);   ❷ 基于身份的比较
```

这种情况很容易出错，而且很可能不是程序员所希望的。

小测验 2

不行，在 Java 中不能分配一个 T 类型的数组（new T[...]），其中 T 是类型参数。这是因为数组需要存储它们的类型，并在运行时使用这些信息来检查每个写或转换操作是否有效。由于擦除，字节码并没有在运行时存储 T 的实际值，所以这个机制不可行。你不应该把这种限制与声明 T[] 类型变量的能力相混淆，后者是完全有效的。

在 C#中，可以分配一个 T 类型的数组，因为类型参数是具体化的，它们的实际值在运行时是已知的。

小测验 3

只有并行收集器使用收集器的 combiner 方法。它返回一个对象，你可以用该对象来合并不同线程在协作执行流操作时获得的部分结果。

小测验 4

不能直接将方法引用赋给一个 Object 类型的变量，就像下面这样。

```
Object x = String::length;    ❶编译时错误
```

因为上下文包含的信息不足以用来识别一个特定的函数接口。如果你一定要这么做，那么转换（cast）可能会派上用场。

```
Object x = (ToIntFunction<String>) String::length;    ❷ Java 中是可以的
```

练习 1

当你需要运行时类型信息，而泛型还不够时，反射（reflection）通常是一个解决方案。例如，可以不使用 new T()，而是使用一个类型为 Class<T>的对象 t，然后使用下面的代码片段来动态地调用一个构造函数。

```
Constructor<T> constructor = t.getConstructor();    ❶ 返回默认构造函数
T object = constructor.newInstance();
```

根据上下文，一个替代解决方案是让客户端提供一个 Supplier<T>。它是一个函数接口，可以用来包装构造函数或任何可以产生 T 类型对象的方式。

对于 new T[10]，推荐的变通方法是使用集合而不是数组。

```
List<T> list = new ArrayList<T>();
```

正如你在第 4 章中所看到的，通过使用 List，可以得到各种额外的服务，而且付出的开销非常小。（但是不能用 list[i]，生活不易。）

最后，可以再次通过反射来模拟类似于 exp instanceof T 的运行时检查。如果你有一个类型为 Class 的对象 t，则可以通过下面的语句来检查给定的表达式是否为 t 的子类型。

```
t.isInstance(exp);
```

练习 2

我选择了 Robert Sedgewick 和 Kevin Wayne 的 BigRational[1]作为任意精度有理数的类。这

① 你可以从在线代码库中找到一份副本。

是不可变有理数的一个直观实现，你可以像下面这样使用它。

```
BigRational a = new BigRational(1, 3);   ❶ 三分之一
BigRational b = new BigRational(1, 2);   ❷ 一半
BigRational c = a.plus(b);
System.out.println(c);   ❸ 打印 5/6
```

通过修改 9.5 节中介绍的 Container 类，可以让水容器使用 BigRational 类型的水量。首先，重新定义组摘要的类，使其有一个 BigRational 类型的水量字段和相同的组大小字段。每当需要对水量进行算术运算时，就需要使用 BigRational 的方法，比如 plus 或 divides。这里提供了一个组摘要类的片段，叫作 RationalSummary。其余的内容可以从在线代码库中找到。

```
class RationalSummary {
    private BigRational amount;
    private int groupSize;
    ...
    public void update(BigRational increment) {
        amount = amount.plus(increment);   ❶ BigRationals 是不可变的
    }
    ...
    public static final Attribute<BigRational,RationalSummary> ops =
        Attribute.of(RationalSummary::new,
                     RationalSummary::update,
                     RationalSummary::merge,
                     RationalSummary::getAmount);
}
```

一旦有了组摘要类，就可以通过扩展 UnionFindNode 并将 Attribute 对象传递给它的构造函数来得到容器类。

```
public class Container extends UnionFindNode<BigRational,RationalSummary> {
    public Container() {
        super(RationalSummary.ops);
    }
}
```

练习 3

Schedule 类必须存储一系列有序且不重叠的事件。为了做到这一点，需要定义一个支持类，比如 TimedEvent，将事件及其开始和停止时间保存在一起。这可以是 Schedule 的一个私有内部类。

TreeSet<TimedEvent>支持自定义元素的排序逻辑，可以有效地排序定时事件，同时检测重叠事件。回顾一下，Set 接口的所有实现都会拒绝重复元素。TreeSet 实现了 Set，并基于其元素之间的顺序进行所有操作，包括检测重复元素（也就是说，它不调用 equals）。要拒绝一个与先前插入的事件重叠的定时事件，需要自定义排序逻辑，使重叠的事件等价（compareTo 返回 0）。换句话说，使用以下排序逻辑。

❑ 如果事件 a **完全在**事件 b **之前**，则 a 比 b "小"，反之亦然。

❑ 如果两个事件重叠，它们就是"等价的"（compareTo 返回 0）。

下面是 TimedEvent 类的要点。

```java
public class Schedule<E> {

    private class TimedEvent implements Comparable<TimedEvent> {
        E event;                           ❶ 这个类是私有的，不需要隐藏它的字段
        LocalTime startTime, stopTime;
        @Override
        public int compareTo(TimedEvent other) {
            if (stopTime.isBefore(other.startTime)) return -1;
            if (other.stopTime.isBefore(startTime)) return 1;
            return 0;      ❷ 重叠事件是"等价的"
        }
        ...    ❸ 省略了琐碎的构造函数
    }
```

每个 Schedule 对象都有以下字段。

❑ private volatile boolean active;：通过 launch 设置，并在辅助线程中此计划器执行结束时重置。volatile 修饰符确保跨线程的可见性。

❑ private volatile Optional<E> currentEvent = Optional.empty();：由执行此计划器的辅助线程维护。currentEvent 方法返回其值。

❑ private final SortedSet<TimedEvent> events = new TreeSet<>();：定时事件的序列。

方法 addEvent 将一个新的定时事件添加到 TreeSet 中，并检查三个无效情况。

```java
public void addEvent(E event, LocalTime startTime, LocalTime stopTime)
{
    if (active)
        throw new IllegalStateException(
            "Cannot add event while active.");
    if (startTime.isAfter(stopTime))
        throw new IllegalArgumentException(
            "Stop time is earlier than start time.");
    TimedEvent timedEvent = new TimedEvent(event, startTime, stopTime);
    if (!events.add(timedEvent))     ❶ 如果重叠则插入失败
        throw new IllegalArgumentException("Overlapping event.");
}
```

计划器的实际执行被分配给另一个线程，这样就不会阻塞 launch 方法。你可以从在线代码库中找到 launch 的代码和两个具体事件类（PrintEvent 和 HTTPEvent）的例子。

练习 4

你可以使用通用容器框架的一个实现来完成这个练习，比如 UnionFindNode。思想是为集合中的每个元素创建一个节点，只要它们的元素是等价的（根据给定的谓词判断），就将两个节

点连接起来。在你布置好所有的连接之后，相连节点的组就形成了所需的输出。

为了最终得到所需的输出，每个节点必须知道连接到它的节点 set。下面把这些信息放到组摘要中。你需要 Attribute<V, S> 的一个实现，V 和 S 都等于 Set<T>。适配器方法 Attribute.of 再一次派上了用场。

```
public static <T> Set<Set<T>{}>
    partition(Collection<? extends T> collection,
              BiPredicate<? super T, ? super T> equivalent) {

    Attribute<Set<T>,Set<T>{}> groupProperty = Attribute.of(
            HashSet::new,     ❶ 构造函数的引用
            Set::addAll,      ❷ 接口方法的引用

            (set1, set2) -> {     ❸ 合并两个 set
                Set<T> union = new HashSet<>(set1);
                union.addAll(set2);
                return union;
            },
            set -> set);     ❹ 不需要拆箱任何东西
```

第一个实际操作为集合中的每个元素创建一个节点。你还需要跟踪哪个节点属于哪个元素。可以使用 Map 来实现这一点。

```
Map<T,UnionFindNode<Set<T>,Set<T>{}>{}> nodeMap = new HashMap<>();
for (T item: collection) {
    UnionFindNode<Set<T>,Set<T>{}> node =
        new UnionFindNode<>(groupProperty);
    node.update(Set.of(item));     ❶ 初始化组
    nodeMap.put(item, node);       ❷ 将节点赋值给当前元素
}
```

然后，把等价项转换为两个节点的连接。

```
for (T item1: collection) {
    for (T item2: collection) {
        if (equivalent.test(item1, item2))
            nodeMap.get(item1).connectTo(nodeMap.get(item2));
    }
}
```

最后，将所有的组收集到一个 set 中，这就是所需的元素分区。

```
Set<Set<T>{}> result = new HashSet<>();
for (T item: collection) {
    result.add(nodeMap.get(item).get());
}
return result;
}
```

9.12 扩展阅读

❑ M. Naftalin 和 P. Wadler 的 *Java Generics and Collections*

在这本使用 Java 5 的书中，你不会找到最新的语言特性，但可以看到对泛型及其微妙之处的扎实讲解。

❑ J. Tulach 的《软件框架设计的艺术》

编写有效的可复用代码与定义适当的 API 密切相关。这是为数不多的完全针对这一主题的图书之一。

❑ R.-G. Urma、M. Fusco 和 A. Mycroft 的《Java 实战》[①]

正如第 8 章中提到的，这本书是讲解 Stream 库的最好图书之一。

❑ J. Skeet 的《深入理解 C#》[②]

对 C# 各个版本的演进进行了与时俱进的介绍，还包括 C#、C++ 和 Java 中泛型实现之间的详细比较。

---

① 该书第 2 版已由人民邮电出版社出版，详见 ituring.cn/book/2659。——编者注
② 该书第 3 版已由人民邮电出版社出版，详见 ituring.cn/book/1200。——编者注

9

代码高尔夫：简洁性

就像高尔夫球的目标是在最少击球次数内完成比赛一样，代码高尔夫是一种用尽可能短的程序来完成给定任务的游戏。一些网站举办代码高尔夫比赛，提出新的任务，并保存玩家的排名。当某项挑战到达截止日期时，已提交的所有作品都会被公开，你也就能一窥最好的"高尔夫球手"使用的技巧。

本附录中的内容几乎与第 7 章中的相反，因为它将呈现本书中最晦涩的代码，同时打破之前所有的编码风格规则。特此警告。

除了有趣之外，代码高尔夫还可以成为探索语言边缘特性的一种方式，帮你学习一些在正常编程环境中可能会派上用场的技巧。

A.1　我能想到的最短代码（Golfing）

当进行代码高尔夫时，确立应该遵守的约束条件是很重要的。如果对规则解释得较为宽松，虽然可能会写出一个较短的解决方案，但你不希望最终得到一个只适用于特定用例的类。下面来确立这个练习的边界。

- ❑ 我们需要一个 Container 类，它能满足第 1 章建立并在本书中一直重复使用的标准用例。
- ❑ 这个类还必须遵守第 1 章中规定的功能规范。
- ❑ 我们不需要其他东西：不需要稳健性，不需要考虑性能，尤其是不需要可读性。

在我的解决方案中，使用循环链表来表示一组相连容器，就像 Speed2 一样。实例字段 n（代表下一个，next）是指向该组中下一个容器的指针。

同样和 Speed2 版本一样，当使用 addWater 加水时，水量会被存储在本地的实例字段 a 中，而不会被实际分配到其他相连的容器中。因此，每次调用 getAmount 都需要扫描整个组，将每个容器所拥有的水量相加，最后返回总水量除以组大小的结果。

在介绍实际代码之前，说明一下五个实例字段。

- ❑ a：添加到这个容器中的总水量。
- ❑ s 和 t：getAmount 需要的临时变量。在正常情况下，它们应该是该方法的局部变量。
  此外，s 实际上应该是一个整型。我把它们定义为成员字段是因为想少打一些字。
- ❑ n：指向列表（表示当前容器的组）中下一个容器的指针。

❑ c：connectTo 和 getAmount 都使用的临时变量。当不执行这些方法时，c 等于 n。

请看紧凑版本 Container 的代码实现，如代码清单 A-1 所示。为了便于阅读，我保留了一些空格和缩进。如果去掉所有不必要的空白，那么这个类的大小为 223 字节，并且仍然可以正常工作。作为比较，Reference 版本需要 1322 字节，包括空白部分。

代码清单 A-1　Golfing：223 字节的水容器

```
public class Container {
    float a,s,t;     ❶ 像局部变量一样使用 s 和 t
    Container n=this,c=n;
    public float getAmount() {
        for(s=t=0;s<1||c!=n;c=c.n,s++)     ❷ 注意逗号
            t+=c.a;
        return t/s;
    }
    public void connectTo(Container o) {
        c=o.n; o.n=o.c=n; n=c;     ❸ 交换 next 指针
    }
    public void addWater(float w) {
        a+=w;     ❹ 仅在本地累加
    }
}
```

要理解这个晦涩难懂的实现，先从阅读 addWater 方法开始，它是最简单的。新添加的水会被累加到 a（代表水量，amount）字段，其他代码行不会修改该字段。因此，给定容器的 a 字段表示添加到该容器中的所有水量。

然后，转到方法 connectTo。回忆第 3 章中提到的，合并两个从任意节点开始的循环链表是特别容易的：只要交换它们的 next 指针就可以了。connectTo 方法正是这样做的。此外，它还更新了支持变量 c 和 o.c 的值，使其分别等于 n 和 o.n 的新值（也就是交换后的）。

嵌套赋值：与 C 语言一样，在 Java 中也可以将多个赋值语句连起来写。这样的序列从右到左计算，所以序列中的所有变量都被分配了最右边表达式的值。

最后，是 getAmount 中令人生畏的循环。它的目的是计算该组中所有容器的总水量，同时测量组的大小。循环之后，你可以在变量 t 中找到总水量，在 s 中找到组大小。这就解释了为什么该方法返回 t/s。

for 循环中的逗号：C 语言中的表达式 exp1, exp2 会依次计算两个表达式，然后返回第二个表达式的值。在 Java 中，类似的语法只允许在 for 循环的第一和第三子句中使用。这是为了优雅地支持多索引的循环。

```
for (i=0, j=n; i<n; i++, j-{}-) ...
```

有了这些知识，循环初始化和更新部分的代码应该很清楚。组大小和总水量都从零开始。每一次迭代，size 都会递增 1，而容器指针 c 会移动到组中的下一个容器。

循环的停留条件需要一些解释。循环必须在它访问整个循环链表后（也就是说，当容器指针回到它的初始值时）停止。在我们的例子中，容器指针 c 从下一个指针 n 的值开始。因此，只要 c != n，循环就必须继续。但是有一个问题：for 循环在每次迭代**之前**都会检查其停留条件。为了迫使循环至少执行一次迭代，不得不添加停留条件 s<1。

很可能存在更短的解决方案。你能找到吗？如果找到了，请给我留言，我很高兴听到你的建议。

A.2　扩展阅读

代码高尔夫并不是一个能吸引大量学术研究的话题。在国际奥林匹克委员会接受它作为一项正式的运动之前，了解更多相关信息的最好方法是浏览其专题网站。

- ❑ Anarchy Golf：在这个网站上，你可以见证作者在 AWK 语言上的一些小成就；搜索 marcof。
- ❑ Code Golf on StackExchange：另一个举办代码高尔夫比赛的网站。
- ❑ The International Obfuscated C Code Contest：这是一个关于写出最晦涩、最令人惊讶的 C 代码的比赛。它和代码高尔夫一样，倾向于以有趣的方式探索编程语言的“黑暗角落”。

大规模代码高尔夫和极端编码的一个好例子是 2004 年的游戏《毁灭杀手》（.kkrieger）。这是一款和《毁灭战士》（Doom）品质类似的 3D 第一人称射击游戏，被打包在一个 96 KB 的可执行文件中。是的，你没看错。

附录 B

终极水容器类

在实现了 17 个不同版本的水容器之后，你可能想知道最好的是哪一个。什么是终极水容器类？答案并不简单。从某种意义上来说，只要情况合适，任何一个版本（除了 Novice）都可以成为最好的版本。例如，如果确定需要常数时间复杂度的 addWater 和 getAmount，那么 Speed1 版本是最好的；如果确定需要在给定的内存中挤进尽可能多的容器，那么 Memory4 版本是最好的。在这两种情况下，只有当你不关心任何其他软件质量时，这两个版本才是最优的，诚然，这是一个非常不现实的假设。

事实上，像本书中所做的那样，分别讨论不同的软件质量纯粹是一种教学手段。在实践中，你可能想分别考虑这些不同的属性，但是需要交付同时满足所有这些属性的代码。当两种质量相互冲突时，上下文（也就是你的老板）会告诉你在具体业务情况下应该优先考虑哪种质量。

一般来说，大多数项目需要以下几种软件质量：可读性、可靠性和时间效率。只有相对较小一部分项目需要关心内存效率、可复用性或线程安全。考虑到这种情况，我们针对前三种质量来优化，勾勒一个新版本的 Container。它将是最快版本（第 3 章中的 Speed3）和可读性最好版本（第 7 章中的 Readable）的混合体，并且可靠性很好（第 5 章和第 6 章中有所介绍）。

更准确地说，可以从 Speed3 版本开始进行以下改进。

❑ （可读性）为所有公有方法添加 Javadoc 注释。

❑ （可读性）应用可读性最佳实践，如"提取方法"重构规则。

❑ （可靠性）在所有公有方法中增加前置条件检查。

❑ （可靠性）加入第 6 章中开发的测试套件（见 6.2 节）。

下面将介绍这个改进后的类的主要部分，你可以从在线代码库中找到完整的源代码。

B.1 提高可读性

回顾一下，Speed3 版本通过将相连的容器组表示为父指针树来实现其性能目标。每棵树的根知道其组的大小和每个容器的水量。连接两个容器时，需要将两棵树中较小的树连接到较大的树上，即遵循所谓的按大小链接策略。

让我们把重点放在 connectTo 操作上，因为它从可读性改造中获益最大。除了以 Javadoc 格式添加适当的文档注释外，还可以应用"提取方法"，将实际的合并树操作委托给一个新的支持方法 linkTo。这样一来，connectTo 就变得极为简单：它找到两个组的根，检查它们是否相同（在这种情况下，不执行任何操作），最后根据按大小链接策略将两棵树合并。

这个方法还有一个小小的可靠性提升：如果用 null 参数调用它，它就会抛出一个带有自定义错误信息的 NPE，如代码清单 B-1 所示。

代码清单 B-1   Ultimate：终极的 connectTo

```
/** Connects this container with another.    ❶ Javadoc 注释
 *
 * @param other the container that will be connected to this one
 */
public void connectTo(Container other) {
  Objects.requireNonNull(other,
      "Cannot connect to a null container.");    ❷ 前置条件检查
  Container root1 = findRootAndCompress(),        ❸ 与第 3 章中的支持方法相同
          root2 = other.findRootAndCompress();
  if (root1==root2) return;     ❹ 检查是否已经相连

  if (root1.size <= root2.size) {    ❺ 按大小链接策略
    root1.linkTo(root2);
  } else {
    root2.linkTo(root1);
  }
}
```

支持方法 linkTo 执行剩下的工作。linkTo 中又可以提取另一个支持方法，叫作 combinedAmount，它计算合并两个组后每个容器的水量（见代码清单 B-2）。

代码清单 B-2   Ultimate：connectTo 的私有支持方法

```
private void linkTo(Container otherRoot) {
  parent = otherRoot;
  otherRoot.amount = combinedAmount(otherRoot);
  otherRoot.size += size;
}
private double combinedAmount(Container otherRoot) {
  return ((amount * size) + (otherRoot.amount * otherRoot.size)) /
         (size + otherRoot.size);
}
```

B.2   提高可靠性

向容器中添加水是唯一有明显前置条件的操作：移除的水不能超过可用的水量。代码清单 B-3 展示了 addWater 的修订版本，检查了它的前置条件，并使用 Javadoc 对其行为编写了文档。

代码清单 B-3   Ultimate：终极的 addWater

```
/** Adds water to this container.    ❶ Javadoc 注释
 *   A negative <code>amount</code> indicates removal of water.
 *   In that case, there should be enough water in the group
```

```
 *   to satisfy the request.
 *
 *   @param amount the amount of water to be added
 *   @throws IllegalArgumentException if <code>amount</code>
 *   is negative and there's not enough water to satisfy the request
 */
public void addWater(double amount) {
    Container root = findRootAndCompress();

    double amountPerContainer = amount / root.size;
    if (root.amount + amountPerContainer < 0) {    ❷ 检查前置条件
        throw new IllegalArgumentException(
            "Not enough water to match the addWater request.");
    }
    root.amount += amountPerContainer;
}
```

最后，可以不做任何改动地在这个版本的 Container 上运行第 6 章中开发的单元测试，它们都能成功。

综上所述，这个最终版本的时间性能和可读性都很强，在可靠性上也有一定的提升。前置条件检查可以抵御外部的误用，而测试套件则为该类的内部可靠性提供了一定的信心。如果这个类是一个安全性要求很高的系统的一部分，那么可以使用下面的一个或多个技术轻松提高它感知内部缺陷的敏感度。

- □ **在私有方法中添加前置条件检查，使用 assert 语句**：例如，linkTo 可以检查 this 和 otherRoot 是否确实是两个根。
- □ **添加不变式检查，如 5.4 节中介绍的那样**：例如，addWater 和 connectTo 可以检查容器中的水量是否总是非负值。
- □ **添加特定于实现的（也就是白盒）测试**：第 6 章中开发的测试只基于方法契约，而非基于它们的实现，它是个完美的黑盒方法。然而，这里和 Speed3 版本使用的父指针树实现相当棘手，可能需要添加专门针对这种实现的测试，以确保对各种情况进行正确的处理。例如，你可以通过连接具有不同组大小的容器来测试按大小链接策略。

列表：每一章中主要的类

TURING
图灵教育

站在巨人的肩上
Standing on the Shoulders of Giants

TURING

图灵教育

站在巨人的肩上
Standing on the Shoulders of Giants